电子技术基础

李 楠　段荣霞　陶炳坤　主编

北京航空航天大学出版社

内容简介

本书着眼于夯实基础,注重理论与实践相结合。全书共分为12章,其中第1~10章为电子技术的基本理论,分为半导体的基础知识、常用基本放大电路、集成运算放大器及其应用电路、电子电路中的反馈、功率放大电路、直流稳压电源,以及数字电路的基础知识、组合逻辑电路和时序逻辑电路、模拟量和数字量的转换;第11和12章为电子技术实验,分为模拟电子技术实验和数字电子技术实验。

本书是系统、实用、针对性较强的教材,遵循学生知识掌握的认知规律,可作为高等院校、高等职业教育和成人教育电子技术课程的教材,以及相关专业教师和工程技术人员的参考书。

图书在版编目(CIP)数据

电子技术基础 / 李楠,段荣霞,陶炳坤主编. -- 北京:北京航空航天大学出版社,2024.1
ISBN 978-7-5124-4301-3

Ⅰ.①电… Ⅱ.①李… ②段… ③陶… Ⅲ.①电子技术—教材 Ⅳ.①TN

中国国家版本馆 CIP 数据核字(2024)第 006817 号

版权所有,侵权必究。

电子技术基础

主编 李 楠 段荣霞 陶炳坤
策划编辑 杨国龙 责任编辑 杨国龙

*

北京航空航天大学出版社出版发行

北京市海淀区学院路 37 号(邮编 100191) http://www.buaapress.com.cn
发行部电话:(010)82317024 传真:(010)82328026
读者信箱:qdpress@buaacm.com.cn 邮购电话:(010)82316936
北京宏伟双华印刷有限公司印装 各地书店经销

*

开本:787×1 092 1/16 印张:21.5 字数:550千字
2024 年 1 月第 1 版 2024 年 1 月第 1 次印刷
ISBN 978-7-5124-4301-3 定价:81.00 元

若本书有倒页、脱页、缺页等印装质量问题,请与本社发行部联系调换。联系电话:010-82317024

编委会

主　　编　李　楠　段荣霞　陶炳坤
副主编　刘美全　马　南　郎　宾
参　　编　冯长江　黄天辰　濮　霞

前言

本书结合近年来电子技术的发展，在总结以往教学实践经验的基础上，契合教学中的难点和学生的学习特点，并吸取其他教材的优点，而编写的电子技术基础课程的教学用书。

电子技术基础课程概念抽象、内容庞杂、难于记忆，即人们常说的"入门难"。而且课程内容较多、知识量大，与当前的"学时少"存在很大的矛盾。为提高学生的专业理论素质和分析解决问题的综合能力，本书内容本着精练、实用的原则，注重基础理论知识和基本实验的讲解，突出重难点，拓展相应的知识面，做到学科的先进性和教学的适用性相统一；同时，注重加强对学生实践动手能力的培养，做到理论与实践相结合。

本书包括电子技术基础理论和电子技术实验两部分内容，以体现夯实基础、注重应用的特点，电子技术基础理论每章均配有拓展阅读和相应习题。电子技术基础理论分为模拟电子技术和数字电子技术。模拟电子技术部分：半导体器件包括二极管和双极型晶体管的相关基础知识；基本放大电路包括各种基本放大电路的静态和动态分析，以及多级放大电路的分析和差分放大电路；集成运算放大器包括信号的产生与处理电路；电子电路中的反馈包括各种反馈类别的判断、正负反馈的应用；功率放大电路包括基本功率放大电路和集成功率放大电路；直流稳压电源包括基本电路及其应用。数字电子技术部分：数字逻辑电路基础、组合逻辑电路和时序逻辑电路的分析与设计、数模和模数转换电路。学生通过本教材的学习，可以获得电子技术必要的基础理论、基础知识和基本技能，为后续的实践课程提供理论基础和技术储备。

本书由李楠拟定编写大纲和目录，以及具体编写分工和章节内容的编写安排。李楠、段荣霞主要负责模拟电子技术部分的编写，段荣霞、陶炳坤主要负责数字电路部分和电子技术实验的编写，刘美全、马南负责部分章节内容的编写和全书的校对工作。冯长江教授审阅了全部书稿，并提出了宝贵的意见。郎宾、黄天辰、濮霞参与了本书的编写工作，并负责整理资料、实验设计、教材的校对等工作。在此对所有参编人员表示衷心的感谢。

由于编者水平有限，书中缺点错误在所难免，敬请读者提出宝贵意见，以便修改。

编　者

2023 年 3 月

目 录

电子技术基本理论

第 1 章 半导体器件 ································ 3

1.1 半导体的基础知识 ································ 3
  1.1.1 本征半导体 ································ 3
  1.1.2 杂质半导体 ································ 4
  1.1.3 PN 结 ································ 5

1.2 半导体二极管 ································ 7
  1.2.1 二极管的基本结构和伏安特性 ································ 7
  1.2.2 二极管的主要参数和应用电路 ································ 9
  1.2.3 常见的二极管 ································ 10

1.3 晶体三极管 ································ 12
  1.3.1 晶体三极管的基本结构 ································ 12
  1.3.2 晶体三极管的电流放大作用 ································ 12
  1.3.3 晶体三极管的特性曲线 ································ 14
  1.3.4 晶体三极管的主要参数 ································ 16
  1.3.5 光电晶体三极管 ································ 18

*拓展阅读 ································ 19
  半导体的发展史 ································ 19

习 题 ································ 21

第 2 章 基本放大电路 ································ 24

2.1 放大电路的基本知识 ································ 24
  2.1.1 放大电路的组成 ································ 24
  2.1.2 放大电路的连接方法 ································ 26
  2.1.3 放大电路的性能指标 ································ 26

2.2 共射极放大电路 ································ 28
  2.2.1 工作原理 ································ 28
  2.2.2 静态分析 ································ 29
  2.2.3 动态分析 ································ 32

2.2.4 分压偏置共射极放大电路 ································· 36
2.3 共集电极放大电路 ······································· 40
2.3.1 静态分析 ·· 40
2.3.2 动态分析 ·· 41
2.4 共基极放大电路 ··· 43
2.4.1 静态分析 ·· 43
2.4.2 动态分析 ·· 43
2.5 多级放大电路 ··· 44
2.5.1 多级放大电路的耦合方式 ······························· 44
2.5.2 多级放大电路的性能指标 ······························· 46
2.5.3 差分放大电路 ·· 46
*拓展阅读 ·· 49
  小型录音机的音频信号放大电路 ······························· 49
习 题 ··· 50

第3章 集成运算放大器 ·· 53

3.1 集成运算放大器的概述 ··································· 53
3.1.1 集成运算放大器的基本组成 ····························· 53
3.1.2 集成运算放大器的符号 ································ 54
3.1.3 集成运算放大器的主要参数 ····························· 55
3.2 集成运算放大器的电压传输特性及分析依据 ················· 56
3.2.1 集成运算放大器工作在线性区的特点 ····················· 56
3.2.2 集成运算放大器工作在非线性区的特点 ··················· 57
3.3 基本运算电路 ··· 57
3.3.1 反相输入运算电路 ···································· 58
3.3.2 同相输入运算电路 ···································· 61
3.3.3 减法运算电路 ·· 63
3.3.4 积分运算电路 ·· 64
3.3.5 微分运算电路 ·· 66
3.4 电压比较器 ··· 67
3.4.1 单限电压比较器 ······································ 68
3.4.2 滞回电压比较器 ······································ 70
3.5 有源滤波器 ··· 71
3.5.1 有源滤波器分类 ······································ 71
3.5.2 有源低通滤波器 ······································ 72
3.5.3 有源高通滤波器 ······································ 73
*拓展阅读 ·· 75
  集成运算放大器发展史 ······································· 75
习 题 ··· 77

第4章　电子电路中的反馈 ·· 80

4.1　放大电路反馈的基本概念 ·································· 80
4.1.1　放大电路反馈的组成 ······································ 80
4.1.2　正反馈和负反馈 ·· 80
4.1.3　直流反馈和交流反馈 ······································ 83
4.1.4　电压反馈和电流反馈 ······································ 83
4.1.5　串联反馈和并联反馈 ······································ 84
4.2　放大电路中的负反馈 ·· 84
4.2.1　放大电路中交流反馈的基本类型 ························ 84
4.2.2　负反馈对放大电路性能的影响 ·························· 87
4.3　正弦波振荡电路 ·· 89
4.3.1　正弦波振荡电路的组成 ··································· 89
4.3.2　正弦波振荡电路的条件 ··································· 90
4.3.3　RC 正弦波振荡电路 ······································ 91
4.3.4　LC 正弦波振荡电路 ······································ 93
*拓展阅读 ·· 96
反馈(Feedback) ·· 96
习　题 ·· 99

第5章　功率放大电路 ·· 101

5.1　功率放大电路的基本知识 ··································· 101
5.1.1　功率放大电路的分类 ······································ 101
5.1.2　功率放大电路的性能指标 ································ 102
5.2　分立器件组成的典型功率放大电路 ······················· 103
5.2.1　OTL 功率放大电路 ······································· 103
5.2.2　OCL 功率放大电路 ······································· 104
5.2.3　BTL 功率放大电路 ······································· 105
5.3　集成功率放大电路 ·· 106
5.3.1　集成 OTL 功率放大电路 ································· 106
5.3.2　集成 OCL 功率放大电路 ································· 108
5.3.3　集成 BTL 功率放大电路 ································· 110
*拓展阅读 ·· 113
蓝牙迷你小音箱 ··· 113
习　题 ·· 114

第6章　直流稳压电源 ·· 116

6.1　整流电路 ·· 116
6.1.1　单相半波整流电路 ··· 116

  6.1.2 单相桥式整流电路 ………………………………………………………………… 118
6.2 滤波电路 …………………………………………………………………………………… 120
  6.2.1 电容滤波器 …………………………………………………………………………… 120
  6.2.2 电感滤波器 …………………………………………………………………………… 121
  6.2.3 电感电容滤波器 ……………………………………………………………………… 122
  6.2.4 π形滤波器 …………………………………………………………………………… 123
6.3 稳压电路 …………………………………………………………………………………… 124
  6.3.1 稳压二极管稳压电路 ………………………………………………………………… 124
  6.3.2 串联型稳压电路 ……………………………………………………………………… 125
  6.3.3 集成稳压器 …………………………………………………………………………… 127
*拓展阅读 ……………………………………………………………………………………… 131
  二极管的功能和应用 …………………………………………………………………………… 131
习 题 …………………………………………………………………………………………… 134

第7章 数字逻辑电路基础 …………………………………………………………… 137

7.1 数字电路基础知识 ………………………………………………………………………… 137
  7.1.1 模拟信号与数字信号 ………………………………………………………………… 137
  7.1.2 逻辑电平和数字波形 ………………………………………………………………… 139
  7.1.3 二极管的开关特性 …………………………………………………………………… 140
  7.1.4 三极管的开关特性 …………………………………………………………………… 141
7.2 数 制 …………………………………………………………………………………… 142
  7.2.1 几种常用的进位计数制 ……………………………………………………………… 142
  7.2.2 数制之间的转换 ……………………………………………………………………… 143
  7.2.3 二进制算术运算 ……………………………………………………………………… 145
7.3 逻辑代数 …………………………………………………………………………………… 146
  7.3.1 基本门电路 …………………………………………………………………………… 146
  7.3.2 逻辑代数的基本运算法则 …………………………………………………………… 150
  7.3.3 逻辑函数的表示方法 ………………………………………………………………… 151
  7.3.4 逻辑函数的代数化简法 ……………………………………………………………… 153
*拓展阅读 ……………………………………………………………………………………… 155
  布尔和布尔代数 ………………………………………………………………………………… 155
习 题 …………………………………………………………………………………………… 156

第8章 组合逻辑电路 ……………………………………………………………………… 159

8.1 组合门电路和集成门电路 ………………………………………………………………… 159
  8.1.1 组合门电路 …………………………………………………………………………… 159
  8.1.2 集成门电路 …………………………………………………………………………… 161
8.2 组合逻辑电路分析与设计 ………………………………………………………………… 166
  8.2.1 组合逻辑电路的分析 ………………………………………………………………… 167

| 8.2.2 组合逻辑电路的设计 | 170 |

8.3 常用中小规模组合逻辑器件 ··· 171
- 8.3.1 加法器 ··· 171
- 8.3.2 编码器 ··· 173
- 8.3.3 译码器 ··· 177

* 拓展阅读 ··· 185
  集成电路发展史 ··· 185

习　题 ··· 186

第 9 章　时序逻辑电路 ··· 190

9.1 触发器 ··· 190
- 9.1.1 RS 触发器 ··· 190
- 9.1.2 JK 触发器 ··· 193
- 9.1.3 D 触发器 ··· 196
- 9.1.4 T 触发器 ··· 200
- 9.1.5 触发器之间的转换 ··· 200

9.2 寄存器 ··· 201
- 9.2.1 数码寄存器 ··· 201
- 9.2.2 移位寄存器 ··· 202

9.3 计数器 ··· 206
- 9.3.1 二进制计数器 ··· 206
- 9.3.2 十进制计数器 ··· 211

9.4 时序逻辑电路的分析与设计 ··· 213
- 9.4.1 时序逻辑电路的分析 ··· 213
- 9.4.2 时序逻辑电路的设计 ··· 216

* 拓展阅读 ··· 220
  触发器的百年历史 ··· 220

习　题 ··· 221

第 10 章　模拟量和数字量的转换 ··· 224

10.1 D/A 转换器 ··· 224
- 10.1.1 D/A 转换器转换原理 ··· 224
- 10.1.2 D/A 转换器的主要技术指标 ··· 227
- 10.1.3 D/A 转换器的典型应用 ··· 228

10.2 A/D 转换器 ··· 232
- 10.2.1 A/D 转换原理 ··· 232
- 10.2.2 逐次逼近式 A/D 转换器 ··· 234
- 10.2.3 A/D 转换器的主要技术指标 ··· 236
- 10.2.4 A/D 转换器的典型应用 ··· 236

| *拓展阅读 240
  可编程逻辑器件家族史 240
习　题 241

电子技术实验

第11章　模拟电子技术实验 245

11.1　半导体器件的测试 245
11.1.1　基础性实验——器件的识别与测试 245
11.1.2　提高性实验——电路的搭接与测试 248

11.2　共射极放大电路的测试 250
11.2.1　基础性实验——共射极放大电路 250
11.2.2　提高性实验——两级阻容耦合放大电路 259

11.3　集成运算放大电路的测试 260
11.3.1　基础性实验——比例运算电路 260
11.3.2　提高性实验——加法运算电路 264

11.4　电压比较器电路的测试 266
11.4.1　基础性实验——过零比较器 266
11.4.2　提高性实验——单限比较器 269

11.5　集成功率放大电路的测试 270
11.5.1　基础性实验——集成功率放大器电路的测试（增益固定） 270
11.5.2　提高性实验——集成功率放大器电路的测试（增益可调） 274

11.6　波形产生电路的测试 275
11.6.1　基础性实验——集成运放构成的 RC 桥式振荡器 275
11.6.2　提高性实验——集成运放构成的方波-三角波发生器 277

第12章　数字电子技术实验 279

12.1　脉冲电路参数的测试 279
12.1.1　基础性实验——脉冲信号基本参数的测试 279
12.1.2　提高性实验——脉冲信号产生电路的设计与测试 280

12.2　基本门电路的测试 281
12.2.1　基础性实验——基本门电路逻辑功能测试 281
12.2.2　提高性实验——基本门电路的应用 285

12.3　集成译码器电路的测试 287
12.3.1　基础性实验——集成译码器功能测试 287
12.3.2　提高性实验——集成译码器的应用 290

12.4　基本触发器的测试 291
12.4.1　基础性实验——基本触发器功能测试 291

  12.4.2 提高性实验——触发器的应用电路设计 ················· 294
 12.5 集成计数器的测试 ··· 296
  12.5.1 基础性实验——集成计数器的设计 ······················ 296
  12.5.2 提高性实验——任意进制计数器的设计 ··············· 299

附录 常用电子测量仪器的使用 ··· 302

 附录 A 仪器的使用要求 ··· 302
 附录 B 万用表的使用 ·· 304
 附录 C 信号发生器的使用 ··· 311
 附录 D 示波器的使用 ·· 314
 附录 E 直流稳压电源的使用 ·· 320
 附录 F 电子电压表的使用 ··· 323
 附录 G 面包板的使用 ·· 327

参考文献 ·· 329

电子技术基本理论

第1章 半导体器件

电子技术通常是指对电子信号进行处理的技术,电子信号处理包括信号产生、信号放大、信号滤波、信号转换、信号运算、信号存储等。实现这些信号的处理,仅仅有电阻、电容、电感等元件是不够的,这就应运而生了半导体器件,半导体器件是实现上述功能的核心器件,因此了解和掌握半导体器件的知识非常重要。本章介绍半导体器件的基本结构、工作原理、特性及参数,为电子技术和分析电子电路的学习打好基础。

1.1 半导体的基础知识

半导体是指它的导电能力介于导体和绝缘体之间,而且导电性可控的导电材料,可分为元素半导体(如硅、锗、硒等)和化合物半导体(如大多数金属氧化物和硫化物等)。下面主要介绍元素半导体的相关知识。

元素半导体的导电性能受温度、光照、掺杂等因素的影响具有热敏性、光敏性、掺杂性。

1. 热敏性

当半导体的温度升高时,它的导电性能显著增强,而绝大多数导体的导电能力是随温度的升高而有所下降的。因此,利用这种热敏效应,可将半导体制成各种热敏元件。

2. 光敏性

当照射到半导体的光照度改变时,它的导电能力将发生明显的变化。利用半导体的光电效应可制成光敏电阻和光电池,后者在空间技术领域内的应用为人类利用太阳能展现出广阔的前景。

3. 掺杂性

在纯净的半导体中适当掺入微量有用杂质,它的导电能力将会大大增加,这是半导体能够制成各种不同用途的电子器件的原因所在。

元素半导体分为本征半导体和杂质半导体两种类型。

1.1.1 本征半导体

常用的本征半导体材料是硅(Si)和锗(Ge)。它们都是4价元素,最外层都有4个价电子。将锗和硅材料提纯(去掉无用杂质)并形成单晶体后,所有原子便基本上整齐排列,呈现晶体结构。我们将这种非常纯净的、晶格完整的半导体称为本征半导体。

如图1-1所示,每两个相邻原子共用一个电子对,电子对的价电子分别由相邻原子提供,形成的这种结构被称为共价键结构。

在形成共价键后,每个原子的最外层电子都是8个,从而形成了稳定状态,使价电子不易挣脱原子核的束缚。常温下价电子很难脱离共价键成为自由电子,因此本征半导体中的自由电子很少,所以本征半导体的导电能力很弱。

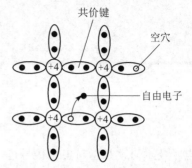

图1-1 本征半导体(硅)结构示意图

1. 本征激发

一般来说,共价键中的价电子不完全像绝缘体中价电子所受束缚那样强,在获得一定的能量(温度增高或受光照)后,一些价电子就可能挣脱共价键的束缚而成为自由电子。温度愈高,晶体中产生的自由电子便愈多。

当共价键中的一个价电子受激发挣脱原子核的束缚成为自由电子的同时,在共价键中留下了一个空位,被称为空穴。当有外电场的作用时,有空穴的原子可以吸引相邻原子中的价电子填补这个空穴,从而在相邻原子中出现一个新的空穴,如此继续下去,这种自由电子的填补运动相当于空穴在运动。而空穴运动的方向与价电子运动的方向相反,因此空穴的运动相当于正电荷的运动。

显然,本征半导体中,空穴与自由电子同生共存,被称为电子-空穴对。把本征半导体在热(或光照等)作用下产生电子-空穴对的现象称为本征激发。

2. 载流子

通过本征激发,半导体中存在着自由电子和空穴两种电荷。当半导体两端加上外电压时,在半导体中将出现两部分电流,即自由电子作定向运动产生的电子电流和价电子递补空穴产生的空穴电流。我们把这些运载电荷的粒子称为载流子。可见在半导体中存在着自由电子和空穴两种载流子,而金属导体中只有自由电子一种载流子,这也是半导体与导体导电方式的不同之处。

本征半导体中的自由电子和空穴总是成对出现,同时又不断复合。在一定温度下,载流子的产生和复合达到动态平衡,于是半导体中的载流子便维持一定的数目。温度愈高,载流子数目愈多,导电性能也就愈好,因此温度对半导体器件性能的影响很大。

1.1.2 杂质半导体

本征半导体虽有自由电子和空穴两种载流子,但数量极少,热稳定性也很差,因此导电能力很弱,不宜直接用它制造半导体器件。如果在其中掺入微量的杂质(某种元素),就会显著增强掺杂后的半导体(称为杂质半导体)的导电能力。掺入的杂质主要是3价或5价元素,根据掺杂不同,杂质半导体可分为N型和P型两大类。

1. N型半导体

在本征半导体硅(或锗)中掺入少量的5价元素,如磷(P),由于数量少,整个晶体结构基本不变,只是在某些位置上的硅原子被磷原子取代。磷原子外层有5个价电子,其中4个价电子分别与其邻近的4个硅原子形成共价键结构,多余的1个价电子在共价键之外,只受到磷原子对它微弱的束缚,因此其在室温下即可获得挣脱束缚所需要的能量而成为自由电子(见图 1-2),此时磷原子因失去一个价电子而变成带正电的磷原子。于是半导体中的自由电子数目大量增加,自由电子导电成为这种半导体的主要导电方式,故称为电子半导体或 N 型半导体。在 N 型半导体中,自由电子是多数载流子,而空穴则是少数载流子。

2. P 型半导体

在本征半导体硅(或锗)中掺入少量的 3 价元素,如硼(B),硼原子最外层的 3 个价电子分别与其邻近的 3 个硅原子中的 3 个价电子组成完整的共价键,而与其相邻的另 1 个硅原子的共价键中则缺少 1 个电子,即出现了 1 个空穴。这个空穴被附近硅原子中的价电子填充后,使 3 价的硼原子获得了 1 个电子而变成负离子,同时邻近共价键上出现 1 个空穴(见图 1-3)。于是半导体中的空穴数目大量增加,空穴导电成为这种半导体的主要导电方式,故称为空穴半导体或 P 型半导体。在 P 型半导体中,空穴是多数载流子,而自由电子则是少数载流子。

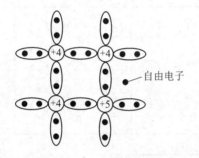
图 1-2 N 型半导体

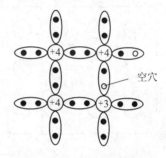
图 1-3 P 型半导体

杂质半导体的掺杂浓度越高,则多数载流子的浓度越高,导电性能也越强,因此控制掺杂浓度可改变杂质半导体的导电能力。但应注意,不论 N 型半导体还是 P 型半导体,虽然它们都有一种载流子占多数,但是无外加电压的情况下半导体中的正电荷和负电荷的数量相等,是不带电的,呈电中性。

1.1.3 PN 结

1. PN 结的形成

在同一衬底上掺杂不同杂质形成 P 型半导体和 N 型半导体,这两种半导体的交界面就形成 PN 结。PN 结具体形成过程是 N 型半导体中的自由电子和 P 型半导体中的空穴因浓度差而透过交界面扩散至对方并且复合。但这个扩散运动不会持续到浓度均匀为止,因为界面附近 N 型半导体因自由电子与空穴复合留下不可移动的正离子和 P 型半导体因空穴与自由电子复合留下不可移动的负离子,形成一个空间电荷区,在空间电荷区中正负电荷之间相互作用,形成了一个电场。由于这个电场是由载流子扩散运动形成的,而不是外加电压形成的,因此称之为内电场,其方向是由 N 区指向 P 区,如图 1-4 所示。内电场的出现对多数载流子的扩散运动产生阻碍作用,限制了扩散运动的进一步发展。另一方面由于内电场的出现,电场力会促使半导体中还存在少数载流子产生漂移运动,方向正好与扩散运动相反。扩散运动越强内电场越强,对扩散运动的阻碍就越强,但对漂移运动越有利,最终两种运动达到平衡,即扩散电流等于漂移电流。此时空间电荷区的宽度不变,这个空间电荷区形成 PN 结。

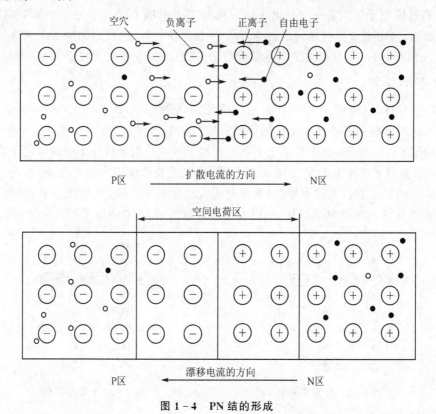

图 1-4 PN 结的形成

空间电荷区的正负离子虽然带有电荷,但它们不能移动因而不参与导电。在这个区域内,多数载流子已扩散到对方被复合掉了,或者说消耗尽了,所以空间电荷区又称为耗尽层。

2. PN 结的单向导电性

(1) PN 结的正向偏置

在 PN 结两端加上正向电压,即 P 区接电源正极,N 区接电源负极,简称正向偏置,如图 1-5(a)所示。此时,外加电源产生外电场的方向与内电场的方向相反。在外电场的作用下,P 区中的多子(空穴)和 N 区中的多子(电子)都要向 PN 结移动。这样就使交界面处的正负离子大为减少,空间电荷区变窄,内电场被削弱。于是扩散运动超过漂移运动,PN 结两侧的多子能通畅地越过 PN 结而形成较大的正向电流,PN 结呈现低阻导电状态。正向电流包括空穴流和电子流两部分,它们的运动方向相反,但由于空穴和电子带有不同极性的电荷,其电流方向仍然一致,即由 P 区指向 N 区,此时 PN 结导通。

(2) PN 结的反向偏置

在 PN 结两端加上反向电压,即 P 区接电源负极,N 区接电源正极,简称反向偏置,如图 1-5(b)所示。此时,外电场的方向和内电场的方向相同。这就导致阻挡层变厚,使多子扩散运动更加难以进行,而只有少数载流子可以穿越 PN 结形成由 N 区流向 P 区的反向电流。由于少子浓度很低,因此这个电流很小。可见,在反向电压作用下,PN 结呈现高阻,近似于不导电状态。因为正向电流远大于反向电流,处于截止状态。

综上所述,当 PN 结正偏时,正向电流较大,相当于 PN 结导通;当 PN 结反偏时,反向电流很小,相当于 PN 结截止。这就是 PN 结的单向导电性。

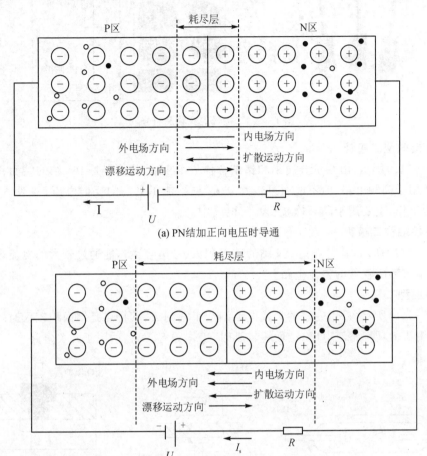

图 1-5 PN 结的单向导电性

1.2 半导体二极管

1.2.1 二极管的基本结构和伏安特性

1. 二极管的基本结构

在一个 PN 结的两端各引一根电极引线,并用外壳封装起来,就构成了半导体二极管(或称晶体二极管,简称二极管)。由 P 区引出的电极称为阳极(正极),由 N 区引出的电极称为阴极(负极),实物及电路符号如图 1-6 所示。二极管的外壳常采用金属外壳封装、塑料封装和玻璃封装等几种封装形式。

二极管按 PN 结结构形式不同可分为点接触型、面接触型和平面型 3 类(见图 1-7)。

图 1-6 二极管的实物及符号

(1) 点接触型二极管

如图 1-7(a)所示,由 3 价金属铝和锗结合构成 PN 结,其特点是 PN 结的结面积很小(结电容小),适用于高频电路,但不能通过较大电流,也不能承受高的反向电压,一般适用于高频和小功率的工作,主要用于高频检波和开关电路中。

(2) 面接触型二极管

如图 1-7(b)所示,其特点是 PN 结的结面积大(结电容大),能通过较大的电流,但工作频率较低,适用于频率较低的整流电路。

(3) 平面型二极管

如图 1-7(c)所示,采用先进的集成电路制造工艺制成,其特点是结面积较大时,能通过较大电流,适用于大功率整流电路;结面积较小时,工作频率较高,适用于开关电路。

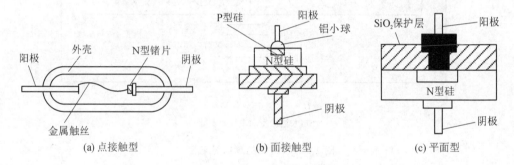

图 1-7 不同类型的二极管

2. 二极管的伏安特性

既然二极管是一个 PN 结,那么它必然具有单向导电性,其伏安特性曲线如图 1-8 所示。所谓伏安特性,就是指加到二极管两端的电压与流过二极管的电流的关系曲线,其可分为正向特性和反向特性两部分。

(1) 正向特性

当二极管加上很低的正向电压时,外电场还不能克服 PN 结内电场对多数载流子扩散运动所形成的阻力,因此,这时的正向电流近似为零,呈现较大的电阻。这段曲线被称为

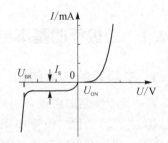

图 1-8 二极管的伏安特性曲线

二极管的死区,对应的电压称为死区电压(用 U_{ON} 表示),其数值与材料及环境温度有关。硅管的死区电压约为 0.5 V,锗管的死区电压约为 0.1 V。当正向电压超过死区电压后,内电场被大大削弱,二极管的电阻变小,正向电流迅速增加,这时二极管才真正导通。这段曲线很陡,

在正常工作范围内,正向电压变化很小。通常硅管的正向导通压降一般为 0.5~0.7 V(通常取 0.7 V),锗管的正向导通压降一般为 0.1~0.3 V(通常取 0.2 V)。

(2) 反向特性

当二极管上加上反向电压时,少数载流子的漂移运动形成很小的反向电流。反向电流随温度的升高增长很快并且在反向电压不超过某一数值时,反向电流不再随反向电压改变而达到饱和,这个电流被称为反向饱和电流。

当二极管加的反向电压过高时,反向电流将突然增大,二极管失去单向导电性,这种现象被称为 PN 结的反向击穿(电击穿)。二极管被击穿后一般不能恢复。产生击穿时加在二极管上的反向电压被称为反向击穿电压 U_{BR}。

1.2.2 二极管的主要参数和应用电路

1. 二极管的主要参数

为了正确使用和合理选择半导体二极管,必须掌握二极管的主要参数。二极管的主要参数有:

(1) 最大整流电流 I_F

最大整流电流是指二极管长时间运行时允许通过的最大正向平均电流。电流超过这个允许值时,二极管会因过热而烧坏,使用时务必注意。

(2) 最大反向工作电压 U_R

最大反向工作电压是指二极管所允许承受的最大反向电压。当超过此值时,二极管将被反向击穿而导致损坏,一般是反向击穿电压的一半或三分之二。

(3) 最大反向工作电流 I_R

最大反向工作电流是指二极管在未被击穿时的反向电流。最大反向工作电流越小说明二极管的单向导电性越好。由于最大反向工作电流的数值与温度密切相关,所以在温度变化的环境工作时,应选择最大反向工作电流较小的二极管以提高电路的温度稳定性。

此外,二极管还有最高工作频率、结电容值、工作温度等参数。

二极管在电子系统中得到了广泛的应用,可用于整流、检波、电源反接保护、采样、开关等。

2. 二极管的应用电路

【例 1-1】 试分析在如图 1-9 所示的各电路中的输出电压,设二极管的导通电压 $U_{ON}=0.7$ V。

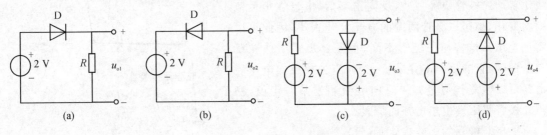

图 1-9 例 1-1 的图

【解】 (1) 在图 1-9(a)所示电路中,二极管 D 承受正向偏置电压,二极管导通,$U_{ON}=$

0.7 V，故 $u_{o1}=1.3$ V。

（2）在图 1-9(b)所示电路中，二极管 D 承受反向偏置电压，二极管截止，故 $u_{o2}=0$ V。

（3）在图 1-9(c)所示电路中，二极管 D 承受正向偏置电压，二极管导通，$U_{ON}=0.7$ V，故 $u_{o3}=-1.3$ V。

（4）在图 1-9(d)所示电路中，二极管 D 承受反向偏置电压，二极管截止，故 $u_{o4}=2$ V。

【例 1-2】 在如图 1-10 所示电路中，二极管均为硅管，设二极管的导通电压为 0.7 V，电源 $U_{CC}=9$ V，A 点电压为 1 V，B 点电压为 3 V，求输出电压 u_o。

【解】 当 $u_A=1$ V，$u_B=3$ V 时，A 点电位比 B 点电位低，所以 D_A 优先导通。二极管的正向压降是 0.7 V，则 $u_o=1.7$ V。当 D_A 导通后，D_B 上加的是反向电压，因而截止。在这里，D_A 起钳位作用，把输出的电位钳住在 1.7 V；D_B 起隔离作用，把输入端 B 和输出端隔离开来。

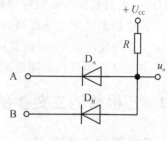

图 1-10 例 1-2 的图

1.2.3 常见的二极管

1. 稳压二极管

稳压二极管是一种特殊的面接触型硅二极管，具有反向击穿时两端电压基本不随电流大小变化的特性，因此一般工作于反向击穿状态，应用于稳压、限幅等场合。

稳压二极管与普通小功率二极管相似，主要有塑料封装、金属封装和玻璃封装等，稳压二极管的实物外形及电路符号如图 1-11 所示。

图 1-11 稳压二极管的实物外形及符号

稳压二极管的伏安特性曲线与普通二极管的类似，如图 1-12 所示。只是稳压二极管的反向特性曲线比普通二极管更陡一些，反向击穿后，电流在很大范围内变化，稳压二极管两端的电压变化很小，因此可以实现稳压。与普通二极管不同，稳压二极管工作在反向击穿区，它的反向击穿是可逆的，当去掉反向电压后击穿可以恢复。但是如果反向电流超过某一定值，稳压二极管将因发生热击穿而烧毁。

稳压二极管的参数主要有：

（1）稳定电压 U_Z

稳定电压是指稳压管反向击穿后，反向电流为某

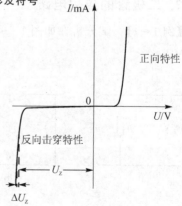

图 1-12 稳压二极管的伏安特性曲线

一规定值时管子两端的电压值。对同一型号的稳压管,由于制造工艺的分散性,稳定电压 U_Z 值也可能在一定范围内有所不同。

(2) 稳定电流 I_Z 和最大稳定电流 $I_{Z_{max}}$

稳定电流是指工作电压等于稳定电压时的反向电流。最大稳定电流是指稳压二极管允许通过的最大反向电流。在使用稳压二极管时,工作电流不能超过最大稳定电流,否则稳压管将会发生热击穿而烧毁,因此使用时应注意采取适当的限流措施。

(3) 最大耗散功率 P_{ZM}

最大耗散功率是指稳压管不发生热击穿的最大功率损耗 $P_{ZM}=U_Z I_{Z_{max}}$。

(4) 电压温度系数 α_u

电压温度系数是指当温度变化 1 ℃时 U_Z 变化的百分数,用来表示稳压二极管的温度稳定性。

(5) 动态电阻 r_Z

动态电阻是指稳压二极管在其反向击穿特性上某一点处,管子两端电压的变化量与电流变化量之比,即

$$r_Z = \frac{\Delta U_Z}{\Delta I_Z}$$

动态电阻越小,说明硅稳压管的稳压特性越好。

【**例 1-3**】 如图 1-13 所示的稳压电路,稳压二极管的稳压值均为 $U_Z=5.1$ V,设正向导通电压为 0.7 V,试求输出电压。

【**解**】 首先分析稳压二极管的状态,D_{Z1} 承受反向偏置电压,故 $U_{D_{Z1}}=5.1$ V;D_{Z2} 承受正向偏置电压,所以导通,故 $U_{D_{Z2}}=0.7$ V。因此,输出电压 $u_o=5.8$ V。

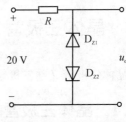

图 1-13 例 1-3 的图

2. 发光二极管

发光二极管(LED)是一种将电能转换为光能的器件,是用磷化镓、磷砷化镓、砷化镓等材料制成的。当正向电压高于开启电压、PN 结有一定强度正向电流通过时,发光二极管能发出可见光或不可见光(红外光)。发光二极管发出的光线颜色主要取决于制造材料及其所掺杂质,常见发光颜色有红、黄、绿和蓝等。发光二极管的种类很多,可分为普通单色发光二极管、高亮度发光二极管、超高亮度发光二极管、变色发光二极管、闪烁发光二极管、电压控制型发光二极管、红外发光二极管和负阻发光二极管等。

发光二极管的工作电压为 1.5～2.5 V,工作电流为几毫安至十几毫安。如图 1-14 所示是发光二极管的符号和常见实物外形。

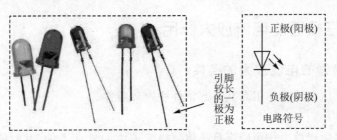

图 1-14 发光二极管的常见实物外形及符号

3. 光电二极管

光电二极管是利用 PN 结的光敏特性将接收到的光的变化转换为电流的变化,即将光能转换成电能的器件。光电二极管常见的实物外形、符号及伏安特性如图 1-15 所示。

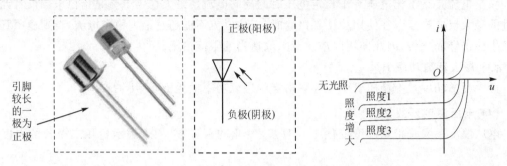

图 1-15　光电二极管的常见实物外形、符号及伏安特性

当无光照时,其与普通二极管一样具有单向导电性。若加正向电压时,正向导通;若加反向电压时,有反向电流,其反向电流很小(通常小于 $0.2\ \mu A$),称为暗电流。

当有光照时,其产生的反向电流称为光电流。光电流受入射光照度的控制,照度愈强,光电流也愈大,当光电流大于几十微安时,与照度成线性关系。

常用的光电二极管有 2AU,2CU 等系列。

1.3　晶体三极管

晶体三极管又称三极管或双极型晶体管。

1.3.1　晶体三极管的基本结构

晶体三极管有 NPN 型和 PNP 型两种类型,它们都含有三个掺杂区(发射区,基区,集电区)和两个 PN 结。发射区与基区的 PN 结称为发射结,集电区与基区的 PN 结称为集电结。由发射区、基区、集电区各引出一个电极,对应称为发射极 E、基极 B、集电极 C。晶体管制造工艺的特点是:发射区的掺杂浓度高,基区很薄且掺杂浓度比发射极低很多,集电结的面积大。这些特点是保证三极管具有电流放大作用的内部条件。

晶体三极管的表示符号中,发射极的箭头表示发射结加正向电压时的电流方向。若箭头的方向是指向发射极的为 NPN 型管;若箭头的方向是背离发射极的则为 PNP 型管。常见的晶体三极管的实物外形、结构示意图和符号如图 1-16 所示。

1.3.2　晶体三极管的电流放大作用

1. 晶体三极管的电流放大的条件

晶体三极管的电流放大作用有其外部条件和内部条件。

(1) 外部条件

晶体三极管要实现放大作用应满足晶体三极管放大的外部条件:发射结正向偏置和集电

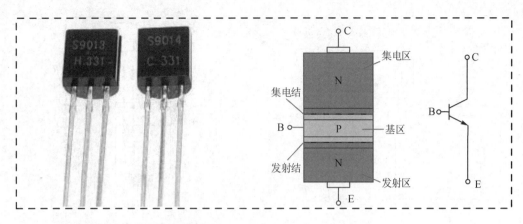

(a) NPN型

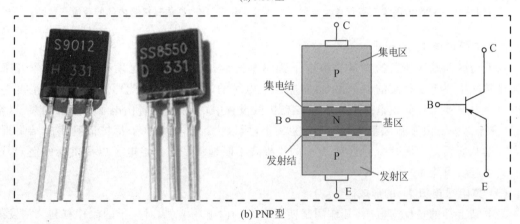

(b) PNP型

图 1-16 晶体三极管的实物外形、结构示意图和符号

结反向偏置。

从电位的角度来看,对于 NPN 型晶体三极管而言,集电极电位高于基极电位,而基极电位又高于发射极电位,即 $U_C > U_B > U_E$;对于 PNP 型晶体三极管而言,发射极电位高于基极电位,而基极电位又高于集电极电位,即 $U_E > U_B > U_C$。

(2) 内部条件

晶体三极管要实现电流的放大作用应满足晶体三极管放大的内部条件:基区很薄且掺杂浓度远低于发射区的掺杂浓度,集电结的面积应很大。

2. 晶体三极管载流子的运动过程

下面以 NPN 型晶体三极管放大电路(见图 1-17)为例进行介绍,其内部载流子的运动过程如图 1-18 所示。

(1) 发射极电流 I_E 的形成

当发射结加上正向电压时,在这个电压的作用下发射区中的多数载流子(自由电子)源源不断地越过 PN 结到达基区,形成发射极电流 I_E。

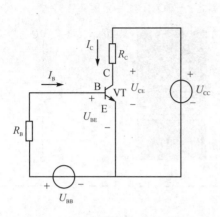
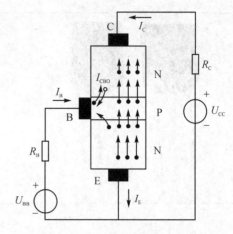

图 1-17　NPN 型晶体三极管放大电路　　　图 1-18　晶体三极管内部的载流子运动

(2) 基极电流 I_B 的形成

从发射区向基区注入的大量自由电子到达基区后,就在基区靠近发射结附近积累起来。因为在基区中靠近发射结的电子很多,而靠近集电结的电子很少,因此形成了明显的浓度差,所以自由电子要继续向集电结方向扩散。在扩散过程中,一小部分自由电子与基区的多子(空穴)复合而消失。由于基区很薄,掺杂浓度又小,所以大部分自由电子都扩散到集电结附近。为了补偿基区因复合而减少的空穴,U_{BB} 的正极要不断地从基区拉走电子以提供新的空穴,这就形成了基极电流 I_B。

(3) 集电极电流 I_C 的形成

集电结上加的是反向电压,其作用是使集电结的内电场增强,对少子的漂移有利。从发射区注入基区的自由电子,在发射区(N 型)中自由电子虽然是多子,但到达基区(P 型)后就成了少子。在增强的集电结内电场的作用下,到达集电结边缘的自由电子将不断漂移到达集电区,从而形成集电极电流 I_C。

了解了晶体三极管载流子的运动过程,可以看出其 3 个电极上的电流遵循 KCL 定律,即

$$I_E = I_C + I_B$$

另外,基极很小的电流 I_B 可以控制较大的集电极电流 I_C,从而实现电流放大,可表示为

$$\beta = \frac{\Delta I_C}{\Delta I_B}$$

其中,β 是晶体三极管的电流放大倍数。

1.3.3　晶体三极管的特性曲线

晶体三极管的特性曲线是用来表示该管各极电压和电流之间相互关系,以及反映晶体管的性能,是分析放大电路的重要依据。最常用的是共发射极接法时的输入特性曲线和输出特性曲线。

1. 输入特性曲线

输入特性曲线是指当晶体三极管集电极与发射极之间的电压 U_{CE} 为常数时,基极电流 I_B 同基极与发射极之间的电压 U_{BE} 的关系曲线,即

$$I_B = f(U_{BE})\big|_{U_{CE}=常数}$$

从理论上说,对应于不同的 U_{CE} 值,可做出一簇 I_B-U_{BE} 的关系曲线。

(1) 当 U_{CE}＜1 V 时

晶体三极管的发射结、集电结均正偏,此时晶体三极管相当于两个二极管的两个正向特性曲线的并联,晶体三极管的输入特性与二极管相似,当增大 U_{CE} 时,输入曲线向右移动,如图 1-19 所示。

(2) 当 U_{CE}≥1 V 时

当 U_{CE}≥1 V 以后,U_{CE} 对曲线的形状几乎无影响,因此只需做一条对应 U_{CE}≥1 V 的曲线即可。

由图 1-19 可见,与二极管的伏安特性一样,晶体三极管输入特性也存在一段死区。只有在发射结的外加电压大于死区电压时,晶体三极管才会出现 I_B。硅管的死区电压约为 0.5 V,锗管的死区电压不超过 0.2 V。在正常工作时,NPN 型硅管的发射结电压 U_{BE} 为 0.6~0.7 V,PNP 型锗管的 U_{BE} 为 -0.3~-0.2 V。

2. 输出特性曲线

输出特性曲线是指在基极电流 I_B 为常数时,晶体三极管集电极电流 I_C 同集电极与发射极之间的电压 U_{CE} 的关系曲线,即

$$I_C = f(U_{CE})\big|_{I_B=常数}$$

在不同的 I_B 下可得出不同的曲线,因此晶体三极管的输出特性曲线是一组曲线,如图 1-20 所示。

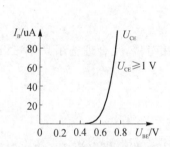

图 1-19　晶体三极管的输入特性曲线

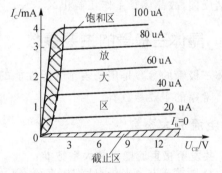

图 1-20　晶体三极管的输出特性曲线

通常把晶体三极管的输出特性曲线分为截止区、放大区和饱和区 3 个工作区。

(1) 截止区

当 $I_B=0$ 时,$I_C=I_{CEO}$,由于 I_{CEO} 的数值很小,所以 $I_C\approx 0$,晶体三极管工作于截止状态。故将 $I_B=0$ 的曲线以下的区域称为截止区。晶体三极管处于截止区的外部条件是发射结与集电结均应处于反向偏置。

(2) 放大区

特性曲线的接近水平部分是放大区,其表示当 I_B 一定时,I_C 的值基本上不随 U_{CE} 的变化而变化,在这个区域 $I_C=\beta I_B$ 存在电流放大作用。晶体三极管处于放大区的外部条件是发射结处于正向偏置,集电结处于反向偏置。

(3) 饱和区

晶体三极管处于饱和区的外部条件是集电结与发射结均处于正向偏置。

由上可知,当晶体三极管饱和时,$U_{CE} \approx 0$,发射极与集电极之间如同一个开关的接通,其间电阻很小;当晶体三极管截止时,$I_C \approx 0$,发射极与集电极之间如同一个开关的断开,其间电阻很大。可见,晶体三极管除了有放大作用外,还有开关作用。

【例 1-4】 在图 1-21 中给出了实测晶体三极管各个极的对地电位,试判断晶体三极管处于何种工作状态。

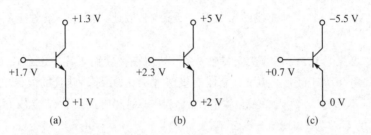

图 1-21 例 1-4 的图

【解】 (1) 在图 1-21(a)中,晶体三极管为 NPN 型,$U_{BE} = 0.7$ V,发射结正偏;又因为 $U_B > U_C$,则集电结正偏,故晶体管工作在饱和区。

(2) 在图 1-21(b)中,晶体三极管为 NPN 型,$U_{BE} = 0.3$ V,发射结正偏;又因为 $U_C > U_B$,则集电结反偏,故晶体管工作在放大区。

(3) 在图 1-21(c)中,晶体三极管为 PNP 型,$U_{BE} = 0.7$ V,发射结反偏;又因为 $U_B > U_C$,则集电结反偏,故晶体管工作在截止区。

1.3.4 晶体三极管的主要参数

晶体三极管的参数是用来表示管子性能的优劣和适用范围,是合理选用晶体三极管的重要依据。常用的主要参数有:

1. 电流放大系数

(1) 共发射极直流电流放大系数 $\bar{\beta}$

当晶体管接成共发射极电路时,在静态(无输入信号)时,集电极电流 I_C(输出电流)与基极电流 I_B(输入电流)的比值称为共发射极直流电流放大系数,即

$$\bar{\beta} = \frac{I_C}{I_B}$$

(2) 共发射极交流电流放大系数 β

当晶体管接成共发射极电路时,在动态(有输入信号)时,集电极电流的变化量 ΔI_C 与基极电流的变化量 ΔI_B 的比值称为共发射极交流电流放大系数,即

$$\beta = \frac{\Delta I_C}{\Delta I_B}$$

$\bar{\beta}$ 和 β 的含义是不同的,但通常两者数值较为接近。因此,在实际应用中一般不作严格要求,可以认为 $\bar{\beta} = \beta$。

2. 集-基极反向饱和电流 I_{CBO}

I_{CBO} 是指当发射极开路时基极和集电极之间的反向饱和电流。I_{CBO} 的大小是晶体三极管质量好坏的标志之一，I_{CBO} 越小越好。在室温下，小功率锗管的 I_{CBO} 约为几微安至几十微安，小功率硅管在 $1~\mu A$ 以下，因此硅管的热稳定性胜于锗管。

3. 集-射极反向穿透电流 I_{CEO}

I_{CEO} 是指当基极开路时发射极和集电极之间的反向电流，也称穿透电流，是衡量晶体三极管质量的重要指标。它的大小约为 I_{CBO} 的 $1+\beta$ 倍。由于反向饱和电流是在电场作用下少数载流子的漂移电流，所以其数值随温度变化。选用晶体三极管时，希望 I_{CEO} 越小越好。

4. 集电极最大允许电流 I_{CM}

晶体三极管的 β 值与集电极电流 I_C 有关，当集电极电流 I_C 增加到某一定值时，晶体三极管的 β 值会明显下降。集电极最大允许电流 I_{CM} 就是当 β 值下降到正常值的三分之二时的集电极电流。当集电极电流超过 I_{CM} 时，晶体管性能将显著下降，甚至有烧坏管子的可能。

5. 集-射极反向击穿电压 $U_{(BR)CEO}$

集-射极反向击穿电压是指当基极开路时加在集电极和发射极之间的最大允许电压。当晶体三极管的集-射极电压 U_{CE} 大于 $U_{(BR)CEO}$ 时，I_{CEO} 会突然大幅度上升，说明晶体管已被击穿。

6. 集电极最大允许耗散功率 P_{CM}

当晶体三极管因受热而引起的参数变化不超过允许值时，集电极所消耗的最大功率被称为集电极最大允许耗散功率 P_{CM}。P_{CM} 与 I_C、U_{CE} 的关系为

$$P_{CM} = I_C U_{CE}$$

在使用中晶体三极管的功率损耗不能超过 P_{CM} 值，否则晶体三极管将由于过热而损坏。晶体三极管的功率极限损耗线如图 1-22 所示。这个功率损耗将使管子的结温升高，当结温太高时，会使晶体管损坏。硅管的最高结温为 150 ℃，锗管为 70 ℃。

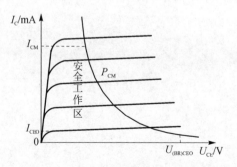

图 1-22 晶体三极管的功率极限损耗线

1.3.5 光电晶体三极管

光电晶体三极管是用入射光的强度来控制集电极电流的晶体三极管。它的输出特性曲线与普通晶体三极管相似,只是用光的强度来代替 I_B。图1-23所示是光电晶体管的实物外形和符号。

(a) 实物外形

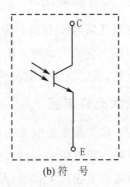
(b) 符 号

图1-23 光电晶体三极管的实物外形和符号

*拓展阅读

半导体的发展史

1833年,英国科学家电子学之父迈克尔·法拉第(Michael Faraday)(见图1(a))发现硫化银(见图1(b))的电阻与一般金属的不同,会随着温度的上升而降低,而金属的电阻随温度升高而增加,这是半导体现象被首次发现,可以说法拉第揭开了半导体的神秘面纱。

(a) 法拉第　　　　　　(b) 硫化银结构

图1　法拉第与硫化银结构

1839年,法国科学家埃德蒙·贝克雷尔(Edmond Becquerel)发现半导体和电解质接触形成的结,在光照下会产生一个电压,这就是后来人们熟知的光生伏特效应,如图2所示。

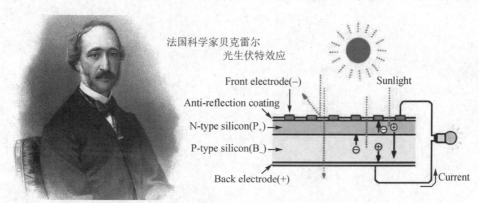

图2　光生伏特效应

1873年,英国科学家威洛比·史密斯(Willoughby Smith)首次发现硒晶体材料在光照下电导增加的光电导效应,即光辐射可以改变材料的电导率,这开创了半导体研究和开发的先河。

1874年,德国科学家费迪南德·布劳恩(Ferdinand Braun)观察到在某些硫化物两端加正向电压时,它是导通的;如果把电压极性反过来,它就不导电,说明这些硫化物的电导与所加电场的方向有关,即它的导电有方向性,这就是半导体的整流效应,也是半导体所特有的第四种特性。同年,舒斯特又发现了铜与氧化铜的整流效应。

虽然半导体的上述特点在早期就得到了发现,但是"半导体"这个名词大概到了1911年才被科尼斯伯格(J. Konigsberger)和维斯(I. Weiss)首次使用。

1904年,英国物理学家约翰·安布罗斯·弗莱明(John Ambrose Fleming)发明了世界上第一个电子管——真空二极管,他也因此获得了这项发明的专利。

1906年,美国工程师李·德·福雷斯特(Lee de Forest)在弗莱明真空二极管的基础上又多加入了一个栅极,发明了另一种电子管——真空三极管,使得电子管在检波和整流功能之外,还具有了放大和震荡功能。

1947年,美国贝尔实验室的巴丁(J. Bardeen)、布拉顿(W. Brattain)、肖克莱(W. Shockley)三人发明了点触型晶体管——NPN锗(Ge)晶体管,他们三人因此项发明获得了1956年诺贝尔物理学奖。

1950年,当蒂尔(G. K. Teal)和利特尔(J. B. Little)研究成功生长大单晶锗的工艺后,威廉姆·肖克莱(W. Shockley)于1950年4月制成第一个双极结型晶体管——PN结型晶体管,这种晶体管实际应用比点触型晶体管广泛得多。

第1章 半导体器件

习 题

一、填空题

1. 根据导电能力来衡量，_____的导电能力介于导体和绝缘体之间。
2. 本征激发是指本征半导体在_____作用下产生_____的现象。
3. 在半导体中存在着_____和_____两种载流子。温度愈高，载流子数目愈_____，导电性能也就愈_____，所以温度对半导体器件性能的影响很大。
4. N型半导体中多数载流子是_____，P型半导体中多数载流子是_____。
5. 二极管按PN结结构形式不同可分为_____接触型、_____接触型和_____型3类。
6. 二极管的P区接_____极，N区接_____极，称正向偏置，二极管导通；反之，称反向偏置，二极管截止，所以二极管具有_____性。
7. 二极管正向偏置时，正向电阻_____，正向电流较大；二极管反向偏置时，反向电阻_____，反向电流较小。
8. 双极型三极管分_____型和_____型两种类型，在结构上分为3个区，分别是_____区、_____区和_____区。
9. 双极型三极管的发射结是指_____区和_____区的PN结，集电结是指_____区和_____区的PN结。
10. 双极型三极管制造工艺中，_____区的掺杂浓度最高，_____区很薄且掺杂浓度比发射区低很多，_____结的面积大。
11. 晶体三极管的电流放大作用的外部条件是_____结正向偏置，_____结反向偏置。
12. 在放大电路中，晶体三极管截止时，发射结_____向偏置，集电结_____向偏置；晶体三极管饱和时，发射结_____向偏置，集电结_____向偏置。
13. 双极型三极管的发射极电流放大系数反映了_____极电流对_____极电流的控制能力。
14. 通常把三极管的输出特性曲线分为3个工作区，分别为_____、_____和_____。

二、选择题

1. 下列说法正确的是( )。
   A. N型半导体带负电
   B. PN结型半导体为电中性
   C. PN结内存在着内电场，短接两端会有电流产生
2. 在本征半导体中掺入( )构成P型半导体，掺入( )构成N型半导体。
   A. 3价元素　　　　　　B. 4价元素　　　　　　C. 5价元素
3. 如习题图1所示的电路中，u_o为( )，其中忽略二极管的正向压降。
   A. −12 V　　　　　　B. −14.25 V　　　　　C. −3 V
4. 如习题图2所示的电路中，u_o为( )，其中忽略二极管的正向压降。
   A. 3 V　　　　　　　B. 1 V　　　　　　　C. 2 V

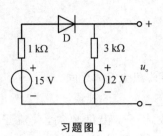

习题图 1

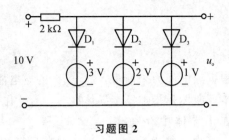

习题图 2

5. 如习题图 3 所示电路中,二极管 D_1、D_2 的工作状态分别为( ),其中忽略二极管的正向压降。

A. D_1 导通、D_2 截止　　B. D_1 截止、D_2 导通　　C. D_1、D_2 均导通

6. 如习题图 4 所示电路中,二极管 D_1、D_2 的工作状态分别为( ),其中忽略二极管的正向压降。

A. D_1 截止、D_2 导通　　B. D_1、D_2 均导通　　C. D_1 截止、D_2 导通

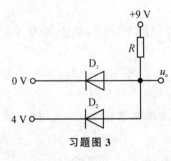

习题图 3

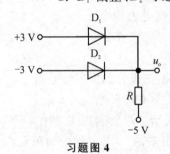

习题图 4

7. 稳压二极管在稳压时,其工作在( )。

A. 正向导通区　　B. 反向截止区　　C. 反向击穿区

8. 如习题图 5 所示的电路中,稳压二极管 D_{Z1} 的 D_{Z2} 的稳定电压分别为 5 V 和 7 V,其正向压降可忽略不计,则 u_o 为( )。

A. 0 V　　B. 5 V　　C. 7 V

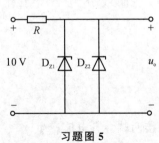

习题图 5

9. 晶体三极管具有放大作用,实质是( )。

A. 晶体三极管可把小电流放大成大电压
B. 晶体三极管可把小电压放大成大电压
C. 晶体三极管可用小电流控制大电流

10. 在放大电路中,若测得某晶体三极管 3 个极的电位分别为 2.5 V、3.2 V、9 V,则这 3 个极分别为( )。

A. E、B、C　　　　　　B. E、C、B　　　　　　C. C、E、B

11. 在放大电路中,若测得某晶体三极管3个极的电位分别是1 V、1.2 V、6 V,则该管为(　　)。

A. NPN 型硅管　　　　　B. PNP 型锗管　　　　　C. NPN 型锗管

三、分析计算题

1. 如习题图6所示是晶体三极管在电路中实测出的3个极对地电压,试判断晶体管处于何种工作状态。

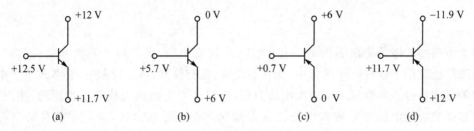

习题图6

2. 如习题图7所示的两个电路中,已知直流电压 $U_1 = 6$ V,$R = 2$ kΩ,二极管的正向降为 0.7 V,试判断二极管工作状态并求 u_o。

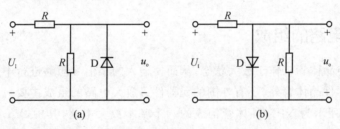

习题图7

3. 如习题图8(a)所示是一个二极管削波电路,设二极管的正向压降可忽略不计,当输入正弦电压 $u_i = (\sin \omega t)$ V(波形如习题图8(b)所示)时,试分析二极管工作状态并画出输出电压 u_o 的波形。

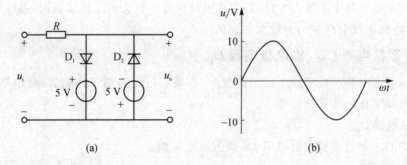

习题图8

第 2 章
基本放大电路

放大电路的功能是将微弱的电信号(电压、电流或功率)进行放大后使其带动负载工作。放大电路广泛应用于各种电子设备中,如音响设备、精密仪器、自动控制等,是各种电子电路必不可少的组成部分。本章以基本放大电路为例,介绍放大电路的组成和工作原理,用图解法、估算法和微变等效电路法对放大电路的静态和动态进行详细分析,为后面各章的学习打好基础。

2.1 放大电路的基本知识

2.1.1 放大电路的组成

放大电路是使晶体管工作于放大状态,从而使输入的小信号能够进行不失真的放大,因此其组成除了核心器件晶体管外,还有外围的元器件。放大电路的组成主要包括管、源、阻、容。

如图 2-1(a)所示为 NPN 晶体管构成的一个基本放大电路,其中,VT 是晶体管、U_{BB} 是基极电源、U_{CC} 是集电极电源、R_B 是基极偏置电阻、R_C 是集电极电阻、C_1 和 C_2 是耦合电容、R_L 是输出负载、输入信号 u_i 用电压源 u_s 和等效内阻 R_S 表示(见图中虚线框内)。电路中各元器件的作用为:

1. 管(晶体管 VT)

晶体管 VT 是电路中的放大元件,当它在电路中处于放大的工作状态时,基极电流有微弱的变化,则集电极电流会产生一个较大的变化。

2. 源(基极电源 U_{BB}、集电极电源 U_{CC})

要使晶体管在电路中处于放大的工作状态,必须满足发射结正向偏置、集电结反向偏置,这也是放大电路工作的外部条件。

(1) **基极电源 U_{BB}**

基极电源 U_{BB} 通过基极偏置电阻 R_B 使发射结正偏。

(2) **集电极电源 U_{CC}**

集电极电源 U_{CC} 经过集电极电阻 R_C 向晶体管提供集电结的反向偏置。

晶体管的放大实质上是在输入信号的作用下,通过晶体管的控制将直流电源的能量转换成负载所需的能量,晶体管起控制及转换的作用。因此,U_{CC} 也是放大电路的能量来源。

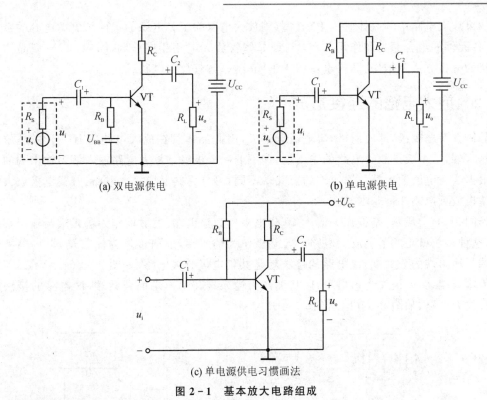

图 2-1 基本放大电路组成

3. 阻（基极偏置电阻 R_B、集电极电阻 R_C）

(1) 基极偏置电阻 R_B

基极偏置电阻 R_B 连接在晶体管基极和 U_{BB} 电源正极之间，使晶体管发射结正向偏置，并为晶体管提供一个合适的基极电流 I_B，I_B 被称为偏置电流。R_B 一般为几十千欧至几百千欧。

(2) 集电极电阻 R_C

集电极电阻 R_C 连接在晶体管集电极和 U_{CC} 电源正极之间。它有两个作用：第一个作用是保证三极管集电结反向偏置；另一个作用是把变化的集电极电流变换成变化的输出电压。若 $R_C=0$，则无论集电极电流如何变化，u_{CE} 恒等于 U_{CC}，输出电压 u_o 永远为零。

4. 容（耦合电容 C_1 和 C_2）

C_1 和 C_2 分别被称为输入耦合电容和输出耦合电容。输入耦合电容 C_1 的作用是隔断基极和信号源之间的直流通路，但又为信号源的交变信号提供通路，使交变的信号能加到晶体管的发射结上。输出耦合电容 C_2 的作用是隔断集电极和负载电阻 R_L 之间的直流通路，即直流电压不能加到负载电阻 R_L 上，同时把集电极和发射极之间的交变信号通过 C_2 传递给负载 R_L。

C_1 和 C_2 一般采用电解电容，容量比较大，一般为几十微法至上百微法。在使用时，应注意它的极性与加在它两端的工作电压极性相一致，正极接高电位，负极接低电位，不能接错。

图 2-1(a)所示电路需要两个电源 U_{BB} 和 U_{CC} 供电，被称为双电源供电。为方便电路连接，通常用电源 U_{CC} 代替 U_{BB}，如图 2-1(b)所示，即单电源供电。在画电路时，习惯上常常不画出直流电源的符号，简化输入信号的画法，把如图 2-1(b)所示的电路改画成如图 2-1(c)所示的形式。用 $+U_{CC}$ 表示放大电路接到电源的正极，而把电源的负极用接地符号表示，该点就成为放大电路直流电压与交流电压的参考零点电位点。

如果放大电路中的晶体管为PNP型,则放大电路除了各电源的极性和电解电容的极性调换外,各元件的组合原则和作用与NPN型晶体管放大电路相同。因此,对NPN型晶体管放大电路的分析方法及结论,同样也适用于PNP型晶体管放大电路。

2.1.2 放大电路的连接方法

晶体管有3个极,即发射极、集电极和基极,因此晶体管在放大电路中有一个极是放大电路的输入端,一个极是放大电路的输出端,剩下的一个极就是放大电路输入端与输出端的公共端。根据放大电路输入端与输出端的公共端不同,可分为共射极放大电路、共集电极放大电路和共基极放大电路3种基本接法。

如图2-1(c)所示,基极作为输入端,集电极作为输出端,发射极作为输入端与输出端的公共端,这种接法就是共射极放大电路。若基极作为输入端,发射极作为输出端,以集电极作为输入端与输出端的公共端,该电路的接法就是共集电极放大电路,如图2-2(a)所示。若发射极作为输入端,集电极作为输出端,以基极作为输入端与输出端的公共端,该电路的接法就是共基极放大电路,如图2-2(b)所示。

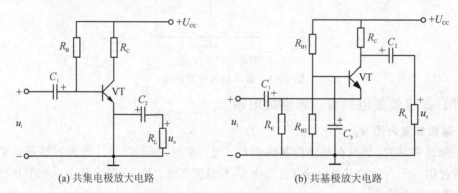

图2-2 基本放大电路的接法

2.1.3 放大电路的性能指标

放大电路在电子系统的应用中不仅会对输入信号的电参数放大,而且会对前后级电路产生影响,所以需要一些性能指标来衡量放大电路的好坏,常用的性能指标如下(这些性能指标都是在正弦信号作用下的交流参数,只有放大电路处于放大状态且输出不失真时才有意义):

1. 放大倍数

放大倍数是用来衡量放大电路放大能力的一项指标。输入信号和输出信号既可以是电压量,也可以是电流量,因此有不同含义的放大倍数。

(1) 电压放大倍数 A_u

电压放大倍数衡量输入电压对输出电压的放大作用,可表示为

$$A_u = \frac{U_o}{U_i}$$

其中,U_o 和 U_i 是输出电压 u_o 和输入电压 u_i 的有效值(如无特别说明,小写英文字母表示交流量,大写英文字母表示交流量的有效值,下标是大写字母表示静态,下标是小写字母表示动

态,下同)。

(2) 电流放大倍数 A_i

电流放大倍数衡量输入电流对输出电流的放大作用,可表示为

$$A_i = \frac{I_o}{I_i}$$

2. 输入电阻 R_i

输入电阻是由放大电路的输入端看进去的等效电阻,其反映了放大电路从信号源索取电流的大小,示意图如图 2-3 所示。当信号源接至放大电路的输入端时,输入端电阻就是信号源的负载电阻,即

$$R_i = \frac{U_i}{I_i}$$

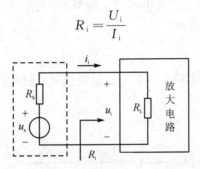

图 2-3 输入电阻示意图

由图 2-3 可以得到

$$u_i = \frac{R_i}{R_S + R_i} u_s$$

可见,R_i 越大,则放大电路输入端得到的有效输入电压 u_i 就越接近 u_s,信号源 u_s 的利用率就越高。因此,一般都希望放大电路的输入电阻 R_i 尽量地大。

3. 输出电阻 R_o

输出电阻是在信号源电压为零,但保留其内阻 R_S,将负载 R_L 去掉,外加电压 u_o 从输出端口看进去的等效电阻,示意图如图 2-4 所示,即

$$R_o = \frac{U_o}{I_o}$$

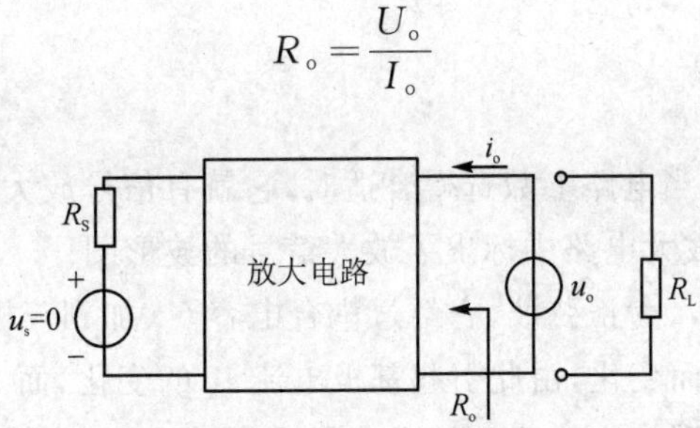

图 2-4 输出电阻示意图

由图 2-4 可以得到,放大电路带负载以后的输出电压 u_o' 和空载输出电压 u_o 之间存在关系:

$$u_o' = \frac{R_L}{R_o + R_L} u_o$$

可见,R_o越小,则放大电路带负载以后输出电压的下降量越小,放大电路的带负载能力就越强。因此,一般都希望放大电路的输出电阻R_o尽量地小。

4. 通频带 f_W

如图2-5所示为放大电路的幅频特性。由图可见,放大电路只是在一定频率范围内有相同的放大倍数,这个频率范围称为中频段。中频段的电压放大倍数被称为中频电压放大倍数,记作A_{um}。当信号频率很高或很低时,放大倍数会降低。当信号频率升高到使A_u降低为A_{um}的$\frac{1}{\sqrt{2}}$倍时,这个频率被称为放大电路的上限频率,记作f_H。当信号频率降低到使A_u降低为A_{um}的$\frac{1}{\sqrt{2}}$倍时,这个频率被称为放大电路的下限频率,记作f_L。把f_H与f_L之间这一频率范围称为通频带f_W,即

$$f_W = f_H - f_L$$

通频带反映了放大电路对不同频率信号的适应能力,通频带越宽,则放大电路对不同频率信号的适应能力越强。

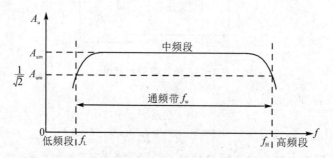

图2-5 放大电路的幅频特性

除了以上主要性能指标之外,还有最大不失真的输出电压、最大输出功率等。

2.2 共射极放大电路

2.2.1 工作原理

在共射极放大电路中,当电路参数选得合适时,它就有信号放大作用。为了说明信号的放大过程,在如图2-6所示放大电路中标出了放大信号的波形图。

设待放大的输入信号u_i为正弦波,它经过耦合电容C_1加到三极管的发射结两端,发射结电压u_{BE}将跟随u_i的变化而变化,由此引起基极电流i_b的变化,而i_b的变化又引起集电极电流i_c的变化。若$R_L=\infty$,则i_c的变化量在集电极电阻R_C上产生变化了的电压降,则

$$u_{CE} = U_{CC} - i_c R_C \tag{2-1}$$

由上式可知,当i_c增加时u_{CE}减小,当i_c减小时u_{CE}反而增加。由图2-6可见,u_{CE}的变化与i_c的变化相反,即u_{CE}与i_c相位相反。u_{CE}的变化量经耦合电容C_2传输到输出端而成为输出信号u_o,即输入信号u_i经过电路被放大了,但是相位相差180°。

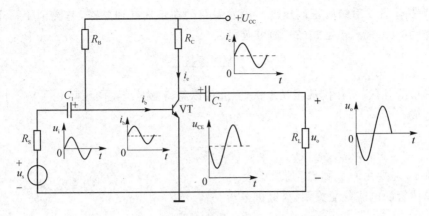

图 2-6 共发射极放大电路及信号波形图

从信号放大过程可以看到 u_i 是小信号,它控制 u_{BE} 变化,从而引起 i_b 变化,而 i_b 变化再控制 i_c 的变化,于是 i_c 的变化引起 u_{CE} 的变化,这就是三极管的电流放大作用。由式(2-1)可知,u_{CE} 的变化是电源 U_{CC} 经过 i_c 的控制而转换来的。也就是说 u_{CE} 或输出电压 u_o 是由电源 U_{CC} 提供的,u_{CE} 或 u_o 只是跟随 u_i 反相变化而已。由此实现了以弱制强,即以小的能量控制大的能量的控制作用。可见,放大电路是能量控制电路。

应特别指出,电路的放大作用是对变化量而言的。假如 u_i 不变化,则 u_{BE}、i_b、u_{CE} 及 i_c 均无变化,则输出电压 u_o 为零,即没有变化的输出电压。

2.2.2 静态分析

在放大电路中,直流信号和交流信号是同时存在的。仅在直流电源的作用下,电路的通路称为直流通路,此时只有静态电流流经电路,电路为"静态"。

静态工作点是指在静态工作状态下,晶体管各极流过的电流和电压,它们在晶体管的特性曲线坐标平面上为一个特定的点,称为 Q 点(Quiescent)。直流通路决定了电路的静态工作点,只有静态工作点合适,才能把输入信号有效的放大,动态分析才有意义。因此,电路的分析遵循"先静态,后动态"的原则。

在直流通路中,由于耦合电容 C_1 和 C_2 的隔直作用,因此被视为开路,因此电路的直流通路如图 2-7 所示。

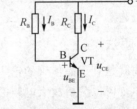

图 2-7 共射极放大电路的直流通路

静态分析就是通过对直流通路的分析,确定 I_B、I_C、U_{CE} 等。放大电路的静态分析可以采用估算法和图解法。

1. 估算法

对于基极回路,根据 KVL 定律有

$$U_{CC} = I_B R_B + U_{BE} \tag{2-2}$$

则静态的基极电流

$$I_B = \frac{U_{CC} - U_{BE}}{R_B} \tag{2-3}$$

式中，U_{BE} 为晶体管发射结的正向压降。因发射结处在正向导通状态，它类似于一个二极管，其正向压降约为 0.6 V，于是式(2-3)可改写成

$$I_B = \frac{U_{CC} - 0.6}{R_B}$$

由于 U_{CC} 一般为几伏、十几伏甚至几十伏，因此可以忽略发射结正向压降 0.6 V。于是上式又可近似地写成

$$I_B \approx \frac{U_{CC}}{R_B} \tag{2-4}$$

即基极电流 I_B 主要由 U_{CC} 和 R_B 所决定。

根据晶体管的电流分配关系，集电极电流

$$I_C \approx \bar{\beta} I_B \approx \beta I_B \tag{2-5}$$

对于集电极回路，根据 KVL 定律有

$$U_{CC} = I_C R_C + U_{CE} \tag{2-6}$$

式中，U_{CE} 为晶体管集电极与发射极之间的电压。

从式(2-3)和式(2-6)可以看出，若放大器的电源 U_{CC} 以及电路元件参数 R_B、R_C、$\bar{\beta}$ 和 β 均已给定，则 I_B、I_C 及 U_{CE} 即可求出，那么放大器的静态工作点就可确定。

【例 2-1】 在共射极放大电路中，已知 $U_{CC}=12$V，$R_C=3$ kΩ，$R_B=300$ kΩ，$\bar{\beta}=50$，$U_{BE}=0.6$ V，试求放大电路的静态值。

【解】 根据图 2-7 所示的直流通路可得出

$$I_B = \frac{U_{CC} - U_{BE}}{R_B} = \frac{12 - 0.6}{300 \times 10^3} \text{A} \approx 0.04 \times 10^{-3} \text{ A} = 0.04 \text{ mA} = 40 \text{ } \mu\text{A}$$

$$I_C \approx \bar{\beta} I_B = 50 \times 0.04 \text{ mA} = 2 \text{ mA}$$

$$U_{CE} = U_{CC} - I_C R_C = [12 - (2 \times 10^3) \times (3 \times 10^3)] \text{ V} = 6 \text{ V}$$

本节介绍的静态工作点的直流值是在晶体管 β 值或 $\bar{\beta}$ 值已给定的前提下采用估算法求出的。如果不给出晶体管的 β 值或 $\bar{\beta}$ 值，就不能直接用估算法，而必须采用图解法求放大器的静态工作点。

2. 图解法

图解法就是利用晶体管的输入和输出特性曲线，通过作图的方法来分析放大电路的工作情况。它不仅可以分析放大电路的静态工作情况，如确定静态工作点，而且还可以分析放大电路的动态工作情况，如信号放大过程、估算电压放大倍数、选择静态工作点的位置和确定信号动态工作范围以及用来分析静态工作点选择不当所引起的波形失真等。

用图解法求静态值的一般步骤如下。

① 作出直流负载线：在如图 2-7 所示的直流通路中，可列出

$$U_{CE} = U_{CC} - I_C R_C$$

于是

$$I_C = -\frac{1}{R_C} U_{CE} + \frac{U_{CC}}{R_C} \tag{2-7}$$

式中，U_{CC}、R_C 已知，因此这是一条直线方程，其斜率为 $\tan\alpha = -\frac{1}{R_C}$，在横轴上的截距为 U_{CC}，

在纵轴上的截距为 U_{CC}/R_C，如图 2-8 所示。因为它是由直流通路得出的，且与集电极负载电阻 R_C 相关，故被称为直流负载线。

② 用估算法求出基极电流 I_B，在【例 2-1】中已求出 $I_B=40~\mu A$。

③ 根据 I_B 在输出特性曲线中找到对应的曲线。

④ 求静态工作点，并确定 U_{CE} 和 I_C 的值。

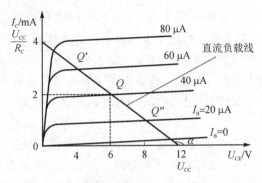

图 2-8 用图解法确定放大电路的静态工作点

晶体管的 U_{CE} 和 I_C 既要满足 $I_B=40~\mu A$ 的输出特性曲线，又要满足直流负载线，因此晶体管必须工作在它们的交点 Q，故该点就是静态工作点。过 Q 点作水平线，在纵轴上的截距就是 I_C，过 Q 点作垂直线，在横轴上的截距就是 U_{CE}。

由图 2-8 可见，当 U_{CC}、R_C 确定后，直流负载线就唯一确定，于是放大电路的静态工作点由基极电流 I_B 确定。基极电流 I_B 的大小不同，静态工作点在负载线上的位置也就不同。在具体的应用中通过改变 R_B 的大小来改变 I_B 的大小，使得 Q 点沿负载线上下移动。

由图 2-8 可知，如果求出直流负载线与横轴、纵轴的交点，两点决定一条直线，也可以得到静态工作点 Q，其方法见【例 2-2】所述。

【例 2-2】 在如图 2-6 所示的放大电路中，已知 $U_{CC}=12~V$，$R_C=3~k\Omega$，$R_B=300~k\Omega$，$U_{BE}=0.6~V$。晶体管的输出特性曲线组如图 2-8 所示。

(1) 作直流负载线。

(2) 求静态值。

【解】 (1) 根据图 2-6 所示的直流通路，有

$$U_{CE}=U_{CC}-I_C R_C$$

可得出：

当 $I_C=0$ 时

$$U_{CE}=U_{CC}=12~V$$

当 $U_{CE}=0$ 时

$$I_C \approx \frac{U_{CC}}{R_C} = \frac{12}{3 \times 10^3}~A = 4 \times 10^{-3}~A = 4~mA$$

可在如图 2-8 所示的晶体管输出特性曲线组上作出直流负载线。

(2) 根据式(2-3)可得

$$I_B = \frac{U_{CC}-U_{BE}}{R_B} = \frac{12}{300 \times 10^3}~A \approx 0.04 \times 10^{-3}~A = 0.04~mA = 40~\mu A$$

由此得出静态工作点 Q（见图 2-8），静态值为

$$I_B = 40 \ \mu A, \quad I_C = 2 \ mA, \quad U_{CE} = 6 \ V$$

所得结果与【例 2-1】一致。

2.2.3 动态分析

动态是指放大电路加上交流输入信号（$u_i \neq 0$）时，电路除有直流电压和直流电流外，还将产生在静态工作点的交流电压和电流的工作状态。

动态分析是放大电路在直流电源 U_{CC} 和交变输入信号 u_i 共同作用下工作，电路中各处的电压和电流会在原有的静态值的基础上又叠加上一个输入信号波形，对各个交流量的分析。

交流通路是放大电路中交流分量所能流通的路径，用来分析放大电路中各处电压电流的交流分量之间的关系。

画交流通路的方法：首先将电容短路，因为耦合电容的数值一般选用很大，它的容抗很小，可近似为零，在画交流通路时，耦合电容均可视为短路。然后直流电压源对地交流短路，因为直流电压源 U_{CC} 采用的内阻很小，所以对交流信号可视为短路。图 2-6 所示放大电路的交流通路如图 2-9 所示。

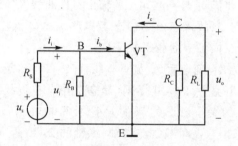

图 2-9 共射极放大电路的交流通路

对于低频小信号放大电路，动态分析一般采用微变等效电路法。也就是晶体管在小信号状态即微变状态时，把晶体管这个非线性元件线性化处理，用其等效电路替代交流通路中的晶体管。

1. 晶体管的微变等效电路

为了得到放大电路的微变等效电路，关键就是把晶体管线性化，即等效为一个线性元件，就可像处理线性电路那样来处理晶体管放大电路。下面从共射极放大电路接法中晶体管的输入特性和输出特性两方面来分析介绍如何把晶体管线性化。如图 2-10 所示是晶体管的输入、输出特性曲线。

在低频小信号情况下，晶体管可看成一个线性有源双端口网络。分别从输入端和输出端介绍晶体管的微变等效。

（1）输入端

从输入端 B、E 看进去，当输入信号变化很微小时，晶体管相当于一个线性电阻，称为动态输入电阻，用 r_{be} 表示。根据图 2-10(a)可得

$$r_{be} = \frac{\Delta u_{BE}}{\Delta i_b}\bigg|_{U_{CE}} = \frac{U_{BE}}{I_B}\bigg|_{U_{CE}} \tag{2-8}$$

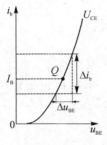 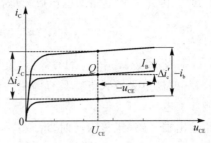

(a) 晶体管输入特性曲线　　　　　　(b) 晶体管输出特性曲线

图 2-10　晶体管的特性曲线

r_{be} 实际上是静态工作点 Q 处的动态电阻,工作点不同,则 r_{be} 的值也不同,一般为几百欧至几千欧。低频小功率晶体管的输入电阻常估算为

$$r_{be} \approx 200\ \Omega + (\beta+1)\frac{26\ \text{mV}}{(I_E)\ \text{mA}} \tag{2-9}$$

式中,I_E 是发射极电流的静态值,r_{be} 单位为 Ω。

(2) 输出端

晶体管的输出特性曲线组在放大区内可认为是与横轴平行的直线,如图 2-10(b)所示。当 U_{CE} 为常数时,Δi_c 和 Δi_b 之比为定值,称为晶体管的电流放大系数 β,可表示为

$$\beta = \frac{\Delta i_c}{\Delta i_b}\bigg|_{U_{CE}} = \frac{I_C}{I_B}\bigg|_{U_{CE}} \tag{2-10}$$

式中,β 为常数,由它确定 i_c 受 i_b 控制的关系。因此,晶体管的输出电路可用等效受控电流源 $i_c = \beta i_b$ 代替,以表示晶体管的电流控制作用。

如图 2-11 所示为所得出的晶体管微变等效电路。

2. 共射极放大电路的微变等效电路

在得到晶体管的线性等效电路后,用其替代交流通路中的晶体管就可得出共射极放大电路的微变等效电路,如图 2-12 所示。

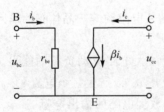 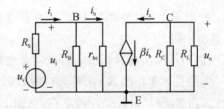

图 2-11　晶体管及其微变等效电路　　　图 2-12　共射极放大电路微变等效电路

3. 动态参数的计算

(1) 电压放大倍数

根据电压放大倍数的定义,根据微变等效电路(见图 2-12)可得

$$u_i = r_{be} i_b$$
$$u_o = -R'_L i_c = -\beta R'_L i_b$$

其中，$R'_L = R_C // R_L$。因此放大电路的电压放大倍数

$$A_u = \frac{U_o}{U_i} = \frac{-\beta R'_L I_b}{r_{be} I_b} = -\beta \frac{R'_L}{r_{be}} \tag{2-11}$$

式中，U_o、U_i、I_b 分别表示 u_o、u_i 和 i_b 的有效值，负号表示输出电压与输入电压反相，与图波形相位一致，也说明共射极单管放大电路具有倒相的作用。通过分析可知共发射极放大电路既能放大电流又能放大电压。

当放大电路输出端开路（未接 R_L）时，得

$$A_u = -\beta \frac{R_C}{r_{be}} \tag{2-12}$$

与前面接入负载的放大电路相比，电压放大倍数变高了，可见负载越小，放大倍数越高。

【例 2-3】 在图 2-6 所示放大电路中，$U_{CC} = 12$ V，$R_C = 3$ kΩ，$R_B = 300$ kΩ，$\beta = 50$，$R_L = 2$ kΩ，试求出电压放大倍数 A_u。

【解】 在【例 2-1】中已求出

$$I_C = 2 \text{ mA} \approx I_E$$

由式(2-9)得

$$r_{be} \approx 200 \text{ Ω} + (50+1) \times \frac{26 \text{ mV}}{2 \text{ mA}} = 0.863 \text{ kΩ}$$

其中

$$R'_L = R_C // R_L = 1.2 \text{ kΩ}$$

故

$$A_u = -\beta \frac{R'_L}{r_{be}} = -50 \times \frac{1.2}{0.863} \approx -69.52$$

(2) 输入电阻

输入电阻是从放大电路输入端看进去的电阻，由微变等效电路（见图 2-12）可得共射极放大电路的输入电阻

$$R_i = \frac{U_i}{I_i} = R_B // r_{be} \approx r_{be} \tag{2-13}$$

实际上 R_B 的阻值比 r_{be} 大得多，因此共射极放大电路的输入电阻约等于晶体管的输入电阻。

(3) 输出电阻

输出电阻是从输出端看回去的等效动态电阻，是衡量放大电路驱动负载的能力。输出电阻分析时，将信号源短路和 R_L 去掉，在输出端加一交流电压 u_o 以产生一个电流 i_o。当 $u_i = 0$ 可知 $i_b = 0$、$i_c = 0$，因此由微变等效电路（见图 2-12）可得放大电路的输出电阻

$$R_o = \frac{U_o}{I_o} = R_C \tag{2-14}$$

R_C 一般为几千欧，因此共发射极放大电路的输出电阻较高。

4. 放大电路的非线性失真

对一个放大电路而言，不仅要求有足够大的放大倍数，还要求它的非线性失真小。非线性失真是指放大电路输出电压与输入电压波形不一致，二者出现了畸变。如果静态工作点位置不合适，就会出现严重的非线性失真。

(1) 截止失真

当静态工作点选择太低,此时在输入电压的负半周,可能使晶体管进入截止区。对于 NPN 型晶体管构成的共射极单管放大电路,其输出电压 u_o 将产生顶部削平的失真波形,如图 2-13 所示。这种失真是晶体管在工作过程中进入截止区而造成的,故称为截止失真。

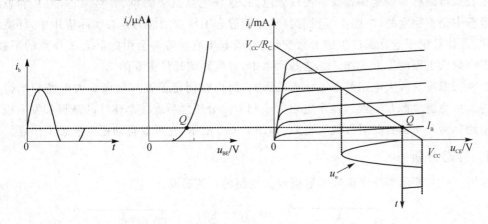

图 2-13 共射极放大电路的截止失真波形

(2) 饱和失真

当静态工作点选择过高,此时静态管压降 U_{CE} 值太小,Q 点离饱和区太近,在输入电压的正半周,尽管 i_b 仍为正弦波,但因进入饱和区,而使 i_c 不能随 i_b 变化,则 i_c 的波形产生顶部削平现象,管压降 u_{CE} 和输出电压 u_o 的波形的底部也被削平,产生了失真,如图 2-14 所示。由于这种失真是晶体管在工作过程中进入饱和区而造成的,故称为饱和失真。

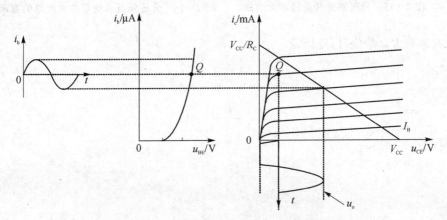

图 2-14 共射极放大电路的饱和失真波形

为避免或尽量减少非线性失真,要适当选择输入信号的幅度,输入信号 u_i 的幅值不能太大,以避免放大电路的工作范围超过特性曲线的线性范围。而且还应给放大器设置合适的静态工作点,使晶体管的工作状态始终处于线性放大区,一般选在交流负载线的中点。在共射极放大电路中通常是改变偏置电阻 R_B,从而改变偏流 I_B 来调整静态工作点,因此要使放大电路脱离饱和区,通常增加 R_B 值,要脱离截止区,通常减小 R_B 值。

2.2.4 分压偏置共射极放大电路

对如图 2-6 所示的放大电路，由于偏置电阻 R_B 的阻值选定后，偏置电流 I_B 就固定不变，所以该放大电路称为固定偏置共射极放大电路，这种电路虽然简单、容易调整，但其静态工作点在运行中是不稳定的，电路本身没有自动控制静态工作点的能力。在实际应用中，环境温度的变化、晶体管由于老化而产生的参数变化、电源电压波动等都会引起静态工作点的不稳定，从而影响放大电路的正常工作。在这些因素中，温度影响是最主要的。

为克服温度对放大电路静态工作点的影响，可以在固定偏置共射极放大电路的结构上加以改进。由直流电源 U_{CC} 经过两个电阻 R_{B1} 和 R_{B2} 分压之后连接晶体管的基极和发射极 R_E，这个电路称为分压偏置共射极放大电路，如图 2-15 所示，它可以自动稳定静态工作点。

1. 静态分析

如图 2-16 所示为分压偏置共射极放大电路的直流通路。

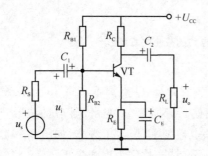
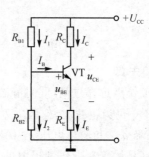

图 2-15 分压偏置共射极放大电路　　图 2-16 分压偏置共射极放大电路的直流通路

选取 R_{B1} 和 R_{B2} 的值时，应保证

$$I_2 \gg I_B \tag{2-15}$$

则

$$U_B = \frac{R_{B2}}{R_{B1}+R_{B2}} U_{CC} \tag{2-16}$$

发射极电位为

$$U_E = U_B - U_{BE}$$

一般

$$U_B \gg U_{BE} \tag{2-17}$$

故

$$U_E \approx \frac{R_{B2}}{R_{B1}+R_{B2}} U_{CC} \tag{2-18}$$

$$I_C \approx I_E = \frac{U_B - U_{BE}}{R_E} \tag{2-19}$$

$$I_B = \frac{I_C}{\beta} \tag{2-20}$$

$$U_{CE} = U_{CC} - I_E R_E - I_C R_C \tag{2-21}$$

在式(2-19)、式(2-21)中,没有一个晶体管的参数,说明这种电路的静态工作点与晶体管无关,从而排除了环境温度的影响,使静态工作点比较稳定。

在设计电路时,应满足式(2-15)和式(2-17)两个条件,但是也不能把R_{B1}和R_{B2}取得过小,从而会使放大电路的输入电阻太小。一般情况下,硅管I_1取$(5\sim10)I_B$,锗管I_1取$(10\sim20)I_B$。此外,U_B也不能取得过大,因为太大,则静态必然减小,从而使放大电路的动态工作范围减小。一般情况下,硅管U_B取$(3\sim5)U_{BE}$,锗管U_B取$(5\sim10)U_{BE}$。

通过上述分析可知,当温度升高时,由于晶体管的变化而引起集电极电流I_C的增大,则发射极电流I_E也相应增大,从而导致发射极对地的电位升高。由于U_B固定不变,所以当U_E增大时,$U_{BE}=U_B-U_E$将减小。根据晶体管的输入特性,U_{BE}减小将导致基极电流I_B减小,从而抑制了I_E因温度升高而增大的趋势,达到了稳定静态工作点的目的,上述变化过程如图2-17所示。

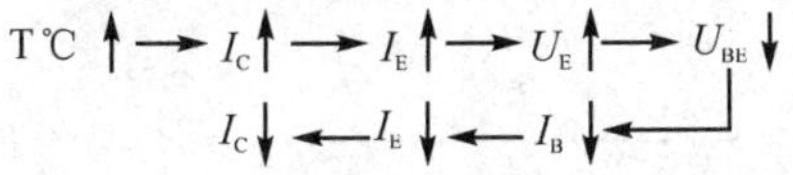

$$T\ ^\circ\!C\uparrow\longrightarrow I_C\uparrow\longrightarrow I_E\uparrow\longrightarrow U_E\uparrow\longrightarrow U_{BE}\downarrow$$
$$I_C\downarrow\longleftarrow I_E\downarrow\longleftarrow I_B\downarrow$$

图 2-17 稳定静态工作点变化过程

在这个自动调节过程中,R_E的作用是非常重要的。静态要求R_E的阻值大一些好,因为R_E越大,其上的压降就越大,自动调节能力就越强,电路稳定性越好。但是动态要求不能太大,因为当发射极电流交流分量i_e流过R_E时,也会产生交流电压降,使u_{ce}减小,从而降低电压放大倍数。为此,可在R_E两端并联一个电容值较大的电容C_E,使交流信号旁路。C_E称为交流旁路电容,其值一般为几十微法至几百微法。由于C_E对直流相当于开路,所以对静态工作点没有影响,而C_E在交变信号的频率范围内相当于短路,将R_E短路,使发射极电阻R_E上没有交变信号,防止了放大倍数下降。

2. 动态分析

为了分析分压偏置共射极放大电路的动态性能指标,画出的其交流通路如图2-18所示,再用晶体管的微变等效电路代替晶体管,即可得到分压偏置共射极放大电路的微变等效电路,如图2-19所示。

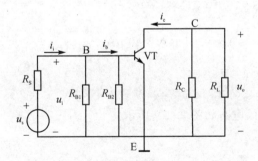

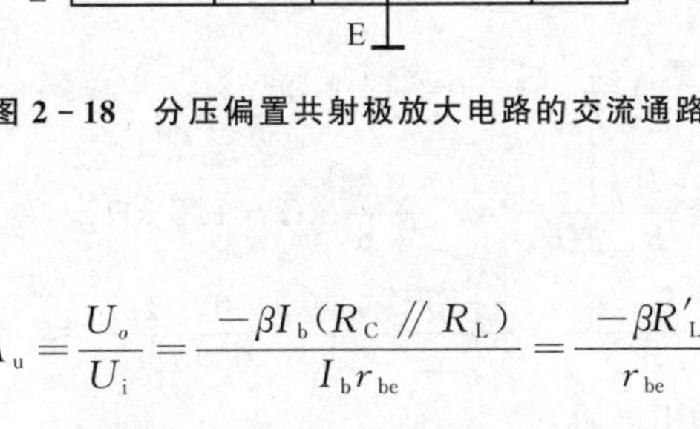

图 2-18 分压偏置共射极放大电路的交流通路

(1) 电压放大倍数

由图2-18可得

$$A_u=\frac{U_o}{U_i}=\frac{-\beta I_b(R_C/\!/R_L)}{I_b r_{be}}=\frac{-\beta R'_L}{r_{be}}$$

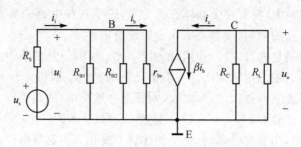

图 2-19 分压偏置共射极放大电路的微变等效电路

式中，$R'_L = R_C \mathbin{/\mkern-5mu/} R_L = \dfrac{R_C \cdot R_L}{R_C + R_L}$。

(2) 输入电阻

$$R_i = \dfrac{U_i}{I_i} = \dfrac{U_i}{\dfrac{U_i}{R_{B1}} + \dfrac{U_i}{R_{B2}} + \dfrac{U_i}{r_{be}}} = R_{B1} \mathbin{/\mkern-5mu/} R_{B2} \mathbin{/\mkern-5mu/} r_{be}$$

(3) 输出电阻

$$R_o = R_C$$

【例 2-4】 在图 2-15 所示的分压偏置共射极放大电路中，已知 $U_{CC} = 12$ V，$R_C = 2$ kΩ，$R_E = 1$ kΩ，$R_{B1} = 30$ kΩ，$R_{B2} = 10$ kΩ，$R_L = 6$ kΩ，$U_{BE} = 0.6$ V，晶体管的 $\beta = 60$。

(1) 计算该电路的静态工作点。

(2) 画出微变等效电路。

(3) 计算该电路的电压放大倍数 A_u。

(4) 计算输入电阻 R_i 和输出电阻 R_o。

【解】 (1) 计算静态工作点：

$$U_B = \dfrac{R_{B2}}{R_{B1} + R_{B2}} U_{CC} = \dfrac{10}{30 + 10} \times 12 \text{ V} = 3 \text{ V}$$

$$I_C \approx I_E = \dfrac{U_B - U_{BE}}{R_E} = \dfrac{3 - 0.6}{1 \times 10^3} \text{ A} = 2.4 \text{ mA}$$

$$I_B = \dfrac{I_C}{\beta} = \dfrac{2.4}{60} \text{ mA} = 0.04 \text{ mA} = 40 \text{ μA}$$

$$U_{CE} = U_{CC} - I_E R_E - I_C R_C =$$
$$12 \text{ V} - 2.4 \times 10^{-3} \times 1 \times 10^3 \text{ V} - 2.4 \times 10^{-3} \text{ V} \times 2 \times 10^3 \text{ V} = 4.8 \text{ V}$$

(2) 该电路的微变等效电路如图 2-19 所示。

(3) 计算电压放大倍数：

$$r_{be} \approx 200 + (1 + \beta) \dfrac{26}{I_E} = 200 + (1 + 60) \times \dfrac{26}{2.4} \approx 861 \text{ Ω} = 0.861 \text{ kΩ}$$

$$R'_L = R_C \mathbin{/\mkern-5mu/} R_L = \dfrac{R_C \cdot R_L}{R_C + R_L} = \dfrac{2 \times 6}{2 + 6} \text{ kΩ} = 1.5 \text{ kΩ}$$

$$A_u = \dfrac{U_o}{U_i} = \dfrac{-\beta I_b R'_L}{I_b r_{be}} = \dfrac{-\beta R'_L}{r_{be}} = \dfrac{-60 \times 1.5}{0.861} \approx -104.53$$

(4) 计算输入电阻和输出电阻：

$$R_\text{i} = \frac{U_\text{i}}{I_\text{i}} = R_\text{B1} \; // \; R_\text{B2} \; // \; r_\text{be} = 30 \; // \; 10 \; // \; 0.861 \approx 0.772 \text{ k}\Omega$$

$$R_\text{o} = R_\text{C} = 2 \text{ k}\Omega$$

【例 2-5】 在上例中,如果在图 2-15 所示电路中没有旁路电容 C_E,则分压偏置共射极放大电路如图 2-20 所示。

(1) 计算该电路的静态值工作点。

(2) 画出微变等效电路。

(3) 计算该电路的电压放大倍数 A_u。

(4) 计算输入电阻 R_i 和输出电阻 R_o。

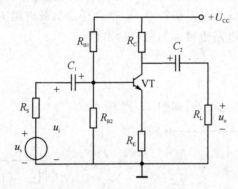

图 2-20 例 2-5 电路图

【解】 (1) 计算静态工作点:

静态工作点和 r_be 与【例 2-4】相同。

(2) 该电路的微变等效电路如图 2-21 所示。

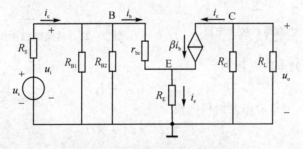

图 2-21 例 2-5 微变等效电路

(3) 计算电压放大倍数:

$$A_\text{u} = \frac{U_\text{o}}{U_\text{i}} = \frac{-\beta I_\text{b} R'_\text{L}}{I_\text{b} r_\text{be} + (1+\beta) I_\text{b} R_\text{E}} = \frac{-\beta R'_\text{L}}{r_\text{be} + (1+\beta) R_\text{E}} = \frac{-60 \times 1.5}{0.861 + 61 \times 1} \approx -1.45$$

(4) 计算输入电阻和输出电阻:

由图 2-20 可得

$$R_\text{i} = \frac{U_\text{i}}{\dfrac{U_\text{i}}{R_\text{B1}} + \dfrac{U_\text{i}}{R_\text{B2}} + \dfrac{U_\text{i}}{r_\text{be} + (1+\beta) R_\text{E}}}$$

$$= R_\text{B1} \; // \; R_\text{B2} \; // \; [r_\text{be} + (1+\beta) R_\text{E}]$$

$$= 30 \mathbin{/\mkern-5mu/} 10 \mathbin{/\mkern-5mu/} [0.861 + (1+60) \times 1] = 6.69 \text{ k}\Omega$$
$$R_\text{o} = R_\text{C}$$

可以看出,与有 C_E 电容相比虽然电压放大倍数降低了,但是输入电阻明显增大。

2.3 共集电极放大电路

如图 2-22 所示为共集电极放大电路,晶体管的集电极接至电源 U_CC 的正极,发射极经电阻 R_E 接地,U_CC 经 R_B 向基极提供正向偏压。由于集电极为电路中最高电位,从而使集电结反偏,这就保证了晶体管处于放大的状态。C_1 和 C_2 为耦合电容,输入信号经 C_1 耦合接至晶体管的基极,输出信号由晶体管的发射极经 C_2 耦合送给负载电阻 R_L。由于输出信号从发射极引出,因此共集电极放大电路也被称为射极输出器。

2.3.1 静态分析

共集电极放大电路的直流通路,如图 2-23 所示。

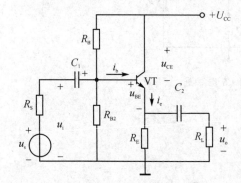

图 2-22 共集电极放大电路

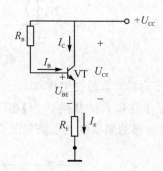

图 2-23 共集电极放大电路的直流通路

可列出基极回路的电压方程为
$$U_\text{CC} = I_\text{B} R_\text{B} + U_\text{BE} + I_\text{E} R_\text{E}$$
由晶体管的放大作用,可得静态发射极电流为
$$I_\text{E} = I_\text{B} + I_\text{C} = (1+\beta) I_\text{B}$$
于是
$$U_\text{CC} = I_\text{B} R_\text{B} + U_\text{BE} + I_\text{E} R_\text{E} = I_\text{B} R_\text{B} + U_\text{BE} + (1+\beta) I_\text{B} R_\text{E}$$
由上式可得
$$I_\text{B} = \frac{U_\text{CC} - U_\text{BE}}{R_\text{B} + (1+\beta) R_\text{E}}$$
$$I_\text{C} = \beta I_\text{B}$$
$$U_\text{CE} = U_\text{CC} - I_\text{E} R_\text{E}$$

2.3.2 动态分析

1. 电压放大倍数

共集电极放大电路的交流通路如图 2-24 所示,其微变等效电路如图 2-25 所示。由输入回路可得

$$U_i = I_b r_{be} + I_e R'_L = I_b r_{be} + (1+\beta) I_b R'_L = I_b [r_{be} + (1+\beta) R'_L]$$

式中,$R'_L = R_E // R_L$ 而

$$U_o = R'_L I_e = (1+\beta) R'_L I_b$$

因此

$$A_u = \frac{U_o}{U_i} = \frac{(1+\beta) R'_L I_b}{[r_{be} + (1+\beta) R'_L] I_b} = \frac{(1+\beta) R'_L}{[r_{be} + (1+\beta) R'_L]}$$

一般情况下 $r_{be} \ll (1+\beta) R'_L$,因此共集电极放大电路的电压放大倍数是一个小于而接近于 1 的正数。也就是说,输出电压 u_o 与输入电压 u_i 同相且大小基本相等,所以共集电极放大电路只放大电流不放大电压。由于输出端电位跟随着输入端电位的变化而变化,所以共集电极放大电路又被称为射极跟随器。

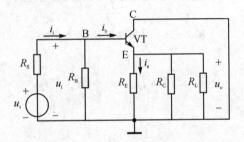

图 2-24 共集电极放大电路的交流通路

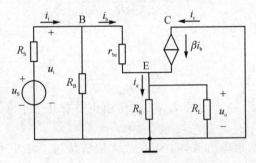

图 2-25 共集电极放大电路的微变等效电路

2. 输入电阻

由 2-25 图可得

$$I_i = \frac{U_i}{R_B} + I_b = \frac{U_i}{R_B} + \frac{U_i}{r_{be} + (1+\beta) R'_L}$$

则

$$R_i = \frac{U_i}{I_i} = \frac{U_i}{\dfrac{U_i}{R_B} + \dfrac{U_i}{r_{be} + (1+\beta)R'_L}} = R_B \mathbin{/\mkern-5mu/} [r_{be} + (1+\beta)R'_L]$$

通常 R_B 的阻值很大（几十千欧至几百千欧），且 $[r_{be}+(1+\beta)R'_L]$ 也比上述的共发射极放大电路的输入电阻（$R_i \approx r_{be}$）大得多。因此，射极输出器的输入电阻很高，可达几十千欧至几百千欧。

3. 输出电阻

在图 2-25 所示的微变等效电路中，取 $u_s=0$ 但保留其内阻 R_S，并断开负载 R_L。在输出端加一个交流电压 u_o，求出输出端的电流 i_o，则 R_o 可由 U_o/I_o 得到，如图 2-26 所示。

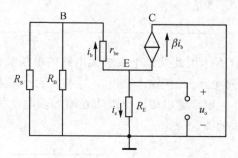

图 2-26 输出电阻 R_o 等效电路

由图 2-26 可得

$$I_o = I_b + I_e + \beta I_b$$

其中

$$I_e = \frac{U_o}{R_E}$$

$$I_b = \frac{U_o}{r_{be} + R_S \mathbin{/\mkern-5mu/} R_B}$$

根据输出电阻的定义可得

$$R_o = \frac{U_o}{I_o} = \frac{U_o}{\dfrac{U_o}{R_E} + (1+\beta)\dfrac{U_o}{r_{be} + R_S \mathbin{/\mkern-5mu/} R_B}} = R_E \mathbin{/\mkern-5mu/} \frac{r_{be} + R_S \mathbin{/\mkern-5mu/} R_B}{1+\beta}$$

一般来说，信号源内阻 R_S 不会很大，r_{be} 的阻值也只有几个千欧，所以共集电极放大电路的输出电阻 R_o 较小。

通过动态分析可知，射极输出器具有电压放大倍数接近 1 略小于 1、输入电阻高、输出电阻低的特点。由于这些特点，射极输出器在电子电路中得到了广泛的应用。

（1）用作输入级

因为射极输出器输入电阻高，可作为多级放大电路的输入级或者测量放大器的输入级，从信号源索取的电流小而减少信号电压的损失，能够有效的提高电路的输入电阻。

（2）用作输出级

因为射极输出器的输出电阻较低，常用在电路的输出级，以提高电路带负载的能力。

（3）用作中间级

将射极输出器接在两级放大电路之间，既能减少对前级信号的影响，又方便与后级电路配合,起到缓冲或隔离的作用。

2.4 共基极放大电路

如图 2-27 所示为共基极放大电路,输入电压 u_i 接至晶体管的发射极和基极之间,而输出电压 u_o 则由晶体管的集电极和基极取出。输入电压和输出电压的公共端为基极,故称为共基极放大电路。

2.4.1 静态分析

在静态分析时,由于没有输入信号,电容视为开路,可画出共基极放大电路的直流通路,如图 2-28 所示。可以看出,它与分压偏置共射极放大电路的直流通路一样,因此静态工作点的计算也与其相同,在这里就不再赘述。

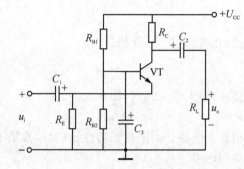

图 2-27 共基极放大电路

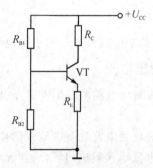

图 2-28 共基极放大电路直流通路

2.4.2 动态分析

共基极放大电路的交流通路及其微变等效电路如图 2-29 所示。

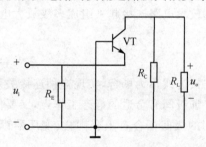

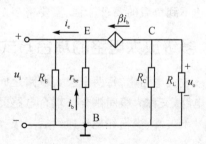

图 2-29 共基极放大电路的交流通路及其微变等效电路

1. 电压放大倍数

由图 2-29 所示的微变等效电路可得

$$U_o = -I_c R'_L = -\beta I_b R'_L$$
$$U_i = -I_b r_{be}$$

则

$$A_u = \frac{U_o}{U_i} = \frac{\beta R'_L}{r_{be}}$$

由上式可知,共基极放大电路与共射极放大电路的电压放大倍数计算公式相同,但是共基极放大电路的 A_u 为正值,说明其输出电压与输入电压是同相位的。

通过微变等效电路可知,输入回路的电流约为 i_e,输出回路的电流为 i_c,因此共集电极放大电路没有放大电流,只放大了电压。

2. 输入电阻

由于

$$I_i = \frac{U_i}{R_E} - I_e = \frac{U_i}{R_E} + (1+\beta)\frac{U_i}{r_{be}}$$

则

$$R_i = \frac{U_i}{I_i} = \frac{U_i}{\frac{U_i}{R_E} + (1+\beta)\frac{U_i}{r_{be}}} = R_E \mathbin{/\mkern-6mu/} \frac{r_{be}}{1+\beta} \approx \frac{r_{be}}{1+\beta}$$

可见,共基极放大电路的输入电阻很小,一般为几欧姆至十几欧姆。

3. 输出电阻

共基极放大电路的输出电阻与共射极放大电路的输出电阻相同,即

$$R_o = R_C$$

共基极放大电路具有电流跟随作用,属于同相放大电路。由于高频特性比较好,常用于高频或宽频带低输入阻抗的场合,在无线电通信中应用较多。

2.5 多级放大电路

单级放大电路的电压放大倍数一般为几十倍左右,而在实际应用中,有时需要把一个非常微弱的信号(毫伏或微伏数量级)放大几百倍甚至几千倍,用单级放大电路得到的输出电压或功率往往达不到负载的要求,因此需要将多个基本放大电路连接起来组成多级放大电路。

2.5.1 多级放大电路的耦合方式

在多级放大电路中,每两个放大电路之间的连接方式称为耦合,实现这种连接关系的电路称为耦合电路,又称为级间耦合。耦合电路既要保证级间有合适的静态工作点,又要保证前级输出的信号不失真、少损耗地传递给后一级。常用的级间耦合有阻容耦合、变压器耦合、直接耦合等多种方式。

1. 阻容耦合

阻容耦合是指前一级的输出信号通过电容和电阻传送到下一级,而电阻往往就是后级的输入电阻。如图 2-30 所示为一个两级阻容耦合放大电路,第一级的输出信号通过耦合电容 C_2 和电阻 R_{B2} 与第二级的输入端相连接。

阻容耦合放大电路利用电容的"隔直通交"作用,将前后级的直流隔开,从而使得前后级的静态工作点各自独立、互不影响。这为放大电路的分析、设计和调试工作带来很大方便。另

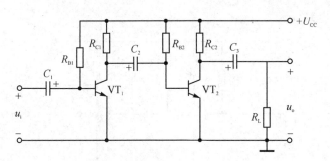

图 2-30 两级阻容耦合放大电路

外,只要耦合电容的容量足够大,还能使前一级的交流信号在一定的频率范围内几乎不衰减地传递到后一级。

阻容耦合放大电路的低频特性较差,当信号频率降低时,C_2 的容抗增加,在交流电压传送过程中,电容两端产生压降,使信号受到衰减放大倍数下降。因此,阻容耦合方式不适用于放大低频或缓慢变化的直流信号。另外,阻容耦合方式只适用于分立元件组成的放大电路中,而不适用集成放大电路中,因为目前的集成电路制造工艺还不能制造大容量的电容器。

2. 变压器耦合

变压器耦合是指将放大电路前级的输出信号通过变压器接到后级的输入端或负载电阻上。如图 2-31 所示为一个两级变压器耦合放大电路,VT_1 的输出信号经过变压器 T_{r1} 送到 VT_2 的基极和发射极之间,VT_2 的输出信号经过变压器 T_{r2} 耦合到负载 R_L 上。

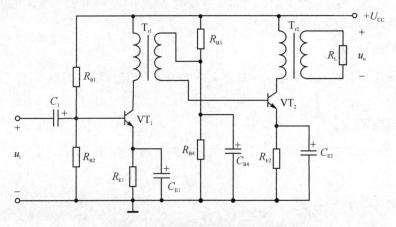

图 2-31 两级变压器耦合放大电路

变压器耦合放大电路的级与级之间没有直流通路相连,因此静态工作点各自独立、互不影响,设计调试都比较方便。另外,变压器耦合放大电路利用变压器可以实现阻抗变换,把一个低阻值的负载变换为放大电路所需要的最佳负载值,从而得到最大的输出功率,因此变压器耦合方式常用于功率放大电路。

变压器耦合放大电路的变压器体积大、笨重、不易集成,而且高频、低频特性比较差。

3. 直接耦合

直接耦合是指前级的输出端直接或通过电阻接到后级的输入端,如图 2-32 所示为一个两级直接耦合放大电路。

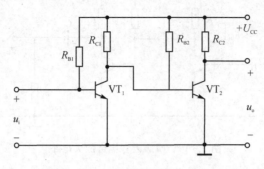

图 2-32 两级直接耦合放大电路

直接耦合放大电路不仅能放大交流信号，也能放大直流或缓慢变化的信号。所用元件少、体积小、低频特性好，便于集成化，因此，实际的集成运算放大电路一般都采用直接耦合多级放大电路。

2.5.2 多级放大电路的性能指标

1. 电压放大倍数 A_u

多级放大电路的总的电压放大倍数为各级电压放大倍数的乘积，即

$$A_u = A_{u1} \times A_{u2} \times A_{u3} \cdots \times A_{un} = \frac{U_{o1}}{U_{i1}} \times \frac{U_{o2}}{U_{i2}} \times \frac{U_{o3}}{U_{i3}} \cdots \times \frac{U_{on}}{U_{in}}$$

其中，n 为多级放大电路的级数。

2. 输入电阻 R_i

多级放大电路的输入电阻为第一级放大电路的输入电阻，即

$$R_i = R_{i1}$$

3. 输出电阻 R_o

多级放大电路的输出电阻为最后一级放大电路的输出电阻，即

$$R_o = R_{on}$$

2.5.3 差分放大电路

在实际应用中，有些需要放大的信号是缓慢变化的电压信号或者直流信号，这类信号只能采用直接耦合放大电路来放大，即输入信号直接接入放大电路，或者多级放大器把前级的输出端直接接到后级的输入端。

直接耦合放大电路会出现零点漂移现象。零点漂移是指当输入信号为零时，其输出电压出现缓慢地、无规则地变化。一般来说，直接耦合放大电路的级数越多，放大倍数越高，零点漂移现象越严重。

产生零点漂移的原因很多，如晶体管参数随温度变化、电源电压的波动、电路元器件参数的变化等，其中温度的影响是最严重的，因而零点漂移也被称为温度漂移（温漂）。在多级放大电路的各级漂移当中，第一级的漂移影响最为严重。由于直接耦合是前后级直接相连，第一级

的漂移会被逐级放大,以致影响整个放大电路的工作。因此,抑制漂移要着重于第一级。

抑制零点漂移的方法有引入直流负反馈、温度补偿、差分放大电路等,应用较多的是差分放大电路,在多级直接耦合放大电路的第一级广泛采用这种电路。

1. 差分放大电路的组成

如图 2-33 所示为一种差分放大电路,该电路是用两个特性完全相同的晶体管组成的双端输入双端输出的放大电路。信号电压 u_{i1} 和 u_{i2} 由两管基极输入,输出电压 u_o 则取自两管的集电极之间,由于电路结构对称,两管的特性及对应外围电阻元件的参数值也都相同,只有当两个输入端有差别时,输出电压 u_o 才有变动,所以被称为差分放大电路。

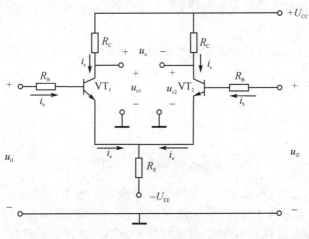

图 2-33 差分放大电路

2. 差分放大电路的特点

(1) 抑制零点漂移

当 $u_{i1}=u_{i2}=0$ 时,由于静态工作点相等,可得

$$I_{C1}=I_{C2}, \quad U_{C1}=U_{C2}$$

则输出电压

$$u_o = U_{C1} - U_{C2} = 0$$

当温度变化(如温度升高)时,由于两个晶体管的相同特性和电路参数的对称性,则 I_{C1}、I_{C2} 同时增加,U_{C1}、U_{C1} 同时下降,虽然每个管子都产生了零点漂移,但由于两个集电极电位的变化是相同的,所以输出电压依然为零,于是零点漂移完全被抑制。电路的对称性愈好,则抑制漂移的作用愈强。

(2) 放大差模抑制共模

差分放大电路根据两路输入信号的不同,分为差模输入和共模输入。

差模输入是指输入两个大小相等、极性相反的信号,即 $u_{i1}=-u_{i2}$。由于差分放大电路的对称性,可知差分放大电路的输出电压为每管输出电压变化量的两倍,因此差分放大电路对差模信号有放大作用。

共模输入是指输入两个大小相等、极性相同的输入信号,即 $u_{i1}=u_{i2}$。由于输入信号相同,则 Δu_{c1}、Δu_{c2} 必产生同向变化,因此输出电压等于零,电路对共模信号无放大能力,即放大倍数为零。

综上所述,差分放大电路具有放大差模抑制共模的作用。实际上,前面介绍的差分放大电路抑制零漂就是该电路抑制共模信号的一个特例,因为折合到两个输入端的等效漂移电压相当于给放大电路加上了一对共模信号。因此差分电路抑制共模信号能力的大小,也反映出它对零漂的抑制水平。电路的对称性愈好,则抑制共模信号的能力愈强,对零漂的抑制也愈强。

3. 共模抑制比

在实际应用中,差分电路很难做到完全对称,因此当输入共模信号时,输出电压并不为零,也就是说它对共模信号有放大能力。共模分量往往是干扰、噪声、温漂等无用信号,而差模分量才是有用的。为了衡量差分放大电路放大差模信号和抑制共模信号的能力,引入共模抑制比 K_{CMRR} 概念来表示这一特性。

共模抑制比为差分放大电路对差模信号的放大倍数 A_d 与对共模信号的放大倍数 A_c 之比,即

$$K_{CMRR} = \frac{A_d}{A_c}$$

也可用对数表示,即

$$K_{CMRR} = 20\lg \frac{A_d}{A_c} \text{ dB}$$

可见,共模抑制比越大,则差分放大电路分辨差模信号的能力越强,而受共模信号的影响越小。对于双端输出差分放大电路,若电路完全对称,则 $A_c=0$,$K_{CMRR} \to \infty$,这是理想情况。而实际情况是,电路完全对称并不存在,共模抑制比也不可能趋于无穷大。

*拓展阅读

小型录音机的音频信号放大电路

基本放大电路在电子系统中应用非常广泛,如图 1 所示为小型录音机的音频信号放大电路,该电路由 3 个分压偏置共射极放大电路构成。

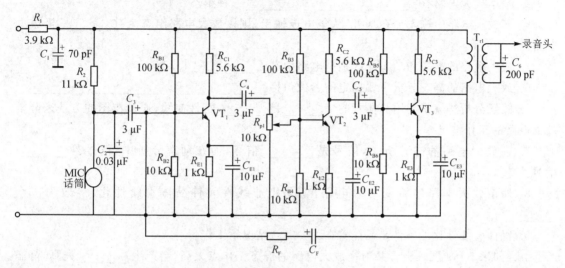

图 1　小型录音机的音频信号放大电路

该电路主要是由话筒 MIC、电位器 R_{P1}、晶体管放大器 $VT_1 \sim VT_3$ 及其周围的分压电阻器与耦合电容器,以及反馈回路中的电容器 C_F 和 R_F 等组成的。

① NPN 晶体管 VT_1 及外围元件组成第一级放大电路,R_{E1} 接在 VT_1 的发射极作为电流负反馈电阻稳定直流工作点,C_{E1} 为去耦电容器使 VT_1 交流增益提高,大电容 C_3、C_4 作为隔直电容分别与话筒 MIC 的输入信号及中间级耦合。

② NPN 晶体管 VT_2、VT_3 组成阻容耦合多级放大器的中间级,用来对话筒 MIC 输入的信号进行放大,利用电容的"隔直通交"的作用,将前后级的直流隔开,使得前后级的静态工作点各自独立、互不影响。

③ 变压器 T_{r1} 将话筒输入的音频信号放大后耦合送入录音头上用来保存声音信号,利用其实现阻抗变换的特点,把一个低阻值的负载变换为放大电路所需要的最佳负载值,从而得到最大的输出功率并补偿高频信号。

④ 晶体管 VT_3 的集电极输出经负反馈回路 R_F、C_F 反馈到 VT_1 的基极,C_F 起到隔断直流电压的作用,反馈信号中将只有交流成分用以改善放大器的频率特性。

习 题

一、填空题

1. 放大电路中设置直流偏置电路的目的是保证放大器件工作在_____区,为电路设置合适的_____。

2. 基本放大电路有_____、_____、_____三种组态。

3. 若放大电路中输入加在基极,从集电极输出,则该放大电路组态为共_____极放大电路。

4. 放大电路的静态和动态的区别是电路中有无_____。

5. 放大电路的静态分析主要确定的参数包括_____、_____、_____、_____。

6. 图解分析法就是利用晶体管的_____和_____特性曲线,通过作图的方法来分析放大电路的工作情况。

7. 在放大电路静态分析中,信号是_____信号,而在动态分析中,信号是_____信号。

8. 所谓放大电路的微变等效电路,就是把非线性元件晶体管线性化,等效为一个_____元件。

9. 晶体管线性化的条件是晶体管在_____情况下工作。

10. 如果 NPN 型三极管共射极放大电路的静态工作点太高,会产生_____失真,静态工作点太低,会产生_____失真。

11. 分压式偏置电路具有自动稳定_____的优点。

12. 射极输出器是共_____极电路;射极输出器的输出电压与输入电压_____,具有_____作用。

13. 在放大电路中,当输入信号为零时,输出电压不为零,而是缓慢地、无规则地变化着,这种现象被称为_____。引起这种现象的原因很多,其中_____影响是最严重的。在直接耦合放大电路中抑制这种现象最有效的电路结构是_____放大电路。

14. 在差分放大电路中,大小相等、极性相同的两个输入信号就称为_____信号,该信号被_____;两个大小相等、极性相反的输入信号就称为_____信号,该信号被_____。衡量差分放大电路放大差模信号和抑制共模信号的能力的指标是_____。

15. 在多级放大电路中,常用的级间耦合有_____、_____和_____等多种方式。

二、选择题

1. 影响放大器工作点稳定的主要因素是( )。

    A. β B. 穿透电流   C. 温度

2. 在固定偏置共发射极放大电路中,若三极管工作在放大区,如果 R_C 增大,此时三极管为放大状态,则集电极电流 I_C 将( )。

    A. 减小   B. 不变   C. 增大

3. 对放大电路进行静态分析的主要任务是( )。

    A. 确定电压放大倍数 A_u

    B. 确定静态工作点 Q

    C. 确定输入电阻 R_i

4. 在画三极管放大电路的微变等效电路时,直流电压源 U_{CC} 应当( )。
   A. 接地　　　　　　B. 开路　　　　　　C. 保留不变

5. 如习题图 1 所示的晶体管处于放大状态,若将 R_B 减少,则集电极电流 I_C ( ),集电极电位 U_C ( )。
   A. 增大　　　　　　B. 减小　　　　　　C. 不变

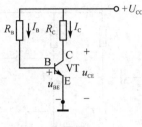

习题图 1

6. 如习题图 1 所示,已知 $U_{CC}=12\ V, R_C=12\ k\Omega, \beta=100$,电路工作在放大状态,若 $U_{CE}=4\ V$,则 R_B 应为( )。
   A. 360 kΩ　　　B. 300 kΩ　　　C. 600 kΩ

7. 在上题中,已知条件不变,若 $I_C=2\ mA$,则 R_B 应为( )。
   A. 360 kΩ　　　B. 400 kΩ　　　C. 600 kΩ

8. 射极输出器又称( )。
   A. 共射极放大电路　B. 共基极放大电路　　C. 共集电极放大电路

9. 射极输出器( )。
   A. 有电流放大作用,没有电压放大作用
   B. 有电流放大作用,也有电压放大作用
   C. 没有电流放大作用,也没有电压放大作用

三、分析计算题

1. 如习题图 2 所示电路中,已知 $U_{CC}=12\ V, R_C=4\ k\Omega, R_B=600\ k\Omega, R_L=4\ k\Omega, \bar{\beta}=100$,其中 U_{BE} 忽略不计。
   (1) 试求放大电路的静态值 I_B、I_C、U_{CE}。
   (2) 画出该电路的微变等效电路图。
   (3) 求该电路的电压放大倍数、输入电阻、输出电阻。

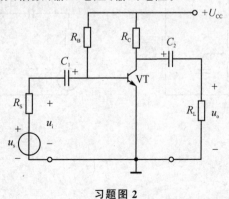

习题图 2

2. 如习题图 3 所示的分压式偏置放大电路中,已知 $U_{CC}=12\text{ V}, R_C=3\text{ k}\Omega, R_E=3\text{ k}\Omega, R_{B1}=40\text{ k}\Omega, R_{B2}=20\text{ k}\Omega, R_L=3\text{ k}\Omega, U_{BE}=0.6\text{ V}$,晶体管的 $\bar{\beta}=40$。试求:

(1) 静态值 I_B、I_C、U_{CE}。

(2) 画出该电路的微变等效电路图。

(3) 该电路的电压放大倍数、输入电阻、输出电阻。

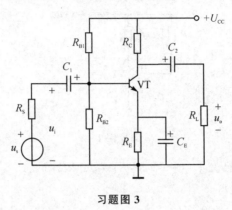

习题图 3

3. 如习题图 4 所示的电路中,已知晶体管的 $U_{CC}=12\text{ V}, R_B=620\text{ k}\Omega, R_C=3.9\text{ k}\Omega, R_{E1}=100\text{ }\Omega, R_{E2}=1\text{ k}\Omega, R_L=3.9\text{ k}\Omega, U_{BE}=0.7\text{ V}, \beta=80$,电容的容量足够大,对交流信号可视为短路。

(1) 估算电路静态时的 I_B、I_C、U_{CE}。

(2) 画出该电路的微变等效电路图。

(3) 求该电路的电压放大倍数、输入电阻、输出电阻。

4. 如习题图 5 所示的共集电极放大电路中,已知 $U_{CC}=12\text{ V}, R_S=100\text{ }\Omega, R_B=300\text{ k}\Omega, R_E=3\text{ k}\Omega, R_L=6\text{ k}\Omega, \beta=50$。试求:

(1) 估算静态工作点 I_B、I_C、U_{CE}。

(2) 画出该电路的微变等效电路图。

(3) 该电路的电压放大倍数、输入电阻、输出电阻。

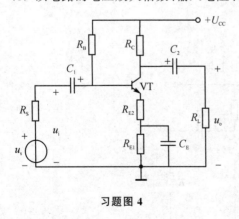

习题图 4

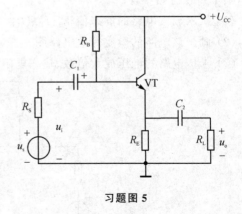

习题图 5

第 3 章 集成运算放大器

第 2 章介绍了由分立元件组成的放大电路,如果把整个电路中的元器件及相互之间的连接同时制造在一块半导体基片上,构成具有各种特定功能的电子电路,称为集成电路。相对于分立电路来说,集成电路具有体积更小、重量更轻、功耗更低、可靠性更高的特点。目前应用最为广泛的一种集成电路就是集成运算放大器(简称集成运放),它是一种高增益的直接耦合放大器。集成运放与外部某些元器件连接便可构成各种运算电路、振荡器、单稳态触发器和有源滤波器等实用电路。本章主要介绍集成运算放大器的组成、特点、性能指标、工作特性和应用。

3.1 集成运算放大器的概述

3.1.1 集成运算放大器的基本组成

集成运算放大器的种类繁多、内部电路各不相同,但基本组成都有相同之处,可分为输入级、中间级、输出级和偏置电路 4 个基本组成部分,如图 3-1 所示。

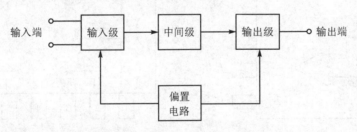

图 3-1 集成运算放大器的组成框图

1. 输入级

输入级直接影响着集成运放的性能优劣。集成运放的输入级大多采用双端输入的差分放大电路。由于差分放大电路利用了半导体集成工艺,具有对称性好、输入电阻高、可以有效减小零点漂移、抑制干扰信号等优点,因此可以有效放大有用信号。

2. 中间级

中间级的主要作用是进行电压放大,一般采用共射极放大电路,具有很高的电压放大倍数。集电极电阻用晶体管恒流源代替,因为恒流源的动态电阻很大,可以获得较高的电压放大倍数。

3. 输出级

输出级与负载连接，要求带负载能力强，输出电阻低，一般由共集电极放大电路或互补功率放大电路构成。

4. 偏置电路

偏置电路为整个电路提供合适的静态工作点，由各种恒流源电路组成。此外，还有过载保护电路，可以防止输出电流过大时将管子烧坏。

在使用集成运算放大器时，一般不关注其内部电路结构而只需要知道常用接线的各个管脚的用途，以及集成运算放大器的主要参数。不同型号的集成运算放大器各管脚的含义不尽相同，使用时可查阅产品说明书。

如图 3-2 所示为 μA741 和 LM324 集成运放的引脚排列。其中，μA741 各引脚功能如下：

① 2 脚为反相输入端，该端加入输入信号后，输出信号与输入信号反相。
② 3 脚为同相输入端，该端加入输入信号后，输出信号与输入信号同相。
③ 6 脚为输出端。
④ 7 脚为正电源端，一般接 15 V 稳压电源的正极（负极接地）。
⑤ 4 脚为负电源端，一般接 15 V 稳压电源的负极（正极接地）。
⑥ 1 脚、5 脚为外接调零电位器 R_p 的 3 个接线端。
⑦ 8 脚为空脚。

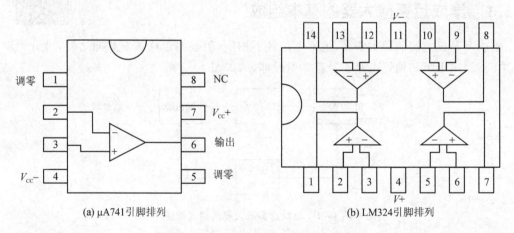

(a) μA741引脚排列   (b) LM324引脚排列

图 3-2 μA741 和 LM324 的引脚排列

3.1.2 集成运算放大器的符号

国家标准规定的集成运算放大器在电路中的图形符号如图 3-3(a)所示，其中，右上角的"A_{uo}"符号表示开环电压放大倍数，三角形表示信号传输方向，两个输入端分别是同相输入端 u_+ 和反相输入端 u_-，输出端用 u_o 表示，这 3 个电压指的都是对地电压。

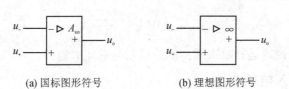

(a) 国标图形符号　　　　　(b) 理想图形符号

图 3-3　集成运算放大器的图形符号

3.1.3　集成运算放大器的主要参数

要选用合适的集成运算放大器,就要了解表征其性能的一些参数的意义和大小范围。集成运算放大器的主要参数及其意义如下:

1. 开环电压放大倍数(开环电压增益) A_{uo}

在集成运放没有外接反馈电路时,两个输入端加差模电压信号时测出的电压放大倍数称为开环差模电压放大倍数,简称开环电压放大倍数。它决定了集成运放的运算精度,A_{uo} 越高所构成的运算电路越稳定,运算精度也越高。典型集成运算放大器的 A_{uo} 为 10^5,相当于 100 dB,较高质量的集成运算放大器的 A_{uo} 可达 10^7 以上,即 140 dB 以上。

2. 开环差模输入电阻 R_{id}

开环差模输入电阻 R_{id} 指的是集成运放两个输入端加差模信号时的等效电阻,表征了输入级从信号源取用电流的大小。一般 R_{id} 为 MΩ 级,目前较高的可达 10^7 Ω。由此可知引入到集成运放的输入级电流一般都很小,为 nA 级。

3. 开环输出电阻 R_o

开环输出电阻 R_o 指的是没有外接反馈电路时输出级的输出电阻,其阻值越小越好,一般在 600 Ω 以下。

4. 输入失调电压 U_{Io}

在集成运放中,由于输入端元器件参数不可能完全对称,因此当输入电压信号为零时,输出电压不等于零。为使输出电压为零,则必须在输入端加一个补偿电压,该补偿电压被称为输入失调电压 U_{Io},一般在毫伏级。很显然,输入失调电压 U_{Io} 越小越好。

5. 最大输出电压 U_{oM}

在集成运放接入标准电源,电压输出端接上额定负载时,输出端保持不失真的最大输出电压被称为最大输出电压 U_{oM}。

6. 共模抑制比 K_{CMRR}

共模抑制比表示集成运放的差模电压放大倍数 A_d 和共模电压放大倍数 A_c 之比的绝对值,即

$$K_{CMRR} = \left| \frac{A_d}{A_c} \right|$$

表示成分贝的形式

$$K_{CMRR} = 10\lg\left(\left|\frac{A_d}{A_c}\right|\right)$$

由此可知,K_{CMRR} 越大说明运算放大器抑制共模信号的能力越强。

7. 最大共模输入电压 U_{ICM}

集成运算放大器具有抑制共模信号放大差模信号的能力,能正常不失真地放大差模信号时输入端允许输入的最大共模信号电压被称为最大共模输入电压 U_{ICM}。若超出这个电压范围,集成运算放大器的共模抑制性能就大为下降,甚至造成器件的损坏。

除了以上参数外,还有其他参数如温度漂移、输入失调电流、静态功耗等。

综上所述,集成运算放大器是一种具有高增益、高输入电阻、低输出电阻,漂移小、体积小等高性能的多级直接耦合放大电路,它已经成为模拟信号处理和产生电路中的一种通用器件。在实际使用中,要根据不同需求选择合适的集成运放。

在分析集成运算放大器的各种应用电路时,为了简化分析,通常把集成运算放大器看成理想器件,也即 A_{uo}、R_{id}、K_{CMRR} 趋近于无穷大,R_o 趋近于零。这样近似所引起的误差在工程上是允许的,在后面章节的分析中若无特别说明,集成运算放大器都按理想器件来考虑,其图形符号如图 3-3(b)所示。

3.2 集成运算放大器的电压传输特性及分析依据

电压传输特性是指集成运算放大器输出电压 u_o 随输入电压 u_i($u_i = u_+ - u_-$)变化的关系特性曲线,即

$$u_o = f(u_i) = f(u_+ - u_-)$$

集成运算放大器的电压传输特性如图 3-4 所示,实线表示的是理想的电压传输特性,虚线表示的是实际的传输特性。由于实际集成运放的开环电压放大倍数 A_{uo} 不等于无穷大,因此当输入电压很小时,输出信号在小范围里线性变化,即集成运算放大器有一个窄的线性工作区(实际传输特性曲线的斜直部分),但由于 A_{uo} 很大,实际特性与理想特性很接近。

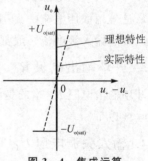

图 3-4 集成运算放大器的电压传输特性

3.2.1 集成运算放大器工作在线性区的特点

1. 虚 短

当集成运算放大器工作在线性区时,输出电压 u_o 与两个输入端的电压差($u_+ - u_-$)存在线性放大的关系,即

$$u_o = A_{uo}(u_+ - u_-) \tag{3-1}$$

由于理想的集成运算放大器 $A_{uo} \to \infty$,故输入和输出之间的关系

$$u_+ - u_- = \frac{u_o}{A_{uo}} \approx 0$$

即

$$u_+ - u_- \approx 0 \tag{3-2}$$

上式说明集成运算放大器同相输入端和反相输入端近似等电位,因此两个输入端之间好像是短路,但又不是真正的短路,故称这种现象为虚短。理想集成运算放大器工作在线性区时,虚短现象总是存在的。

2. 虚 断

由于理想集成运算放大器的差模输入电阻 $R_{id} \to \infty$,所以两个输入端的输入电流近似为零,即

$$i_+ = i_- \approx 0 \tag{3-3}$$

上式说明集成运放的同相输入端和反相输入端几乎不从信号源取用电流,故从两个输入端流入的电流可以忽略不计,这种现象称为虚断。

理想集成运放无论工作在线性区还是非线性区,虚断现象总是存在的,即 $i_+ = i_- \approx 0$ 总是成立的。

以虚短和虚断为依据分析各种集成运算放大器应用电路,可使分析过程大大简化。

3.2.2 集成运算放大器工作在非线性区的特点

集成运算放大器工作在开环状态或是引入正反馈,则表明集成运算放大器工作在非线性区。从图 3-4 所示的集成运算放大器电压传输特性曲线可以看出,集成运算放大器工作在非线性区时,输出电压不再随输入电压线性增长,而是达到饱和。

集成运算放大器工作在非线性区的特点:

1. 虚短不成立

集成运算放大器工作在非线性区时输出电压 u_o 只有两种可能:正饱和电压 $+U_{o(sat)}$ 和负饱和电压 $-U_{o(sat)}$,它们接近正、负电源电压值,即:

① 当 $u_+ > u_-$ 时,$u_o = +U_{o(sat)}$。

② 当 $u_+ < u_-$ 时,$u_o = -U_{o(sat)}$。

这时,u_- 与 u_+ 不一定相等,即虚短的结论不一定成立。

2. 虚断成立

集成运算放大器工作在非线性区时,两个输入端的输入电流可以认为等于零,因此虚断是成立的。

3.3 基本运算电路

集成运算放大器可以实现各种数学运算,如加减运算、乘除运算、积分与微分运算、对数与反对数运算等。在信号的运算电路中,通常引入深度电压负反馈使集成运算放大器工作在线性区,因此集成运算放大器具有虚短和虚断的特点。同时由于输入信号电压和输出信号电压之间的关系只取决于外部电路的连接,而与运算放大器本身的参数没有直接的联系,因此可方便地组成各种运算电路。

3.3.1 反相输入运算电路

如果运算电路的输入信号是从集成运算放大器的反相输入端引入的,称为反相输入运算电路。反相输入运算电路中最常见的是反相比例运算电路和反相加法运算电路。

1. 反相比例运算电路

反相比例运算电路如图 3-5 所示,这是反相输入运算电路中的最基本形式。输入电压 u_i 经电阻 R_1 加到集成运算放大器的反相输入端,而同相输入端通过电阻 R_2 接地,电阻 R_F 跨接在输出端和反相输入端之间引入电压负反馈。其中,R_2 称为平衡电阻,其作用是保证集成运放的同相输入端和反相输入端静态时对地电阻相等,进而消除静态基极电流对输出的影响,因此 $R_2 = R_1 /\!/ R_F$。

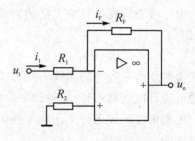

图 3-5 反相比例运算电路

根据理想集成运算放大器工作在线性区时虚短的特点可得

$$u_+ = u_-$$

此时,同相输入端 $u_+ = 0$,故

$$u_+ = u_- = 0$$

这说明反相输入端的电位接近地电位,但这是一个不接地的地电位端,通常称为虚地。

由虚断的特点可得

$$i_1 = i_F \approx 0$$

由图 3-5 可得

$$i_1 = \frac{u_i - u_-}{R_1} = \frac{u_i}{R_1}$$

$$i_F = \frac{u_- - u_o}{R_F} = -\frac{u_o}{R_F}$$

故

$$\frac{u_i}{R_1} = -\frac{u_o}{R_F}$$

即

$$u_o = -\frac{R_F}{R_1} u_i \tag{3-4}$$

则反相比例运算电路的电压放大倍数为

$$A_{uf} = \frac{u_o}{u_i} = -\frac{R_F}{R_1}$$

上式表明,输出电压 u_o 和输入电压 u_i 是成比例的关系,比例系数为 $-R_F/R_1$,其数值可以大于 1、小于 1 或等于 1;式中的负号则表示 u_o 和 u_i 反相,反相比例运算电路也因此得名。式(3-4)表明输出信号和输入信号的关系只决定于 R_1 和 R_F 的比值而与运放本身的参数关系不大。

当 $R_1 = R_F$ 时,由式(3-4)可得

$$u_o = -u_i$$

$$A_{uf} = \frac{u_o}{u_i} = -1$$

即 u_o 和 u_i 大小相等相位相反,此时电路称为反相器或倒相器。

2. 反相加法运算电路

在图 3-5 所示的电路基础上,反相端输入多个信号,可以方便地实现对输入信号电压的代数相加运算,称为反相加法运算电路。如图 3-6 所示是具有 3 个输入信号的反相加法运算电路。

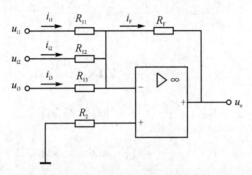

图 3-6 反相加法运算电路

根据虚短的特点可得

$$u_+ = u_- = 0$$

在反相输入端利用欧姆定律可得

$$i_{i1} = \frac{u_{i1}}{R_{11}}$$

$$i_{i2} = \frac{u_{i2}}{R_{12}}$$

$$i_{i3} = \frac{u_{i3}}{R_{13}}$$

$$i_F = -\frac{u_o}{R_F}$$

又由虚断的特点可得

$$i_{i1} + i_{i2} + i_{i3} = i_F$$

经过简单的运算有

$$u_o = -\left(\frac{R_F}{R_{11}} u_{i1} + \frac{R_F}{R_{12}} u_{i2} + \frac{R_F}{R_{13}} u_{i3}\right) \tag{3-5}$$

上式说明输出电压信号的大小与全部输入电压信号之和成正比,且极性相反,故该电路称为反相加法运算电路。该电路可以推广到有 n 个输入电压信号的求和运算。运算结果也表明,u_o 和 u_i 的关系只与外部连接电阻的方式和参数有关,而与运算放大器本身的参数没有关系。

当 $R_{11} = R_{12} = R_{13} = R_F$ 时,有

$$u_o = -(u_{i1} + u_{i2} + u_{i3}) \tag{3-6}$$

上式表明,该电路能够实现多个输入信号的加法运算。

R_2 是平衡电阻,有

$$R_2 = R_{i1} // R_{i2} // R_{i3} // R_F$$

在图 3-5 和图 3-6 所示的反相输入电路中,由于有虚地现象的存在,则该电路中不存在共模输入信号,所以反相输入的电路共模抑制能力较高。

【例 3-1】 某一个反相加法运算电路,输入和输出的关系为 $u_o = -(8u_{i1} + 4u_{i2} + 2u_{i3})$。试选取各输入电阻 R_{i1}、R_{i2}、R_{i3} 和平衡电阻 R_2 的值来设计该反相加法运算电路。其中,$R_F = 100 \text{ k}\Omega$。

【解】 根据式(3-5)可得

$$\frac{R_F}{R_{i1}} = 8, \quad \frac{R_F}{R_{i2}} = 4, \quad \frac{R_F}{R_{i3}} = 2$$

故

$$R_{i1} = \frac{R_F}{8} = \frac{100}{8} \text{ k}\Omega = 12.5 \text{ k}\Omega$$

$$R_{i2} = \frac{R_F}{4} = \frac{100}{4} \text{ k}\Omega = 25 \text{ k}\Omega$$

$$R_{i3} = \frac{R_F}{2} = \frac{100}{2} \text{ k}\Omega = 50 \text{ k}\Omega$$

平衡电阻

$$R_2 = R_{i1} // R_{i2} // R_{i3} // R_F = (12.5 // 25 // 50 // 100) \text{ k}\Omega = 6.67 \text{ k}\Omega$$

【例 3-2】 在如图 3-7 所示的两级运算电路中,$R_1 = 100 \text{ k}\Omega$,$R_2 = 10 \text{ k}\Omega$,$R_4 = 25 \text{ k}\Omega$,$R_{F1} = R_{F2} = 50 \text{ k}\Omega$,$u_{i1} = 0.1 \text{ V}$,$u_{i2} = 0.2 \text{ V}$,求输出电压 u_o 和平衡电阻 R_3、R_5。

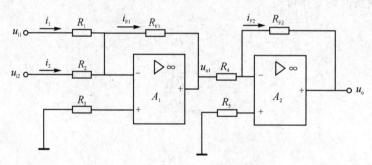

图 3-7 例 3-2 的图

【解】 集成运算放大器 A_1 是反相加法运算电路,由式(3-5)可得

$$u_{o1} = -\left(\frac{R_{F1}}{R_1}u_{i1} + \frac{R_{F1}}{R_2}u_{i2}\right) = -\left(\frac{50}{100} \times 0.1 + \frac{50}{10} \times 0.2\right) \text{ V} = -1.05 \text{ V}$$

集成运算放大器 A_2 是反相比例运算电路,由式(3-2)可得

$$u_o = -\frac{R_{F2}}{R_4}u_{o1} = -\frac{50}{25} \times (-1.05) \text{ V} = 2.1 \text{ V}$$

平衡电阻

$$R_3 = R_1 // R_2 // R_{F1} = (100 // 10 // 50) \text{ k}\Omega \approx 7.69 \text{ k}\Omega$$

$$R_5 = R_4 // R_{F2} = (25 // 50) \text{ k}\Omega \approx 16.67 \text{ k}\Omega$$

3.3.2 同相输入运算电路

如果运算电路的输入信号是从集成运算放大器的同相输入端引入的,称为同相输入运算电路。同相输入运算电路中最常见的是同相比例运算电路和同相加法运算电路。

1. 同相比例运算电路

如图 3-8 所示电路,输入信号 u_i 通过 R_2 加到运算放大器的同相输入端,电阻 R_F 跨接到输出端和反相输入端之间起负反馈作用,使电路工作在闭环状态,此时电路称为同相比例运算电路。它是同相输入运算电路中最基本的电路形式。

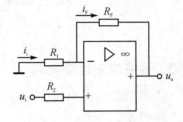

图 3-8 同相比例运算电路

根据理想集成运算放大器工作在线性区时虚断和虚短的特点可得

$$u_-=u_+=u_i, \quad i_-=i_+\approx 0$$

此时反相端不虚地,这是与反相比例运算电路不同的。进而有

$$i_i=i_F\approx 0$$

其中

$$i_i=\frac{0-u_-}{R_1}=-\frac{u_-}{R_1}=-\frac{u_i}{R_1}$$

$$i_F=\frac{u_--u_o}{R_F}=-\frac{u_i-u_o}{R_F}$$

故

即

$$-\frac{u_i}{R_1}=-\frac{u_i-u_o}{R_F}$$

$$u_o=(1+\frac{R_F}{R_1})u_i \tag{3-7}$$

则正向比例运算电路的电压放大倍数为

$$A_{uf}=\frac{u_o}{u_i}=1+\frac{R_F}{R_1}$$

可见输出电压信号和输入电压信号成比例关系,比例系数为 $1+R_F/R_1$,其值总是大于等于1的,且输出和输入是同相位,因此称为同相比例运算电路。

平衡电阻

$$R_2=R_1 /\!/ R_F$$

当 $R_1=\infty$(断开)或 $R_F=0$ 时,则

$$A_{uf}=\frac{u_o}{u_i}=1$$

即

$$u_o=u_i \tag{3-8}$$

此电路即为电压跟随器,如图 3-9 所示。电压跟随器具有极高的输入电阻和较低的输出电

阻,其性能优于射极输出器,被广泛应用于电路中,起到良好的隔离作用。

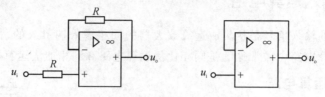

图 3-9　电压跟随器

2. 同相加法运算电路

和反相加法运算电路类似,当同相端有多个输入信号时则构成同相加法运算电路,如图 3-10 所示。

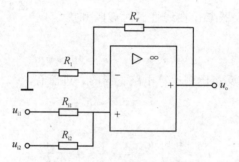

图 3-10　同相加法运算电路

根据集成运放工作在线性区的两个重要的分析依据虚短和虚断有

$$i_- = i_+ = 0, \quad u_- = u_+$$

根据同相比例运算电路的结论有

$$u_o = \left(1 + \frac{R_F}{R_1}\right) u_+$$

在同相输入端有

$$\frac{u_{i1} - u_+}{R_{i1}} + \frac{u_{i2} - u_+}{R_{i2}} = 0$$

也即

$$u_+ = \frac{R_{i2}}{R_{i1} + R_{i2}} u_{i1} + \frac{R_{i1}}{R_{i1} + R_{i2}} u_{i2}$$

因此

$$u_o = \left(1 + \frac{R_F}{R_1}\right)\left(\frac{R_{i2}}{R_{i1} + R_{i2}} u_{i1} + \frac{R_{i1}}{R_{i1} + R_{i2}} u_{i2}\right) \tag{3-9}$$

平衡电阻

$$R_{i1} \parallel R_{i2} = R_1 \parallel R_F$$

由前面的分析知,反相输入和同相输入的运算电路都存在虚短现象。但反相输入运算电路中具有虚地的特点,而在同相输入运算电路中不存在虚地。可见,有虚地现象,必然有虚短现象;但有虚短现象,不一定有虚地现象。

【例 3-3】 如图 3-11 所示电路中,$R_1 = 10 \text{ k}\Omega$,$R_2 = 20 \text{ k}\Omega$,$R_F = 6.7 \text{ k}\Omega$,试计算 u_o 的

大小。

【解】 图 3-11 所示是一个电压跟随器,电源 +12 V 经两个电阻分压后在同相输入端得到 +8 V 的输入电压,故 $u_o = +8$ V。

【例 3-4】 在如图 3-12 所示的两级运算电路中,$R_1 = 25$ kΩ,$R_F = 100$ kΩ。若输入电压 $u_i = 0.5$ V,试求输出电压 u_o 和平衡电阻 R_2。

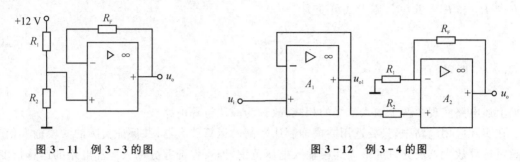

图 3-11 例 3-3 的图　　　图 3-12 例 3-4 的图

【解】 集成运算放大器 A_1 是电压跟随器,由式(3-8)可得
$$u_{o1} = 0.5 \text{ V}$$
集成运算放大器 A_2 是同相比例运算电路,由式(3-7)可得
$$u_o = \left(1 + \frac{R_F}{R_1}\right) u_{o1} = \left(1 + \frac{100}{25}\right) \times 0.5 \text{ V} = 2.5 \text{ V}$$
平衡电阻
$$R_2 = R_1 \mathbin{/\mkern-5mu/} R_F = (25 \mathbin{/\mkern-5mu/} 100) \text{ kΩ} = 20 \text{ kΩ}$$

3.3.3 减法运算电路

将几个输入信号采用差分输入方式,可以实现对若干个输入信号的加、减运算,称差分运算电路。差分运算广泛应用在自控系统中,其中减法运算是基本差分运算电路,如图 3-13 所示。

对于有两个以上的输入信号共同作用时,可以利用叠加定理进行求解。

当该电路的反相输入信号 u_{i1} 单独作用时,令 $u_{i2} = 0$(接地),电路属于反相比例运算电路,则输出电压

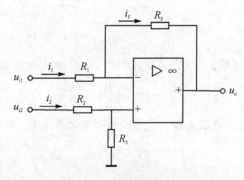

图 3-13 减法运算电路

$$u_{o1} = -\frac{R_F}{R_1} u_{i1}$$

当该电路的同相输入信号 u_{i2} 单独作用时,令 $u_{i1} = 0$(接地),电路属于同相比例运算电路,可得
$$u_+ = \frac{R_3}{R_2 + R_3} u_{i2}$$
则输出电压

$$u_{o2} = \left(1 + \frac{R_F}{R_1}\right) u_+ = \left(1 + \frac{R_F}{R_1}\right) \frac{R_3}{R_2 + R_3} u_{i2}$$

利用叠加定理,当 u_{i1} 和 u_{i2} 共同作用时,则输出电压

$$u_o = u_{o1} + u_{o2} = -\frac{R_F}{R_1} u_{i1} + \left(1 + \frac{R_F}{R_1}\right) \frac{R_3}{R_2 + R_3} u_{i2}$$

当 $R_1 = R_2$ 和 $R_F = R_3$ 时,则上式可变为

$$u_o = \frac{R_F}{R_1}(u_{i2} - u_{i1}) \tag{3-10}$$

当 $R_1 = R_F$ 时,则有

$$u_o = u_{i2} - u_{i1} \tag{3-11}$$

可见上述电路实现了两个输入信号的相减,故称为减法运算电路。

在实际应用电路中,只要选用共模抑制比较高的运算放大器,并保证实际的共模输入信号不超过运算放大器所允许的最大共模输入电压范围,即可保证差分输入运算电路的运算精度。

【例 3-5】 在如图 3-14 所示的两级运算电路中,$R_1 = R_2 = 10 \text{ k}\Omega$,$R_3 = R_{F1} = 20 \text{ k}\Omega$,$R_4 = 20 \text{ k}\Omega$,$R_{F2} = 100 \text{ k}\Omega$,输入电压 $u_{i1} = 0.2 \text{ V}$,$u_{i2} = 0.4 \text{ V}$,试求输出电压 u_o 和平衡电阻 R_5。

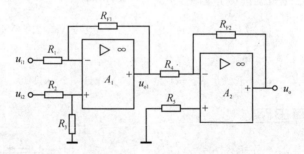

图 3-14 例 3-5 的图

【解】 集成运算放大器 A_1 是减法运算电路,由式(3-10)可得

$$u_{o1} = \frac{R_F}{R_1}(u_{i2} - u_{i1}) = \frac{20}{10} \times (0.4 - 0.2) \text{ V} = 0.4 \text{ V}$$

集成运算放大器 A_2 是反相比例运算电路,由式(3-5)可得

$$u_o = -\frac{R_{F2}}{R_4} u_{o1} = -\frac{100}{20} \times 0.4 \text{ V} = -2 \text{ V}$$

平衡电阻

$$R_5 = R_4 \mathbin{/\mkern-6mu/} R_{F2} = (20 \mathbin{/\mkern-6mu/} 100) \text{ k}\Omega \approx 16.7 \text{ k}\Omega$$

3.3.4 积分运算电路

积分运算电路广泛应用在控制和测量系统中,是模拟计算机中的基本单元电路。它用来对输入信号进行积分运算。与反相比例运算电路相比较,反馈元件用电容 C 代替电阻 R_F,其他电路结构保持不变,如图 3-15 所示。为使集成运算放大器的两个输入端对地电阻平衡,通常使同相输入端的电阻 $R_1 = R_2$。

电容两端的电压 u_C 与流过电容的电流 i_C 之间存在积分关系为

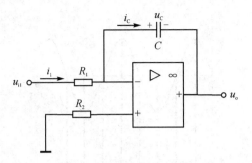

图 3-15 积分运算电路

$$u_C = \frac{1}{C}\int i_C dt$$

由虚地特点可得

$$u_o = -u_C$$

由虚断的特点可得

$$i_1 = i_C = \frac{u_i}{R_1}$$

所以

$$u_o = -\frac{1}{C}\int \frac{u_i}{R_1}dt = -\frac{1}{R_1C}\int u_i dt \qquad (3-12)$$

上式表明输出电压 u_o 与输入电压 u_i 成积分关系，因为输入信号加在反相端，所以输出和输入是反相的，用负号表示，式中的 R_1C 为积分时间常数。

若输入信号为一个阶跃信号电压 $u_i = E$，如图 3-16(a)所示，代入式(3-12)可得到积分电路的输出电压

$$u_o = -\frac{1}{R_1C}\int_0^t E dt = -\frac{E}{R_1C}t$$

可见，积分电路的输出电压随时间线性变化，如图 3-16(b)所示。

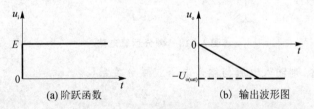

(a) 阶跃函数　　　　　　　　(b) 输出波形图

图 3-16 积分运算电路的阶跃响应

若输入信号为一个交流正弦电压，代入式(3-12)可得到积分电路的输出电压

$$u_o = -\frac{1}{R_1C}\int_0^t U_m \sin(\omega t) dt = -\frac{U_m}{\omega R_1C}\cos \omega t$$

其幅度和角频率成反比，且其相位滞后于输入信号 90°，实现了超前移相的作用，如图 3-17 所示。

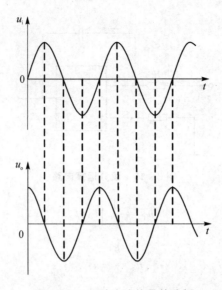

图 3-17 正弦交流信号的移相

3.3.5 微分运算电路

将图 3-15 所示电路中的电阻 R_1 和反馈电容 C 互换位置,就可得到微分运算电路,如图 3-18 所示。

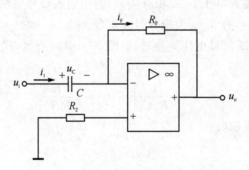

图 3-18 微分运算电路

输入支路是电容,则输入电流与输入电压成微分关系

$$i_1 = C\frac{du_i}{dt}$$

由虚短和虚断的特点可得

$$i_1 = i_F$$

所以

$$u_o = -R_1 i_F = -R_1 i_1 = -R_1 C\frac{du_C}{dt} = -R_1 C\frac{du_i}{dt}$$

可以看出,输出电压 u_o 正比于输入电压 u_i 对时间的微分,负号表示输出信号与输入信号反相;R_1C 为微分时间常数,其值越大,微分的作用就越强。

当微分电路输入端加上阶跃信号电压 E 时,运放的输出端在输入发生突变时将产生脉冲电压,其大小与 R、C 及 $\dfrac{du_i}{dt}$ 有关,而且最大值受运放输出电压的饱和值的限制;当输入信号 u_i 不变时,$u_o=0$,如图 3-19 所示,可以看出微分电路将矩形波变换成尖脉冲。由于此电路工作时稳定性不高,很少应用。

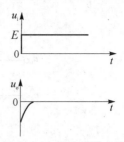

图 3-19 微分运算电路的阶跃响应

在自动控制系统中,常将反相比例运算电路和积分、微分运算电路组合起来构成 PID 调节器。如图 3-20(a)所示,将反相比例和积分运算电路组合构成 PI 调节器;如图 3-20(b)所示,将反相比例和微分运算电路组合构成 PD 调节器。根据控制系统中的不同需要选用不同的调节器。

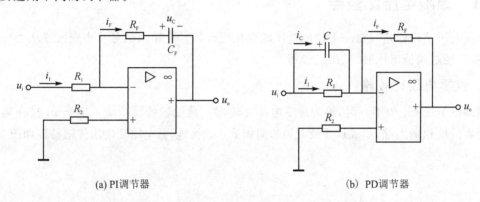

(a) PI调节器　　　　　　　　　(b) PD调节器

图 3-20 PID 调节器

3.4 电压比较器

集成运算放大器除广泛应用在线性电路中外,在非线性电路中也起着重要作用。非线性电路主要应用在信号处理方面,常见的有信号比较、信号滤波等。

电压比较器是对输入信号进行比较和鉴别,根据输入信号电压极性和给定电压的大小来决定电路的输出状态,也可以由电压比较电路的输出状态来判断输入信号电压的大小和极性。这种电路能在输入端对模拟信号进行比较,在输出端将比较结果转换成脉冲信号输出,即比较器的输出是以高电平或低电平(相当于数字信号的"1"或"0")的形式来显示比较的结果,它是一种模拟量到数字量的接口电路,故其广泛应用在模数转换和数模转换的电路中。它作为基本单元电路也广泛地应用于数字仪表、自动控制、自动检测以及波形产生和变换等领域。

如图 3-21(a)所示的电压比较器中,反相输入端输入信号电压 u_i,同相输入端接参考电压 U_R。由于运算放大器工作于开环状态(没有引入负反馈),A_{uo} 趋近于无穷大,于是两个输入端之间只要有很小的差模电压输出就将达到饱和。因此,在用作比较器时,运算放大器工作在非线性区,即饱和状态。当 $u_i<U_R$ 时,$u_o=+U_{o(sat)}$;当 $u_i>U_R$ 时,$u_o=-U_{o(sat)}$。图 3-21(b)所示为电压比较器的电压传输特性。

使输出电压产生跃变(从高电平跃变为低电平或从低电平跃变到高电平)的输入电压称为阈值电压(也称为门限电平),用 U_T 表示。在图 3-21 中 $U_T=U_R$。

电子技术基础

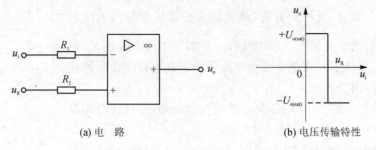

(a) 电　路　　　　　　　　(b) 电压传输特性

图 3-21　电压比较器

3.4.1　单限电压比较器

单限电压比较器是只有一个阈值电压的电压比较器。在输入信号从小变大或从大变小的过程中,当经过阈值电压时,输出信号将产生跃变。

1. 过零电压比较器

当阈值电压 U_T 等于 0 时,称为过零电压比较器。被比较的模拟输入电压 u_i 接在集成运算放大器的反相输入端,集成运算放大器的同相输入端接地,其电路和电压传输特性如图 3-22 所示。

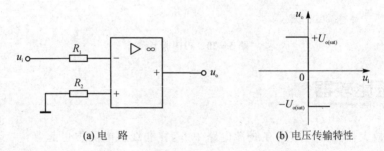

(a) 电　路　　　　　　　　(b) 电压传输特性

图 3-22　从反相端输入的过零电压比较器

被比较的模拟输入电压 u_i 也可以接在集成运算放大器的同相输入端,集成运算放大器的反相输入端接地,其电路和电压传输特性如图 3-23 所示。

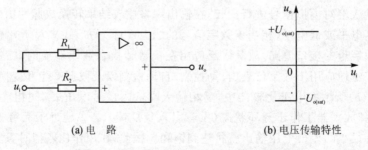

(a) 电　路　　　　　　　　(b) 电压传输特性

图 3-23　从同相输入端输入的过零电压比较器

过零电压比较器可以实现波形变换将正弦波转换为方波,如图 3-24 所示。

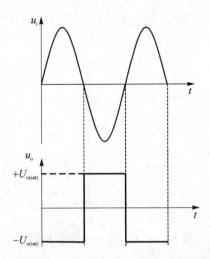

图 3-24 过零电压比较器将正弦波电压变换为矩形波电压

2. 一般单限电压比较器

当阈值电压 U_T 不等于 0 时,则为一般单限电压比较器,如图 3-25 所示。可以看出,它是在过零电压比较器的基础上,将参考电压 U_R 通过电阻 R_1 也接在集成运放的反相输入端。在实际应用中,输出端往往需要通过限流电阻与"地"之间跨接一个双向稳压二极管 D_Z,作双向限幅用以满足负载要求。

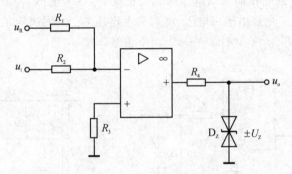

图 3-25 一般单限电压比较器

由于当理想运放工作在非线性区时,它的输入电流等于零,所以 $u_+ = 0$。因此,在输入电压 u_i 连续变化到 $u_+ = u_- = 0$ 时,也即经过阈值电压时,输出端的状态发生跳变。

因为运放的输入电流等于零,所以用叠加定理可以求出反相输入端的电位为

$$u_- = \frac{R_2}{R_1 + R_2} U_R + \frac{R_1}{R_1 + R_2} u_i$$

令 $u_- = 0$,则可得出阈值电压

$$U_T = u_i = -\frac{R_2}{R_1} U_R$$

当 U_R 为正数时,$U_T < 0$;当 U_R 为负数时,$U_T > 0$。当 $u_i < U_T$ 时,$u_o = +U_Z$;当 $u_i > U_T$ 时,$u_o = -U_Z$。如图 3-28 所示为 $U_T > 0$ 时的电压传输特性。

如图 3-25 所示的单限比较器只是众多单限比较器中的一种,读者可以将输入电压 u_i 和

参考电压 U_R 接到集成运放的同相输入端,也可以将它们分别接到两个不同输入端。

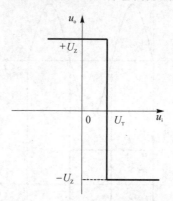

图 3-26 $U_T>0$ 时电压传输特性

3.4.2 滞回电压比较器

单限电压比较器电路简单、灵敏度高,但抗干扰能力差。如果输入电压受到干扰或噪声影响,则输出波形将产生错误的跳变。如果在控制系统中发生这种情况,将对执行机构产生不利影响。为了提高电压比较器的抗干扰能力,可以采用滞回电压比较器,它有两个阈值电压,其电路如图 3-27(a)所示。滞回电压比较器中被比较的电压 u_i 从反相输入端输入,输出端 u_o 引出一个反馈电阻 R_F 到同相输入端从而构成了正反馈,参考电压 U_R 经过 R_1 接到同相输入端,同相输入端电位的变化是由输出电压 u_o 和参考电压 U_R 共同决定的。由于集成运算放大器工作在非线性区,所以 u_o 有 $-U_Z$ 和 $+U_Z$ 两个状态。

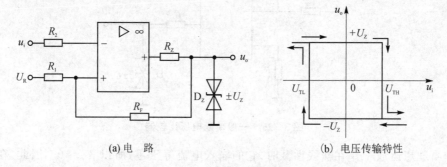

(a) 电 路   (b) 电压传输特性

图 3-27 滞回电压比较器

根据虚断特点有 $i_+=i_-=0$,进而 $u_-=u_i$,于是 $u_+=\dfrac{R_1}{R_1+R_F}u_o+\dfrac{R_F}{R_1+R_F}U_R$。

当 $u_o=\pm U_Z$ 时,令 $u_+=u_-$ 得到阈值电压为

$$U_{TH}=\frac{R_1}{R_1+R_F}U_Z+\frac{R_F}{R_1+R_F}U_R$$

$$U_{TL}=\frac{R_1}{R_1+R_F}(-U_Z)+\frac{R_F}{R_1+R_F}U_R$$

当 $u_i<U_{TL}$ 时,u_- 一定小于 u_+,所以输出是 $+U_Z$,只有当 u_i 增大到大于 U_{TH} 时,输出才发生跃变。同理,当 $u_i>U_{TH}$ 时,u_- 一定大于 u_+,所以输出是 $-U_Z$,只有当 u_i 减小到小于

U_{TL} 时，输出才发生跃变。因此，滞回电压比较器的电压传输特性如图 3-27(b)所示。

从输出特性曲线可以看出，当输入电压从正到负，只有在经过 U_{TL} 时，输出电压才产生跃变；而从负到正变化，只有在经过 U_{TH} 时，输出电压才产生跃变，也即在 $U_{TL}<u_i<U_{TH}$ 时，输出电压不跃变，只有 $-U_Z$ 和 $+U_Z$ 两个状态，从而提高了系统的抗干扰性。

正向阈值电压 U_{TH} 和负向阈值电压 U_{TL} 的差值 ΔU_T 称为滞回电压，即

$$\Delta U_T = U_{TH} - U_{TL} = 2U_Z \frac{R_1}{R_1 + R_F} \tag{3-13}$$

上式表明，滞回电压 ΔU_T 与参考电压 U_R 无关。

3.5 有源滤波器

滤波器是一种能使有用频率信号通过而同时抑制（或相当大地衰减）无用频率信号的电子装置。工程上常用有源滤波器作信号处理、数据传送和抑制干扰等。最早主要采用由无源元件 R、L 和 C 组成的无源滤波器，随着集成运算放大器的迅速发展，由集成运算放大器和 R、C 组成的有源滤波器得到广泛应用。有源滤波器由于不使用电感元件，所以体积小，重量轻。它具有电压放大作用，通过运放可带适当的负载而几乎不影响滤波器的频率特性，并且由于使用了集成运算放大器，故放大器的增益可调。但是，有源滤波器也存在一些缺点，由于运放的频带较窄，有源滤波电路通常不宜用于高频范围，一般使用在几百千赫以下，高于 1 MHz 往往仍使用 LC 滤波效果好。

3.5.1 有源滤波器分类

对于幅频响应，通常把信号能够通过的频率范围称为通带，而把信号受阻或衰减的频率范围称为阻带，通带和阻带的界限频率称为截止频率。按照通带和阻带的相互位置不同，滤波器通常可分为低通滤波器(LPF)、高通滤波器(HPF)、带通滤波器(BPF)和带阻滤波器(BEF)。

1. 低通滤波器

低通滤波器幅频特性响应如图 3-28(a)所示，$|A_u|$ 表示电压增益。由图可知，低通滤波器是使频率低于某一截止角频率 ω_c 的低频信号通过，而对大于 ω_c 的所有频率则完全衰减，因此带宽 $BW = \omega_c$。

2. 高通滤波器

高通滤波器幅频特性响应如图 3-28(b)所示，由图可知，在 $0<\omega<\omega_c$ 范围内的频率为阻带，高于 ω_c 的频率为通带。在理论上其带宽 $BW=\infty$，但实际上由于受有源器件带宽的限制，高频滤波器的带宽也是有限制的。

3. 带通滤波器

带通滤波器幅频特性响应如图 3-28(c)所示，ω_L 为下限截止角频率，ω_H 为上限截止角频率。由图可知，其有两个阻带，即 $\omega<\omega_L$ 和 $\omega>\omega_H$，因此其带宽 $BW=\omega_H-\omega_L$。

4. 带阻滤波器

带阻滤波器幅频特性响应如图 3-28(d)所示，由图可知，其有两个通带，即 $0<\omega<\omega_L$ 及

$\omega>\omega_H$,一个阻带,即 $\omega_L<\omega<\omega_H$。它的功能是衰减 ω_L 和 ω_H 之间的信号。同高通滤波器相似,由于受有源器件带宽的限制,通带 $\omega>\omega_H$ 是有限制的。

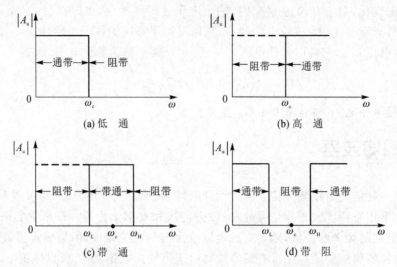

图 3-28 各种滤波器的理想幅频特性响应

3.5.2 有源低通滤波器

如图 3-29(a)所示为有源一阶低通滤波器的电路,其结构很简单,使用的是一个同相输入的比例集成运算放大器,在其同相输入端加上无源 RC 低通滤波电路。输入信号也可以从反相端输入,其分析方法相同。

设输入信号 u_i 为某一频率的正弦波,因此以下分析可以用向量形式表示。

由同相比例运算电路输出和输入之间的关系可得

$$\dot{U}_o = \left(1 + \frac{R_F}{R_1}\right)\dot{U}_+$$

由集成运放工作在线性区的特点可得

$$\dot{U}_+ = \dot{U}_C = \frac{\dfrac{1}{j\omega C}}{R + \dfrac{1}{j\omega C}}\dot{U}_i = \frac{\dot{U}_i}{1+j\omega RC}$$

因此,电压放大倍数为

$$\dot{A}_u = \frac{\dot{U}_o}{\dot{U}_i} = \frac{1+\dfrac{R_F}{R_1}}{1+j\omega RC} = \frac{1+\dfrac{R_F}{R_1}}{1+j\dfrac{\omega}{\omega_c}} = \frac{A_{up}}{1+j\dfrac{\omega}{\omega_c}}$$

则其模为 $|\dot{A}_u| = \dfrac{|A_{up}|}{\sqrt{1+\left(\dfrac{\omega}{\omega_c}\right)^2}}$,相角为 $\varphi(\omega) = -\arctan\dfrac{\omega}{\omega_c}$。其中,$\omega_c = \dfrac{1}{RC}$ 称为截止角频率,$A_{up} = 1 + \dfrac{R_F}{R_1}$ 是 $\omega=0$ 时的电压放大倍数。

当 $\omega=\omega_c$ 时，$|\dot{A}_u|=\dfrac{|A_{up}|}{\sqrt{2}}$；当 $\omega=\infty$ 时，$|\dot{A}_u|=0$。据此可画出有源一阶低通滤波器的幅频特性，如图 3-29(b)所示。

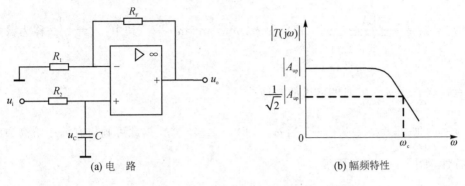

图 3-29　有源一阶低通滤波器

一阶有源低通滤波器通带和阻带之间的过渡带很宽，为了使 $\omega>\omega_c$ 时信号能够更加迅速地衰减，于是在输入端增加无源滤波器组成二阶有源低通滤波器，其电路如图 3-30(a)所示，其幅频特性如图 3-30(b)，可见二阶有源低通滤波器的过渡带变窄了。

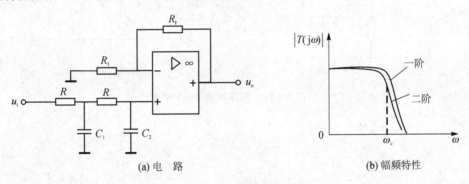

图 3-30　二阶有源低通滤波器

3.5.3　有源高通滤波器

高通滤波器和低通滤波器具有对偶性，将有源低通滤波器中 RC 电路的 R 和 C 对调，就成为有源高通滤波器，其电路如图 3-31(a)所示。

同样假设输入信号 u_i 为某一频率的正弦波，根据同相比例运算电路输出和输入之间的关系可得

$$\dot{U}_o = \left(1 + \dfrac{R_F}{R_1}\right)\dot{U}_+$$

其中

$$\dot{U}_+ = \dfrac{R}{R + \dfrac{1}{j\omega C}}\dot{U}_i = \dfrac{\dot{U}_i}{1 + \dfrac{1}{j\omega RC}}$$

因此，电压放大倍数为

$$\dot{A}_u = \frac{\dot{U}_o}{\dot{U}_i} = \frac{1+\dfrac{R_F}{R_1}}{1+\dfrac{1}{j\omega RC}} = \frac{1+\dfrac{R_F}{R_1}}{1-j\dfrac{\omega_c}{\omega}}$$

则其模为 $|\dot{A}_u| = \dfrac{|A_{up}|}{\sqrt{1+\left(\dfrac{\omega_c}{\omega}\right)^2}}$，相角为 $\varphi(\omega) = \arctan\dfrac{\omega_c}{\omega}$。其中，$\omega_c = \dfrac{1}{RC}$ 称为截止角频率，$A_{up} = 1 + \dfrac{R_F}{R_1}$ 是 $\omega = \infty$ 时的电压放大倍数。

当 $\omega = \omega_c$ 时，$|\dot{A}_u| = \dfrac{|A_{up}|}{\sqrt{2}}$；当 $\omega = 0$ 时，$|\dot{A}_u| = 0$。据此可画出有源一阶高通滤波器的幅频特性，如图 3-31(b) 所示。

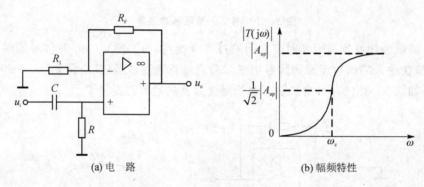

(a) 电路　　　　　　　　(b) 幅频特性

图 3-31　有源高通滤波器

*拓展阅读

集成运算放大器发展史

运算放大器最早被设计出来的目的是将电压类比成数字,用来进行加、减、乘、除运算,同时也成为实现模拟计算机的基本建构方块。然而,理想运算放大器在电路系统设计上的用途却远超过加减乘除的计算。现在的运算放大器,无论是使用晶体管或真空管、分立式元件或集成电路元件,运算放大器的效能都已经逐渐接近理想运算放大器的要求。

早期的运放采用真空管作为放大元件,需要高电压驱动,体积也很大,如图 1 所示,其电路图如图 2 所示。因此,当时的运放又被称作 Brick,这个名字现在仍然被欧美的电子工程师使用。随着晶体管的发明,人们希望用晶体管来制作运放,这样能显著减少体积。但是半导体行业的飞速发展,瞬间就跳过了这一阶段。随着 1958 年集成电路的发明以及 1959 年硅平面工艺的出现,运算放大器率先以集成电路的形式成为世界上第一种通用集成电路。1963 年,仙童半导体的鲍伯·韦勒设计了世界第一款集成运放——μA702。

图 1　早期真空运算放大器

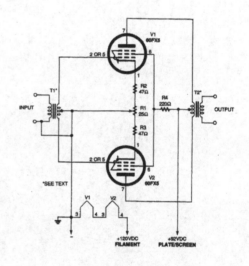

图 2　真空运算放大器电路图

19 世纪 60 年代晚期,仙童半导体推出了第一个被广泛使用的集成电路运算放大器——μA709,设计者则是鲍伯·韦勒,但是 μA709 很快被随后而来的新产品 μA741 取代。μA741 有着更好的性能,更为稳定也更容易使用。μA741 运算放大器(见图 3)成为微电子工业发展历史上一个独一无二的象征,历经数十年的演进仍然没有被取代,很多集成电路的制造商至今仍然在生产 μA741。直到今天,μA741(其电路图见图 4)仍然是各院校电子工程专业讲解运放原理使用的典型芯片。

随着电子技术的高速发展,集成运放不断升级换代,其性能参数和技术指标不断提高,而价格日益降低。它的应用早已超出运算的范畴之外,成为一种通用性很强的功能性器件。它的应用犹如六、七十年代无线电电路中的三极管一样已成为现代电子电路中的核心器件。如今,集成电路已成为我国的战略性产业之一,越来越多的企业加入其中。在推动集成电路产业化进程中,全世界的众多科学家做出了许多不为人知的巨大贡献,正是因为他们在集成运算放大电路上的不懈努力,才有了现在产业的繁荣,并推动了社会的发展。

 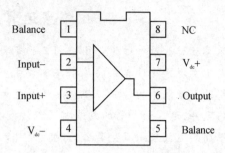

图 3　早期 μA741 运算放大器　　　　图 4　μA741 运算放大器电路图

第 3 章　集成运算放大器

习　题

一、填空题

1. 集成运算放大器电路,可分为_____、_____、_____和_____4个基本组成部分。

2. 运算放大器工作在线性区时,分析依据有两条,即_____和_____。

3. 运算放大器工作在饱和区时,两个分析依据中的_____不一定成立,输出只有_____和_____。

4. 集成运放具有开环电压放大倍数_____、输入电阻_____、输出电阻_____等特点。

5. 理想运算放大器的图形符号中"－"表示_____;"＋"表示_____;"∞"表示_____。

6. 运算放大器的同相输入端表示输出信号与该输入端信号_____;反相输入端表示输出信号与该输入端信号_____。

7. 运算放大器的输入信号电压和输出信号电压之间的关系,只取决于_____的连接,而与运算放大器本身的参数_____直接的联系。

8. 信号的运算电路中,通常引入深度电压负反馈,使运算放大器工作在_____区。

9. 电压跟随器中,输出与输入电压大小_____,相位_____。

10. 电压比较器中的运算放大器工作在_____区,这时分析运放的两个依据中,_____不成立。

二、选择题

1. 理想集成运放具有以下特点:(　　)。

A. 开环差模增益 $A_{uo}=\infty$,差模输入电阻 $R_{id}=\infty$,输出电阻 $R_o=\infty$

B. 开环差模增益 $A_{uo}=\infty$,差模输入电阻 $R_{id}=\infty$,输出电阻 $R_o=0$

C. 开环差模增益 $A_{uo}=0$,差模输入电阻 $R_{id}=\infty$,输出电阻 $R_o=\infty$

2. 工作在电压比较器中的运放与工作在运算电路中的运放的主要区别是前者通常工作在(　　)。

A. 开环或正反馈状态　　　　B. 放大状态　　　　C. 负反馈状态

3. 如习题图1所示电路中,当输入 u_i 的波形为正弦波时,则输出 u_o 的波形为(　　)。

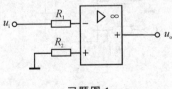

习题图 1

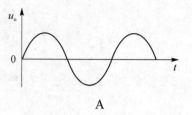
A

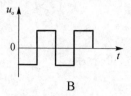
B

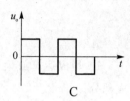
C

4. 如习题图 2 所示电路中，若 $u_i=1$ V，则输出电压 u_o 为（　　）。

A. -2 V　　　　　　B. 2 V　　　　　　C. 1 V

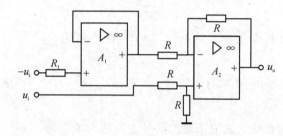

习题图 2

5. 如习题图 3 所示电路中，若 $u_i=1$ V，则输出电压 u_o 为（　　）。

A. 2 V　　　　　　B. 4 V　　　　　　C. -2 V

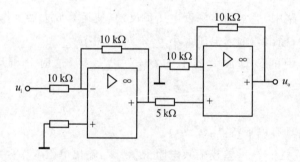

习题图 3

三、分析计算题

1. 如习题图 4 所示的同相比例运算电路中，已知 $R_1=2$ kΩ，$R_F=10$ kΩ，$R_2=2$ kΩ，$R_3=18$ kΩ，$u_i=1$ V，求输出电压 u_o 的值。

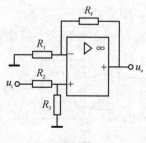

习题图 4

2. 如习题图 5(a)所示的集成运算放大电路，则：

(1) 求电路中 u_o 与 u_i 的运算关系式。

(2) 若 $R_1=20\ \text{k}\Omega$,$R_2=300\ \text{k}\Omega$,$u_i=50\ \text{mV}$,求 R_3 和 u_o 的值。

(3) 若将两个习题图 5(a)所示的放大电路连接起来,构成如习题图 5(b)所示的两级放大器,求输出电压 u_o 的值。

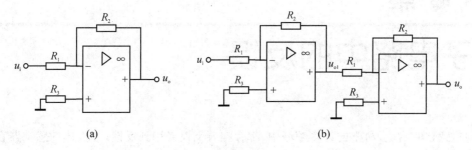

习题图 5

3. 设以下集成运算放大器为理想运算放大器,则:

(1) 集成运算放大器组成的电路如习题图 6(a)所示,给出计算电压放大倍数 A_u 的公式。

(2) 若 $R_F=20\ \text{k}\Omega$,$R_1=10\ \text{k}\Omega$ 保持不变,把 R_b 去掉,如习题图 6(b)所示,求输出电压 u_o 的值。

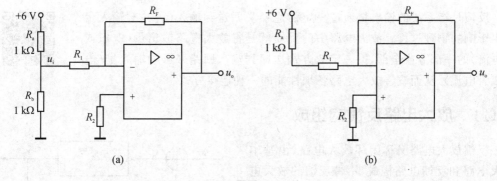

习题图 6

第 4 章
电子电路中的反馈

在自然科学与社会科学的许多领域中,都存在着反馈或用到反馈,如人体的感觉器官和大脑就是一个完整的信息反馈系统,自动控制系统应用反馈可使系统达到最佳工作状态。反馈的类型较多,功能各异。本章介绍反馈的基本概念、反馈的类型及判别方法、负反馈对放大电路性能的影响以及振荡电路中的正反馈。

4.1 放大电路反馈的基本概念

反馈是指系统的输出量通过一定的途径又回送到输入端,并对输入量产生影响的物理过程。放大电路中的反馈就是将放大电路输出量(电压或者电流)的一部分或全部,按一定的方式送回到输入回路来影响输入量(电压或者电流),从而改善放大电路各项性能的一种连接方式。

4.1.1 放大电路反馈的组成

反馈放大电路又称闭环放大电路,由基本放大电路和反馈电路构成,不带反馈的放大电路称为开环放大电路,其中,基本放大电路的主要功能是放大信号。反馈电路可由电阻、电容、电感或半导体元件等组成,主要功能是建立输出到输入之间的反馈通道。反馈放大电路的框图如图 4-1 所示,图中 x 表示信号,既

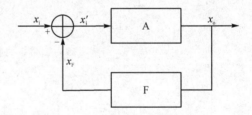

图 4-1 反馈放大电路的框图

可表示电压也可表示电流;x_i 表示反馈放大电路的输入信号;x_i' 表示反馈放大电路的净输入信号;x_o 表示反馈放大电路的输出信号;x_F 表示反馈放大电路的反馈信号。

4.1.2 正反馈和负反馈

1. 正反馈和负反馈

按反馈的极性可以分为正反馈和负反馈。若反馈回去的信号 x_F 和输入信号 x_i 叠加后削弱了输入信号 x_i 的作用,使净输入 x_i' 减小,从而使增益降低的反馈称为负反馈;反之,反馈回去的信号 x_F 和输入信号 x_i 叠加后加强了输入信号 x_i 的作用,使净输入 x_i' 增加,从而使增益提高的反馈称为正反馈。

尽管负反馈使放大电路的放大倍数减小,但由于负反馈可以改善放大电路的性能,因此在各种放大电路中广泛使用了负反馈。电路中引入正反馈容易引起电路自激和振荡,使电路性能不稳定,因此在放大电路中应用较少。然而,利用正反馈可以组成各种类型的振荡电路,如正弦波振荡电路等。

2. 判别方法

(1) 判别电路中是否存在反馈

判别正、负反馈首先要识别一个电路是否存在反馈,只要判断放大电路的输出回路与输入回路之间是否存在相互联系的电路元件。

在如图 4-2 所示的共集电极放大电路的输出电路中,射极电阻 R_E 既存在于输入回路又存在于输出回路中,故 R_E 是反馈元件。

在如图 4-3 所示电路中,每一级集成运算放大电路的输出端与输入端都接有电路元件,而集成运放 A_2 的输出到集成运放 A_1 的同相输入端也存在电路元件,故图 4-3 电路中共有三条反馈通路。由于反馈通路(1)和(2)只局限于本级,称为本级(或局部)反馈,而反馈通路(3)是跨接在整个放大电路的输出与输入端之间,称为级间反馈。

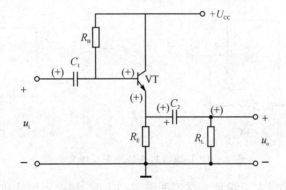

图 4-2 共集电极放大电路

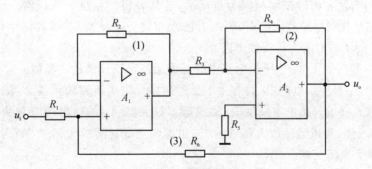

图 4-3 反馈电路举例

(2) 采用瞬时极性法来判断电路的正反馈和负反馈

瞬时极性法判断电路正反馈和负反馈的步骤:

① 设置放大电路的输入端信号在某一瞬间对地的极性为(+)或(-),一般假定极性为(+)。

② 根据各级电路输出端与输入端信号的相位关系(同相或反相),标出电路各点的瞬时极性,再得到反馈端信号的极性。注意在此过程中,要遵循基本放大电路中的相位关系。

根据第 2 章基本放大电路的分析,共射极放大电路的输入、输出信号瞬时极性相反,共基极放大电路和共集电极放大电路的输入、输出信号瞬时极性相同。

从集成运算放大器内部电路结构的特点可知,如果信号从同相端输入,则输出端信号瞬时极性与输入端相同,如果信号从反相端输入则输出端信号瞬时极性与输入端相反。

③ 通过比较反馈端与输入端的极性来判断电路的净输入信号是加强还是削弱。如果净输入信号加强,说明电路引入的是正反馈;如果净输入信号减弱,说明电路引入的是负反馈。

在如图 4-2 所示的电路中,设输入信号 u_i 瞬时极性为正极性,用符号(+)表示,由晶体管输入、输出信号的极性关系可知,输出端电压 u_o 也为正极性,于是反馈信号的极性与输出极性相同,因此晶体管的净输入信号减弱,该电路是负反馈。

在如图 4-4(a)所示的电路中,假设输入信号 u_i 极性为(+),则输出端电压 u_o 极性为(-),反馈信号 x_F 极性也为(-),净输入信号 x_i' 的电压 $u_{id}=u_i-(-u_F)$,由于加了反馈使净输入 x_i' 增加,故为正反馈。

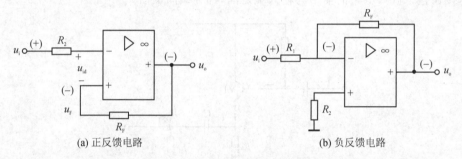

(a) 正反馈电路　　　　　　　　　(b) 负反馈电路

图 4-4　用瞬时极性法判断反馈极性

由上可知,当输入信号和反馈信号在不同节点引入时,如输入信号和反馈信号分别在晶体管的基极和发射极引入(见图 4-2),输入信号和反馈信号分别在运放的反相端和同相端引入(见图 4-4(a)),若两者瞬时极性相同为负反馈,若两者极性相反为正反馈。可以证明,当输入信号和反馈信号在同一节点引入时,若两者极性相同为正反馈,若两者极性相反为负反馈,故如图 4-4(b)所示的电路为负反馈电路。

【例 4-1】　分析如图 4-5 所示电路中的反馈通路是正反馈还是反馈。

【解】　如图 4-5 所示电路中,共有 3 条反馈通路。集成运算放大器 A_1 的输出端与它的反相输入端接有元件 R_2,属于本级反馈;集成运算放大器 A_2 的输出端与它的同相端有元件 R_5,亦属于本级反馈;集成运算放大器 A_2 的输出端与集成运算放大器 A_1 的同相输入端之间接有元件 R_4,属于级间反馈。

设集成运算放大器 A_1 反相输入端信号极性为(+),则 A_1 输出端信号为(-),反馈信号 u_{F1} 极性为(-)。由于输入信号与反馈信号在同一节点引入,且两者极性相反,则 A_1 的本级反馈为负反馈。

设集成运算放大器 A_2 反相输入端信号极性为(+),则其输出端信号为(-),反馈信号 u_{F2} 极性为(-)。由于输入信号与反馈信号在不同节点引入,且两者极性相反,则 A_2 的本级反馈为正反馈。

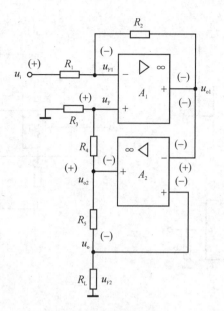

图 4-5 例 4-1 的图

当如图 4-5 所示电路输入端 u_i 在某一瞬间为(+)时,则 u_{o1} 为(-),u_{o2} 为(+),u_F 为(+),输入信号 u_i 从集成运算放大器的反相端引入,而反馈信号 u_F 从 A_1 的同相端引入,且两者极性相同,故级间反馈为负反馈。

4.1.3 直流反馈和交流反馈

在放大电路中同时存在直流分量和交流分量,分析直流分量需要画出直流通路,分析交流分量需要画出交流通路。如果直流通路中存在反馈通路,则表明该电路存在直流反馈;若交流通路中有反馈通路,则表明该电路存在交流反馈。

在如图 4-6(a)所示电路中,对直流来讲,电容 C 相当于开路,R_2、R_3 串接在反相输入端和输出端之间,因此存在直流通路。图 4-6(a)所示电路的交流通路如图 4-6(b)所示,可以看出,交流通路中不存在反馈,故这个电路不存在交流反馈。

在图 4-6(c)所示电路中,有两个反馈通路,即 R_{F1} 和 C_2-R_{F2}。可以看出,R_{F1} 通路同时有交流和直流反馈;而 C_2-R_{F2} 通路中,只有交流反馈。

4.1.4 电压反馈和电流反馈

按照反馈信号从输出端的取样对象,反馈可分为电压反馈和电流反馈。若反馈取样对象是输出电压则称电压反馈,其反馈量与放大电路输出电压成正比;若反馈取样对象是输出电流则称为电流反馈,其反馈量与放大电路输出电流成正比。电压、电流反馈判定的关键是要看电压取样还是电流取样。

电压、电流反馈的判别方法通常是将放大电路的负载电阻 R_L 短路(或者是令输出电压 u_o 为零),如果反馈信号消失则为电压反馈,如果反馈信号仍然存在则为电流反馈。另一种判别方法:除公共地线外,如果输出线与反馈线接在同一点上则为电压反馈,如果输出线与反馈线接在不同点上则为电流反馈(这时必然是负载与反馈电路在输出端构成回路)。

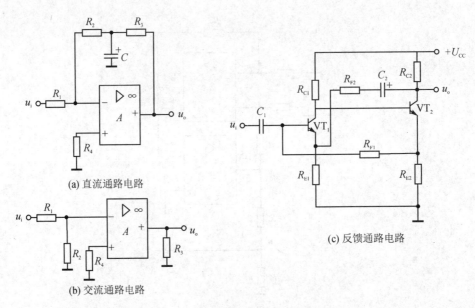

(a) 直流通路电路
(b) 交流通路电路
(c) 反馈通路电路

图 4-6 判断电路的直流与交流反馈

以如图 4-2 所示的共集电极放大电路为例,假如将放大电路的负载电阻 R_L 短路则输出电压 u_o 为零,反馈元件 R_E 上的电压也为零,反馈信号消失,因此是电压反馈。

4.1.5 串联反馈和并联反馈

根据反馈信号与输入信号在放大电路输入端的比较方式不同,可分为串联反馈和并联反馈。若反馈信号与输入信号在同一节点引入,称为并联反馈,如图 4-4(b)所示电路;若反馈信号与输入信号不在同一节点引入,则称为串联反馈,如图 4-2 和 4-4(a)所示电路。

在串联反馈中,输入信号和反馈信号一般以电压形式进行比较。在并联反馈中,则以电流形式进行比较。

4.2 放大电路中的负反馈

4.2.1 放大电路中交流反馈的基本类型

根据反馈信号在输出端的取样方式以及在输入回路连接方式的不同组合,负反馈可以分为 4 种组态,即电压串联负反馈、电压并联负反馈、电流串联负反馈、电流并联负反馈。

1. 电压串联负反馈

如图 4-7 所示为同相比例运算电路,其直流通路和交流通路中均有反馈存在,所以交、直流反馈同时存在于该电路中。用瞬时极性法判断,从图中所标极性可知,该电路是负反馈电路。由于反馈量 u_F 从反相输入端引入,而输入量 u_i 从同相端引入,u_F 和 u_i 不在同一点引入,所以又是串联反馈。假如将放大电路的负载电阻 R_L 短路,则输出电压 u_o 为零,反馈元件 R_F 上的电压也为零,反馈信号消失,因此是电压反馈。根据以上分析,图 4-7 所示的电路为电压串联负反馈电路。

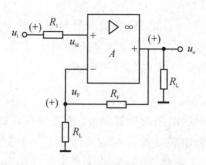

图 4-7 电压串联负反馈电路

电压负反馈有稳定输出电压的作用。设 u_i 为某一固定值时,若负载电阻 R_L 增加使输出电压 u_o 有上升的趋势,结果将使放大电路的净输入信号 u_{id} 减小,于是 u_o 就随之回到接近原来的数值。上述过程由如图 4-8 所示简单表示,其中 $u_{id}=u_i-u_F$。

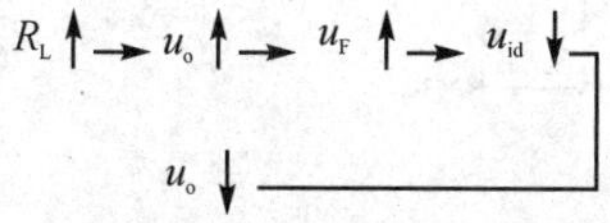

$$R_L \uparrow \rightarrow u_o \uparrow \rightarrow u_F \rightarrow u_{id}$$
$$u_o \downarrow$$

图 4-8 电压负反馈作用过程

【例 4-2】 判断如图 4-9 所示电路的反馈性质与类型。

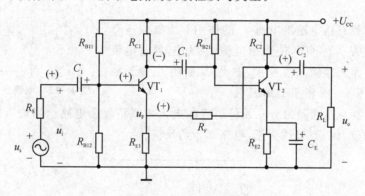

图 4-9 例 4-2 的图

【解】 从如图 4-9 所示电路的直流通路和交流通路可知,R_F 反馈支路既存在交流反馈又存在直流反馈。

在输入端引入交流信号 u_i,并设某一瞬时极性为(+),根据瞬时极性法,可以看到引回到输入回路的反馈信号 u_F 极性为(+),由于输入信号和反馈信号在不同节点引入,且两者极性相同,所以是负反馈电路。

当输出电压 $u_o=0$ 时,u_F 也为零,因此属于电压反馈。

反馈信号 u_F 从 VT_1 管子的发射极引入,而输入信号从 VT_1 管子的基极输入节点引入,则为串联反馈。

因此,图 4-8 所示电路是电压串联负反馈电路。

2. 电压并联负反馈

如图 4-10 所示为反相比例运算电路,其输入量与反馈量均从运放反相输入端输入,属于并联反馈。当 $u_o=0$ 时,反馈量不存在,证明该电路为电压反馈。从图中极性表明电路为负反馈。因此,图 4-10 所示电路为电压并联负反馈电路。

3. 电流串联负反馈

当 $u_o=0$ 时,如图 4-11 所示电路的反馈量 u_F 依然存在,故为电流反馈。反馈量 u_F 与输入量均不在同一节点引入,故为串联反馈。在输入端引入一个交流信号,并设某一瞬时其极性为(+),根据瞬时极性法可得 u_F 极性为(+),故为负反馈。因此,该电路为电流串联负反馈。

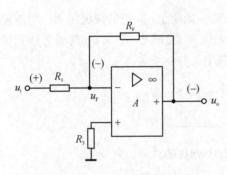

图 4-10 电压并联负反馈电路

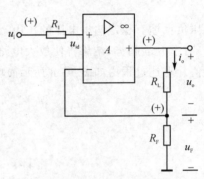

图 4-11 电流串联负反馈电路

电流负反馈具有稳定输出电流 i_o 的作用。当集成运算放大器内部晶体管 β 值下降,使输出电流 i_o 减小,通过电流负反馈使放大电路的净输入信号 u_{id} 增大,从而使 i_o 得到稳定,其过程可由图 4-12 所示简单表示。

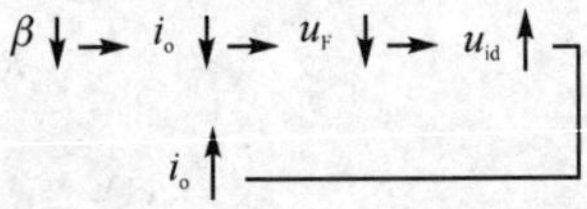

图 4-12 电流负反馈作用过程

如图 4-13 所示电路是由分立元件组成的电流串联负反馈电路。当输入端引入信号时,某一瞬时极性为正,则 u_F 极性为正,电路属于负反馈。

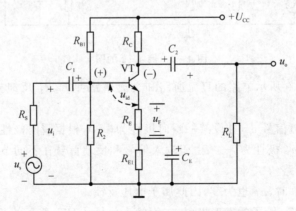

图 4-13 分立式电流串联负反馈电路

4. 电流并联负反馈

如图 4-14 和 4-15 所示电路都是电流并联负反馈电路,请读者自行分析。

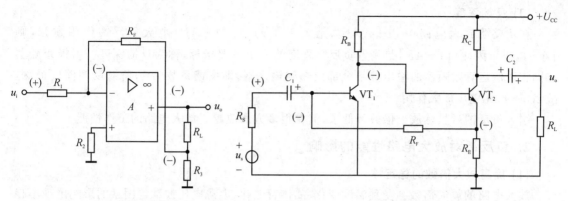

图 4-14 电流并联负反馈电路　　　　图 4-15 分立式电流并联负反馈电路

4.2.2 负反馈对放大电路性能的影响

1. 负反馈放大电路的一般表达式及其分析

(1) 一般表达式

由图 4-1 所示的带有负反馈的放大电路框图可知,基本放大电路的放大倍数,即未引入反馈时的放大倍数(也称开环放大倍数)为

$$A = \frac{x_o}{x'_i}$$

反馈信号与输出信号之比称为反馈系数,即

$$F = \frac{x_F}{x_o}$$

引入负反馈后的净输入信号为

$$x'_i = x_i - x_F$$

故

$$A = \frac{x_o}{x_i - x_F}$$

包括反馈电路在内的整个放大电路的放大倍数,即引入负反馈时的放大倍数(也称闭环放大倍数)为 A_f,由上列各式推导可得

$$A_f = \frac{x_o}{x_i} = \frac{A}{1 + AF} \tag{4-1}$$

式(4-1)即为负反馈放大电路的一般表达式。

(2) 一般表达式的分析

① 若 $|1+AF|>1$,则 $|A_f|<|A|$,这类反馈属于负反馈。

② 若 $|1+AF|<1$,则 $|A_f|>|A|$,即加了反馈后使闭环放大倍数增加,这类反馈属于正反馈。它使放大电路性能不稳定,在放大电路中一般很少采用。

③ 若 $|1+AF|=0$,则 $A_f \to \infty$,即在没有输入信号时也会有输出信号,这种现象称为自激振荡。

(3) 反馈深度

在负反馈放大电路中 $|1+AF|$ 总是大于 1 的, 且 $|1+AF|$ 愈大负反馈作用愈强, 则 $|A_\mathrm{f}|$ 愈小。因此, $|1+AF|$ 是衡量负反馈程度的一个重要指标, 称为反馈深度。射极跟随器和同相比例运算跟随器的输出信号全部反馈到输入端, 即反馈系数为 1, 所以反馈深度极深, 故 $A_\mathrm{uf} \approx 1$, 无电压放大作用。

引入负反馈后虽然放大倍数降低了, 但在很多方面改善了放大电路的工作性能。

2. 负反馈对放大电路性能的影响

(1) 提高放大倍数的稳定性

放大电路的放大倍数会受到温度变化、晶体管老化、电源电压波动等因素的影响出现不稳定的现象。当电路引入负反馈后, 可以稳定放大倍数。

在式(4-1)中, 开环放大倍数 A 为正实数; 一般反馈电路是纯电阻性的, 故反馈系数 F 也为正实数。因而对式(4-1)求导数, 得

$$\frac{\mathrm{d}A_\mathrm{f}}{A_\mathrm{f}} = \frac{1}{1+AF} \cdot \frac{\mathrm{d}A}{A} \tag{4-2}$$

式中, $\dfrac{\mathrm{d}A}{A}$ 是开环放大倍数的相对变化; $\dfrac{\mathrm{d}A_\mathrm{f}}{A_\mathrm{f}}$ 是闭环放大倍数的相对变化, 它只是前者的 $\dfrac{1}{1+A_\mathrm{f}}$。可见引入负反馈后放大倍数降低了, 而放大倍数的稳定性却提高了。

【例 4-3】 已知一个负反馈放大电路的开环放大倍数 $A=1\,000$, $F=0.009$。求:

(1) 负反馈放大电路的闭环放大倍数 A_f 为多少?

(2) 如果由于某种原因使开环放大倍数发生了 $\pm 5\%$ 的变化, 则闭环放大倍数的相对变化量为多少?

【解】 (1) 根据式(4-1), 可得闭环放大倍数

$$A_\mathrm{f} = \frac{A}{1+AF} = \frac{1\,000}{1+1\,000 \times 0.009} = 100$$

(2) 根据式(4-2)得

$$\frac{\mathrm{d}A_\mathrm{f}}{A_\mathrm{f}} = \frac{1}{1+AF} \cdot \frac{\mathrm{d}A}{A} = \frac{1}{10} \times (\pm 5\%) = \pm 0.5\%$$

由本例可见, 引入负反馈后使放大倍数从 1 000 降低到 100, 但放大倍数的相对变化却从 $\pm 5\%$ 减到 $\pm 0.5\%$, 即大大提高了放大倍数的稳定性。

负反馈深度愈深, 放大电路愈稳定。如果 $AF \gg 1$, 则根据式(4-1)得

$$A_\mathrm{f} \approx \frac{1}{F}$$

上式说明, 在深度负反馈的情况下, 闭环放大倍数仅与反馈电路的参数(如电阻和电容)有关, 而基本上不受外界因素变化的影响, 这时放大电路的工作非常稳定。

(2) 展宽通频带

在阻容耦合放大电路中, 信号频率在低频区和高频区时, 其放大倍数均要下降。由于负反馈放大电路具有稳定放大倍数的作用, 因此放大倍数在高、低频区的下降速率减慢, 即相当于通频带展宽。

从定量的角度分析,加了负反馈后通频带究竟展宽多少呢?

在不带反馈时,通频带为 $BW=f_H-f_L$,由于 $f_H \gg f_L$,可近似为 $BW \approx f_H$;在带反馈时,通频带为 $BW_f \approx f_{Hf}$。由理论推算可知,$BW_f \approx f_{Hf} = f_H(1+A_mF)$,即负反馈使放大电路的频带展宽约 $(1+A_mF)$ 倍,其中,A_m 为中频区的开环放大倍数。

(3) 减小非线性失真

由于放大电路存在非线性器件,虽然输入信号为正弦波,但输出信号不是正弦波,即造成一定的失真,这种失真称为非线性失真。

非线性失真的程度与负反馈的反馈深度有关,反馈深度越深非线性失真越小。

(4) 对放大电路输入电阻的影响

负反馈对放大电路输入电阻的影响主要取决于串、并联反馈类型,而与输出端取样方式无关。

① 串联负反馈使输入电阻增加。串联负反馈的输入回路是取电压信号,负反馈电压作用使信号源供出电流减小,故输入电阻增加,提高了 $(1+AF)$ 倍。

② 并联负反馈使输入电阻减小。并联负反馈的输入回路是取电流信号,负反馈电流作用使信号源供出电流增加,故输入电阻减小,降低了 $(1+AF)$ 倍。

(5) 对放大电路输出电阻的影响

负反馈对放大电路输出电阻的影响主要取决于电压、电流反馈类型。

① 电压负反馈使输出电阻减小。电压负反馈的作用可稳定输出电压信号,即当外接负载发生变化时输出电压信号变化很小,从输出端看进去相当于一个恒压源,故其内阻(即输出电阻)很小。

② 电流负反馈使输出电阻增加。电流负反馈的作用是稳定输出电流信号,即当外接负载发生变化时输出电流信号变化很小,从输出端看进去,相当于一个恒流源,故其内阻(即输出电阻)很大。

必须注意,在讨论负反馈对放大电路输入、输出电阻的影响时,基本放大电路的输入、输出电阻只是指反馈环以内的电阻,负反馈对反馈环以外的电阻没有影响。

4.3 正弦波振荡电路

正弦波振荡电路是正反馈的重要应用,它是在没有外加输入信号的情况下依靠电路自激振荡,从而把直流电能转换成频率和幅值一定的正弦交流信号。正弦波振荡电路与放大电路的区别在于,前者无需外加输入信号,而后者的输入端都接有信号源。正弦波振荡电路是电子技术领域中常用的信号源之一,如在调试放大电路时所使用的正弦波信号就可以由这种电路提供。此外,大功率的正弦波振荡电路为工业生产提供高频能源,如高频加热炉、超声探伤、无线电和广播电视信号的发送和接收等。因此,正弦波振荡电路在测量、生物医学、通讯和热处理等许多技术领域都有着广泛的应用。

4.3.1 正弦波振荡电路的组成

正弦波振荡电路由4部分组成:放大电路、反馈网络、选频网络和稳幅电路。

1. 放大电路和反馈网络

正弦波振荡电路基本结构由引入正反馈的反馈网络和放大电路组成,其电路原理框图如图 4-16 所示。当开关 S 打在端点"1"处时,放大电路没有反馈,其输入电压为外加输入信号(假设为正弦信号)u_i;若将输出信号的一部分通过反馈网络至端点"2",此时反馈电压 u_F 的大小和相位与原有输入信号 u_i 完全一致。那么当开关 S 由端点"1"合向端点"2"时,即去掉输入信号 u_i,仅靠反馈信号 u_F 就能维持放大电路的输出电压 u_o,并且使其与原来的输出完全相同。也就是说,这时的放大电路没有输入信号 u_i,但在输出端却得到了一个正弦信号电压 u_o,此时的放大电路就转变成了正弦波振荡电路。

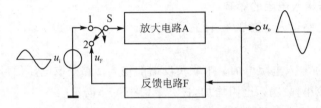

图 4-16 正弦波振荡电路原理框图

2. 选频网络

为了获得单一频率的正弦波输出,应该有选频网络。它可以在放大电路中,也可以在反馈网络中。在很多正弦波振荡电路中,反馈网络和选频网络实际上是同一个网络。按组成选频网络的元件的类型不同,可以把正弦波振荡电路分成 RC 正弦波振荡电路、LC 正弦波振荡电路和石英晶体正弦波振荡电路。其中,RC 正弦波振荡电路用于产生 1 MHz 以下的低频正弦波信号,LC 正弦波振荡电路用于产生高频正弦波信号。

3. 稳幅电路

为了产生正弦波,必须在放大电路里加入正反馈,因此放大电路和正反馈网络是振荡电路的最主要部分。但是,只有这两部分构成的振荡器一般得不到正弦波,这是由于很难控制正反馈的量。如果正反馈量大则增幅、输出幅度越来越大,最终由于晶体管的非线性限幅必然产生非线性失真。反之,如果正反馈量不足则减幅或可能停振,因此振荡电路要有一个稳幅电路。

4.3.2 正弦波振荡电路的条件

从图 4-16 所示正弦波振荡电路原理框图可以知道,电路要维持自激振荡就必须做到

$$\dot{U}_F = \dot{U}_i$$

而

$$\dot{U}_i = \frac{\dot{U}_o}{\dot{A}_u}, \quad \dot{U}_F = \dot{F}\dot{U}_o$$

故

$$\dot{U}_o \dot{A}_u \dot{F} = \dot{U}_o$$

又因为 $\dot{U}_o$ 不等于 0,所以正弦振荡电路的条件是

$$\dot{A}_u \dot{F} = 1 \qquad (4-3)$$

由于 $\dot{A}_u$ 和 $\dot{F}$ 都是复数,所以式(4-3)所表示的正弦振荡电路的条件可分别用相位平衡条件和幅值平衡条件表示。

① 相位平衡条件:$\varphi_{A_u} + \varphi_F = 2n\pi, n = 0,1,2,\cdots$。

② 幅值平衡条件:$|\dot{A}_u \dot{F}| = 1$。

相位平衡条件保证反馈极性为正反馈,而幅值平衡条件保证反馈有足够的强度。这两个平衡条件是指在振荡已经建立、输出的正弦波已经产生、电路已进入稳态的情况下,为维持等幅自激振荡需要满足的条件。但不能解决振荡电路的起振问题,因为在电路刚接通电源时无输入信号 u_i,所以 u_F 和 u 均近似为 0,在 $|\dot{A}_u \dot{F}| = 1$ 的条件下,电路就会维持这个初始状态而不能起振。因此,当电路接通电源时,要保证电路从小到大建立起振荡,除了必须满足上述相位平衡条件外,尚需满足的幅值条件 $|\dot{A}_u \dot{F}| = 1$。

电路的起振过程如下:在接通电源时,放大电路中总存在着一定的噪声电压或瞬时干扰。尽管这些干扰信号的幅值十分微弱,但它们的频率分布很宽。在选频网络作用下可以把其中频率为 f 的信号成分选择出来,使之满足相位平衡条件。又由于 $|\dot{A}_u \dot{F}| = 1$,它经过放大电路和反馈网络的不断放大,使正弦振荡建立起来。

4.3.3 RC 正弦波振荡电路

由电阻和电容元件组成选频网络的正弦波振荡电路称为 RC 正弦波振荡电路。RC 串并联式正弦波振荡电路是一种比较常见的 RC 正弦波振荡电路,其电路原理如图 4-17 所示。从图中可以看出,集成运算放大器、电阻 R_F 和 R_1 构成同相比例运算放大器,R、C 串联电路和 R、C 并联电路连接成 RC 串并联电路给集成运算放大器同相输入端提供正反馈,并兼作选频网络。

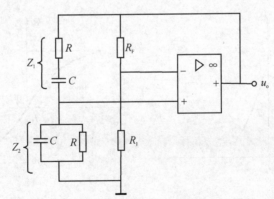

图 4-17 RC 串并联式正弦波振荡电路原理框图

1. RC 串并联电路的选频特性

如图 4-17 所示是一个 RC 串并联网络,其中,R、C 串联电路的等效阻抗是 Z_1,R、C 并联电路的等效阻抗是 Z_2,即

$$Z_1 = R + \frac{1}{j\omega C}$$

$$Z_2 = \frac{\frac{R}{j\omega C}}{R + \frac{1}{j\omega C}} = \frac{R}{1+j\omega CR}$$

由此可得反馈系数为

$$\dot{F} = \frac{\dot{U}_F}{\dot{U}_o} = \frac{Z_2}{Z_1 + Z_2} = \frac{\frac{R}{1+j\omega RC}}{R + \frac{1}{1+j\omega RC} + \frac{R}{1+j\omega RC}} = \frac{1}{3+j\left(\omega RC - \frac{1}{\omega RC}\right)}$$

令 $\omega_0 = \frac{1}{RC}$，则上式可变为

$$\dot{F} = \frac{1}{3+j\left(\dfrac{\omega}{\omega_0} - \dfrac{\omega_0}{\omega}\right)} \tag{4-4}$$

根据式(4-4)可得：

(1) 相频特性

$$\varphi_F = -\arctan \frac{\dfrac{\omega}{\omega_0} - \dfrac{\omega_0}{\omega}}{3}$$

(2) 幅频特性

$$|\dot{F}| = \frac{1}{\sqrt{3^2 + \left(\dfrac{\omega}{\omega_0} - \dfrac{\omega_0}{\omega}\right)^2}}$$

因此，RC 串并联网络频率特性曲线如图 4-18 所示。

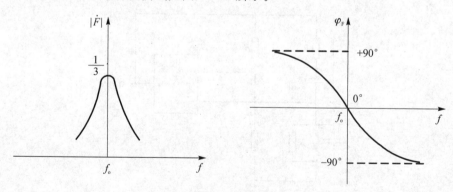

图 4-18 RC 串并联网络频率特性曲线

2. 电路工作原理分析

(1) 相位平衡条件

当 $\omega = \omega_0 = \dfrac{1}{RC}$，也就是 $f = f_0 = \dfrac{1}{2\pi RC}$ 时，$\varphi_F = 0°$，同相比例放大电路的相移 $\varphi_A = 0°$，

因此，满足相位平衡。

(2) 幅值条件

一般同相比例运算放大电路的输出电阻很小，可视为零。输入阻抗一般比 RC 串并联网络的阻抗大得多，因而可以忽略放大电路的输入输出电阻对 F 的影响。于是当 $\omega=\omega_0$ 时，$F=1/3$。

同相比例运算放大电路的电压放大倍数

$$A_u = 1 + \frac{R_F}{R_1}$$

因此为保证自动起振，应使 $|\dot{A}_u\dot{F}|>1$，即应该使 $1+\dfrac{R_F}{R_1}$ 略大于 3，也就是 R_F 略大于 $2R_1$。

振荡频率的改变可通过调节 R 或 C，或同时调节 R 和 C 的数值来实现。由集成运算放大器构成的 RC 振荡电路的振荡频率一般不超过 1 MHz。如要产生更高的频率，可采用 LC 振荡电路。

4.3.4 LC 正弦波振荡电路

根据引入反馈的方式不同，LC 正弦波振荡电路分为变压器反馈式、电感反馈式和电容反馈式 3 种电路。所用放大电路视振荡频率而定，可以是共射电路，也可以是共基电路。

1. 变压器反馈式 LC 正弦波振荡电路

引入正反馈最简单的方法是采用变压器反馈方式。如图 4-19 所示，变压器反馈式 LC 正弦波振荡电路由放大电路、变压器反馈电路和 LC 选频电路组成。其中，C_1 和 C_E 分别为耦合电容和旁路电容，它们实现对于振荡频率附近信号的交流短路。振荡信号的输出和反馈信号的传递都是靠变压器耦合完成的。

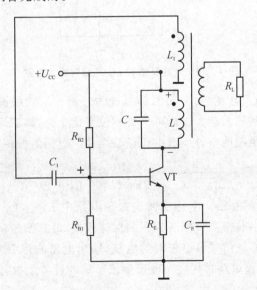

图 4-19 变压器反馈式 LC 正弦波振荡电路

LC 振荡电路具有选频特性，它只能对频率等于它谐振频率的信号发生谐振。LC 选频回

路的谐振频率为

$$f_0 = \frac{1}{2\pi\sqrt{LC}}$$

在 $f = f_0$ 时，LC 回路的阻抗最大，而且是纯电阻。因为电路放大倍数与集电极等效阻抗成正比，所以输出信号获得最大值，而且使它与输入信号 U_{BE} 之间有 180°的相位移，再利用反馈线圈 L_1 的极性使反馈信号 u_F 相对于输出信号 u 再相移 180°，就可以使反馈信号与 输入信号同相，满足了产生自激振荡的相位条件。对于其他偏离 f_0 的信号，LC 回路的阻抗不仅小，而且不是纯电阻，因而不满足振荡条件。

变压器反馈式 LC 正弦波振荡电路易于产生振荡，波形好、应用范围广泛，但由于输出电压和反馈电压由磁路耦合，因而耦合不紧密损耗较大，并且振荡频率的稳定性不高。

2. 电感反馈式 LC 正弦波振荡电路

为了克服变压器反馈式振荡电路中变压器原边线圈和副边线圈耦合不紧密的缺点，可将 L_1 和 L 合并为一个线圈，即把图 4－19 所示电路中线圈 L 接电源的一端和 L_1 接地的一端相连作为中间抽头。为了加强谐振效果，将电容 C 跨接在整个线圈两端，如图 4－20 所示。

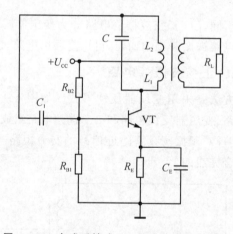

图 4－20 电感反馈式 LC 正弦波振荡电路

由于 C_1、C_2 和 C_E 为大电容，则对交流都可视为短路。反馈线圈 L_2 是电感线圈的一部分，通过它将反馈电压送到输入端。这样可保证相位平衡条件，即实现了正反馈。只要电路参数选择得当，电路就可满足幅值条件而产生正弦波振荡。电路的振荡频率为

$$f_0 = \frac{1}{2\pi\sqrt{LC}} = \frac{1}{2\pi\sqrt{(L_1+L_2+2M)C}}$$

其中，M 是 L_2 与 L_1 之间的互感。电感反馈式振荡电路中 L_2 与 L_1 之间耦合紧密、振幅大。如果采用可变电容时，可以获得调节范围较宽的振荡频率，最高振荡频率可达几十兆赫。由于反馈电压取自电感，则对高频信号具有较大的电抗，输出电压波形中常含有高次谐波。因此，电感反馈式 LC 正弦波振荡电路常用在对波形要求不高的设备之中，如高频加热器、接收机的本机振荡器等。

3. 电容反馈式 LC 正弦波振荡电路

为了获得较好的输出电压波形，若将电感反馈式 LC 正弦波振荡电路中的电容换成电感，

电感换成电容,并在置换后将两个电容的公共端接地,且增加集电极电阻 R_C,就可得到电容反馈式 LC 正弦波振荡电路,如图 4-21 所示。

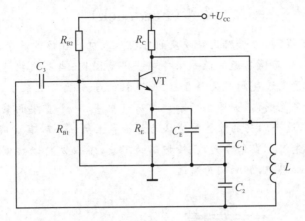

图 4-21 电容反馈式 LC 正弦波振荡电路

反馈电压从 C_2 上取出。不难分析,此电路满足相位平衡条件,即保证实现正反馈。在这种振荡电路中,反馈信号通过电容,频率越高、容抗越小、反馈越弱。因此,可以削弱高次谐波分量,输出波形较好。这一点正好与电感反馈式 LC 正弦波振荡电路相反,即频率越高、线圈的感抗越大,反馈越强,因此电感反馈式 LC 正弦波振荡电路的输出波形中含有较高的高次谐波分量。电容反馈式 LC 正弦波振荡电路的振荡频率为

$$f_0 = \frac{1}{\sqrt{2\pi LC}} = \frac{1}{2\pi\sqrt{L\dfrac{C_1 \cdot C_2}{C_1 + C_2}}}$$

电容反馈式 LC 正弦波振荡电路的输出电压波形好,但若用改变电容的方法来调节振荡频率,则会影响电路的起振条件;而若用改变电感的方法来调节振荡频率,则比较困难。因此其常常用在固定振荡频率的场合。

* 拓展阅读

反馈(Feedback)

谈及反馈,不得不提到18世纪瓦特改良纽可门蒸汽机。在该设计中,当转速过高时,离心球上升引起汽阀关小,从而使转速降低并保持在一定范围内;当蒸汽机速度过低时,离心力变小,小球又会降下来,于是进气阀门又会开启,蒸汽机的速度就又上来了,如此往复调节,将蒸汽机的速度控制在一定范围内,如图1所示。在蒸汽机中,一个重要的装置就是离心调速器,它利用了负反馈原理,这个精巧的装置被公认为是世界上第一个带有反馈的自动控制系统,开启了近代自动控制的先河。直到今天,反馈控制的思想,不仅是自动控制技术的核心思想,也是模拟电子技术的核心思想,影响极为深远。

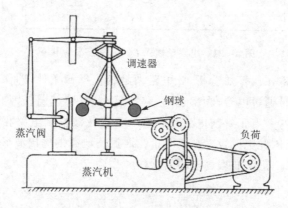

图1 瓦特蒸汽机图

1868年,麦克斯韦发表了对离心调速器进行理论分析的论文《论调速器》(见图2)。在这篇论文中,麦克斯韦分析了蒸汽机自动调速器和钟表机构的运动稳定性问题,被调节的蒸汽机也作为系统的一部分进行整体分析,建立了整个系统的动力学微分方程,并从方程解的稳定性角度来探讨调速器的稳定条件。这篇论文为后续的研究指明了方向,被认为是控制领域的开篇之作。也可以说它是对瓦特所打开的那个未知新世界的首次探索,一个小小的飞球调速器就像是一滴水珠,折射出了控制理论的宏伟世界以及它曲折壮丽的发展历程,同时也使反馈的美丽初现端倪。

图2 麦克斯韦《论调速器》扫描版

第 4 章　电子电路中的反馈

20 世纪真空三极管的发明实现了将微弱的信号放大,从而使弱信号的远距离传输成为可能。很快贝尔实验室将这一技术用于电话信号的传输,但是无论如何精心地调节电路,放大器的增益都会因为温度、时间,或者下了一场雨等原因显著的变化,放大器的增益不稳定使信号产生了失真、音质变差,这一难题困扰着工程技术人员。

1927 年 8 月 2 日,居住在纽约的电气工程师罗德·史蒂芬·布莱克(Harold Stephen Black)在乘坐轮渡去新泽西上班的路上思考这一问题。开环的放大器增益很不稳定是因为真空管极易受到环境的影响呈现非线性状态,但是经常用到的无源元件性能就比较稳定,如果放大器的增益不受真空管的影响只取决于无源元件,则性能就会稳定,是不是可以参照离心调速器的原理来解决这个问题。由于手中没有合适的纸张,他将这个灵感记在了一份纽约时报上,这份报纸已成为一件珍贵的文物珍藏在贝尔实验室的档案馆中,如图 3 所示。

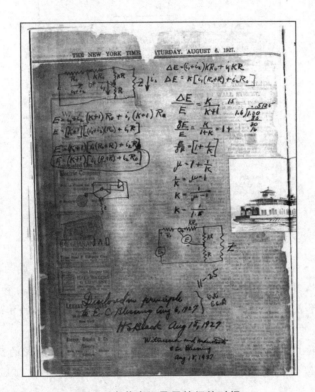

图 3　布莱克记录用的纽约时报

当然布莱克的奇思妙想并不是一蹴而就的。1921 年布莱克毕业于伍斯特理工学院(Worcester Polytechnic Institute),随后到贝尔实验室工作。作为新人,他希望尽可能多地了解公司的业务,于是查阅了大量公司文档,发现公司当前遇到的主要问题是如何使放大器可以串联起来,把信号稳定、无失真地传到千里之外,于是他要求承担这项工作。最初的两年中,他利用周末和晚上的时间阅读了所有能找到的关于非线性电路方面的资料以及公司的有关文档,后 4 年则几乎无时无刻不在琢磨怎么实现一个具有线性功能的放大器,在对放大器问题进行了几年艰苦的研究之后,这才有了 1927 年 8 月 2 日上班路上的灵光一现[1]。

---

[1] 黄一. 走马观花看控制发展简史(下)[J]. 系统与控制纵横,2021,8(1):19-43.

布莱克持续不断地努力了6年,通过把输出的放大信号再反馈到输入端就可以减小由于环境变化和器件的漂移造成的失真,由此发明了反馈放大器,用反馈概念说明电子放大器输出信号经变换后送回输入端的电路原理,把反馈应用到了电子电路中,如图4所示。

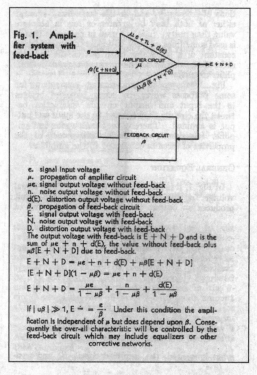

图4 布莱克发明的负反馈放大器抗扰原理

1948年,诺伯特·维纳(Noebert Wiener)发表了著作《控制论》,成为控制论诞生的一个标志。在这本著作中,维纳认为一切通信和控制系统都包含有信息传输和信息处理过程的共同特点,确认了信息和反馈在控制论中的基础性。把反馈归结为信息的传递和返回过程,并指出它广泛存在于有目的行为之中。

从此,反馈技术被广泛应用,以至于电子系统几乎都存在某种形式的反馈,无论是何种形式的反馈。此外,反馈的概念及其相关理论目前被用于工程以外的领域,如生物系统的建模等。

第4章 电子电路中的反馈

习 题

一、填空题

1. 将电子电路输出端信号(电压或电流)的一部分或全部通过_____电路引回到放大电路的输入端,并_____输入信号的控制作用,这个过程就称为反馈。
2. 若在放大电路的直流通路中存在反馈通路,则表明该电路存在_____反馈;若交流通路中有反馈通路,则存在_____反馈。
3. 在负反馈放大电路中,若反馈信号取样于输出电压,则引入的是_____反馈;若反馈信号取样于输出电流,则引入的是_____反馈;若反馈信号与输入信号以电压方式进行比较,则引入的是_____反馈;若反馈信号与输入信号以电流方式进行比较,则引入的是_____反馈。
4. 在放大电路中,当反馈信号与输入信号在同一节点引入,称为_____联反馈;若反馈信号与输入信号不在同一节点引入,则称为_____联反馈。
5. 负反馈放大电路的交流反馈类型有_____、_____、_____、_____4种。
6. 一般情况下,负反馈使放大电路的放大倍数_____,但却可以改善放大电路的_____,如_____放大倍数的稳定性,_____通频带,减小线性失真及抑制干扰和噪声等。
7. _____反馈主要用于振荡等电路中,_____反馈主要用于改善放大电路的性能。
8. 构成振荡电路必须包含的环节有_____、_____、_____和_____。
9. 正弦波振荡电路由_____、_____、_____和_____组成。
10. 常用的正弦波振荡电路有_____振荡电路和_____振荡电路两种。

二、选择题

1. 如习题图1所示电路中,设 u_i 和 u_o 均为直流电压,则引入了( )。
   A. 正反馈　　　　　　B. 负反馈　　　　　　C. 无反馈

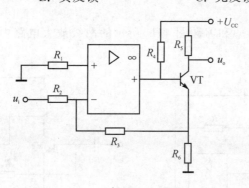

习题图1

2. 如习题图2所示电路中,反馈电阻 R_F 引入的是( )。
   A. 并联电流负反馈　　B. 串联电压负反馈　　C. 并联电压负反馈
3. 某放大电路要求输入电阻高、输出电流稳定,应引入( )。
   A. 并联电流负反馈　　B. 串联电流负反馈　　C. 串联电压负反馈
4. 希望提高放大器的输入电阻和带负载能力,应引入( )。

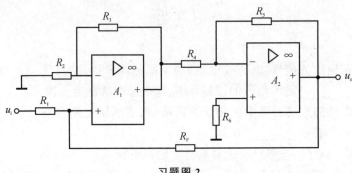

习题图 2

A. 并联电压负反馈　　　B. 串联电压负反馈　　　C. 串联电流负反馈

5. 反相比例运算电路的反馈类型为(　　)，同相比例运算电路的反馈类型为(　　)。

A. 电压串联负反馈　　　B. 电压并联负反馈　　　C. 电流串联负反馈

6. 在习题图 3 所示电路中，引入了(　　)。

A. 电压串联正反馈　　　B. 电压并联负反馈　　　C. 电流串联正反馈

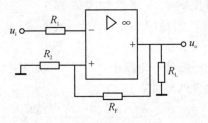

习题图 3

7. 自激振荡起振的振幅条件是(　　)。

A. $|\dot{A}_u \dot{F}| = 1$　　　B. $|\dot{A}_u \dot{F}| > 1$　　　C. $|\dot{A}_u \dot{F}| < 1$

三、分析计算题

试分别判别习题图 4(a)和习题图 4(b)所示的两级放大电路中引入了何种类型的交流反馈。

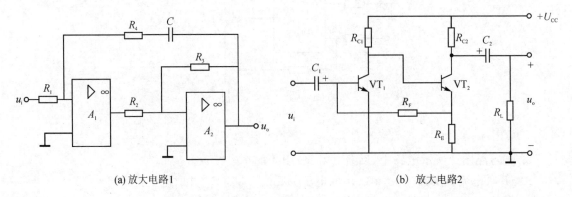

(a) 放大电路1　　　　　　　　　　(b) 放大电路2

习题图 4

第 5 章 功率放大电路

功率放大电路是以输出功率为主要指标的放大电路,它不仅要有较大的输出电压,而且要有较大的输出电流。功率放大电路的主要功能和作用是对输入信号进行功率放大,以驱动扬声器、继电器、电动机等负载。功率放大电路是收音机、电视机、扩音机等音响设备的电路中必不可少的重要组成部分,在控制和驱动电路中也有广泛的应用。

功率放大电路本质上也是一个放大电路,它要求能够输出最大的功率,这也是与第 2 章基本放大电路的区别。本章首先介绍功率放大电路的基本知识,然后介绍由分立器件所组成的典型功率放大电路的工作原理,最后介绍了集成功率放大电路的使用。

5.1 功率放大电路的基本知识

5.1.1 功率放大电路的分类

功率放大电路应用非常广泛,分类方式也很多。

1. 按照工作状态分类

功率放大电路根据功放管在输入正弦信号的一个周期内的导通情况,可将功率放大电路分为甲类(A 类)、乙类(B 类)和甲乙类(AB 类)等多种工作状态。

(1) 甲类工作状态

在输入正弦信号的一个周期内功放管都导通,且都有电流流过功放管,导通角 $\theta=360°$。其特点是静态电流 I_{CQ} 大、非线性失真小、管耗大,且效率最低。该状态用于小信号放大,在功率放大电路中较少应用。

(2) 乙类工作状态

在输入正弦信号的一个周期内,只有半个信号周期内功放管是导通的,另外半个周期功放管截止,导通角 $\theta=180°$。其特点是静态电流 I_{CQ} 等于零、效率较高,但非线性失真大。

(3) 甲乙类工作状态

它介于甲类与乙类工作状态之间。在这种状态下,功放管中的电流流通时间大于信号的半个周期,而小于整个周期,导通角 $180°<\theta<360°$。其特点是静态电流 I_{CQ} 较小且不等于零,静态功耗也较小。这种工作状态兼有甲类失真小和乙类效率高的优点,是甲类和乙类的折中方案,主要用于低频功率放大电路中。

2. 按照电路的形式分类

按照电路的形式分为 OTL(Output Transformer Less)、OCL(Output Capacitor Less)、BTL(Balanced Transformer Less)功率放大电路。

(1) OTL 功率放大电路

它是一种无输出变压器的功率放大电路。因采用交流输出方式,所以该电路需要设置输出耦合电容。该形式的放大电路具有效率高、功率大、失真小、安全性高、容易集成等优点,所以得到了广泛的应用。OTL 功率放大电路主要有变压器倒相式、三极管倒相式和互补对称式 3 种,其中,互补对称式 OTL 功率放大电路得到了广泛的应用。

(2) OCL 功率放大电路

它是一种无输出电容的功率放大电路。OCL 电路可以说是 OTL 电路的升级,优点是省去了输出电容使系统的低频响应更加平滑;缺点是必须用双电源供电而增加了电源的复杂性。

(3) BTL 功率放大电路

它是一种平衡式无输出变压器功率放大电路。其采用桥式推挽电路,功率放大器的输出级与扬声器间采用电桥式的连接方式。其特点为输出功率大、频率响应好、高保真,是广泛应用的电路形式。

5.1.2 功率放大电路的性能指标

功率放大器的主要性能指标为:

1. 最大输出功率

最大输出功率是指在正弦输入信号下和输出波形不超过规定的非线性失真指标时,放大电路最大输出电压和最大输出电流有效值的乘积,可表示为

$$P_o = I_o U_o$$

式中,I_o、U_o 均为有效值。若用振幅值表示,则 $I_o = \dfrac{I_{om}}{\sqrt{2}}$,$U_o = \dfrac{U_{om}}{\sqrt{2}}$,即

$$P_o = \dfrac{1}{2} I_{om} U_{om}$$

2. 效 率

效率是指负载得到的交流信号功率与电源供给的直流功率之比值,用参数 η 表示为

$$\eta = \dfrac{P_o}{P_E} \times 100\%$$

式中,P_o 为信号交流输出功率,P_E 为直流电源向电路提供的功率。在直流电源提供相同直流功率的条件下,输出信号功率愈大,电路的效率愈高。

放大电路输出给负载的功率是由直流电源提供的。在输出功率比较大的情况下,效率问题尤为突出。如果功率放大电路的效率不高,不仅会造成能量的浪费,而且消耗在电路内部的电能将转换成为热量,使管子、元件等温度升高,因而要求选用较大容量的放大管和其他设备很不经济。

3. 谐波失真

谐波失真一般是指高次谐波占基波的百分比,总谐波失真越小越好。为了获得大的输出

功率,功率放大器采用的三极管均应工作在大信号状态下,因此不可避免地会产生非线性失真,而且同一功放管输出功率越大,非线性失真往往越严重,这就使输出功率和非线性失真成为一对主要矛盾。但是,在不同场合下对非线性失真的要求不同,如在测量系统和电声设备中,这个问题显得重要,而在工业控制系统等场合中,则以输出功率为主要目的,对非线性失真的要求就降为次要问题了。

5.2 分立器件组成的典型功率放大电路

5.2.1 OTL 功率放大电路

如图 5-1 所示为典型的互补对称式 OTL 功率放大电路,该电路的功率放大管由三极管 VT_2 和 VT_3 构成。VT_1 是前级的激励管,其集电极电压为 VT_2 和 VT_3 提供输入信号。电源 U_{CC} 通过偏置电阻 R_1、R_2 为 VT_1 的基极提供一定的偏置电压,通过 R_3、R_4 为放大管 VT_2、VT_3 的基极提供偏置电压。

互补对称式 OTL 功率放大电路工作过程如下:

当信号 u_i 处于负半周时,u_i 经 C_1 耦合到 VT_1 的基极,经 VT_1 反相放大后使 VT_2 导通、VT_3 截止。U_{CC} 经 VT_2、输出耦合电容 C_4、负载 R_L 到地构成回路产生集电极电流 i_1,输出电流 $i_o = i_1$,此时输出信号处于正半周,而且使 C_4 建立左正右负的直流电压(电压值为 $U_{CC}/2$ 左右),波形如图 5-1 所示。

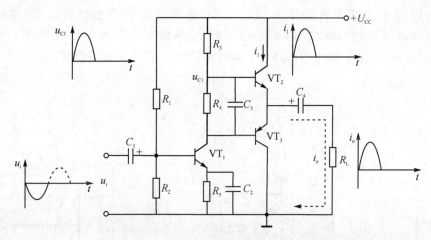

图 5-1 u_i 工作在负半周时电路工作过程

当信号 u_i 处于正半周时,VT_2 截止、VT_3 导通。电容放电,C_4 存储的电压经 VT_3、负载 R_L 构成回路产生集电极电流 i_2,输出电流 $i_o = i_2$,此时输出信号处于负半周,如图 5-2 所示。

通过上述分析可知,在输入信号 u_i 的一个周期内,电流以正反方向交替流过负载电阻 R_L,在 R_L 上合成而得出一个交流输出信号电压 u_o。这种互补对称放大电路要求有一对特性相同的 NPN 型(VT_2)和 PNP 型(VT_3)功率输出管。

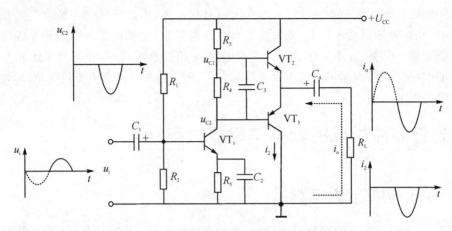

图 5-2 u_i 工作在正半周时电路工作过程

5.2.2 OCL 功率放大电路

如图 5-3 所示为典型的互补对称式 OCL 功率放大电路。该电路采用正、负电源供电方式，VT_2 和 VT_3 是功率放大管，这两个功率放大管的导通电压由激励管 VT_1 提供。电源 $+U_{CC}$ 通过偏置电阻 R_1、R_2、D_1 为功率放大管 VT_2、VT_3 的基极提供偏置电压。VT_3 的集电极接负电源 $-U_{CC}$，VT_1 的发射极通过 R_3 加到负电源 $-U_{CC}$。

互补对称式 OCL 功率放大电路的工作过程如下：

当输入信号 u_i 处于负半周时，u_i 下正上负，由于 VT_1 的发射极通过 R_3 加到负电源 $-U_{CC}$，信号通过 VT_1 倒相放大，VT_2 和 VT_3 基极电压都为正，因此 VT_2 导通、VT_3 截止。由 $+U_{CC}$ 经 VT_2、负载 R_L 到地构成回路产生集电极电流 i_1，形成了输出信号的上半周。

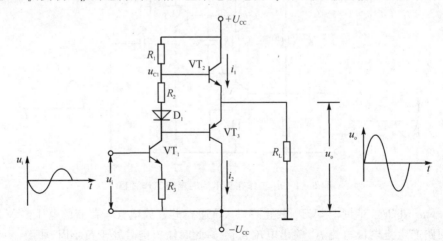

图 5-3 OCL 互补对称功率放大器

当输入信号 u_i 处于正半周时，u_i 下负上正，信号通过 VT_1 倒相放大，VT_2 和 VT_3 基极电压都为负，因此 VT_3 导通、VT_2 截止。负载 R_L、VT_3 到 $-U_{CC}$ 构成回路产生集电极电流 i_2，形成了输出信号的负半周。这两个信号叠加后，就可以得到一个完整的信号。

5.2.3 BTL 功率放大电路

BTL 功率放大电路是一种平衡式无输出变压器功率放大电路,如图 5-4 所示。该电路采用单电源供电方式,电源电压 $+U_{CC}$ 加到放大管 VT_1、VT_2 的集电极,为它们提供直流工作电压。静态时,由于没有信号输入 $VT_1 \sim VT_4$ 截止,无电压输出,R_L 上无电流流过。

BTL 功率放大电路的功率放大管是由两个互补对称电路构成的四桥臂电路,负载 R_L 接在两个互补对称电路的输出端,并且采用直接耦合输出方式。

BTL 功率放大电路的工作过程如下:

当输入信号 u_i 为正半周时,电压极性上正下负,VT_1、VT_3 基极电压为正,因此 VT_1 导通、VT_3 截止。VT_2、VT_4 基极电压为负,因此 VT_4 导通、VT_2 截止。U_{CC} 经 VT_1、R_L、VT_4 到地构成回路产生集电极电流 i_1,形成输出信号的上半周,波形如图 5-4 所示。

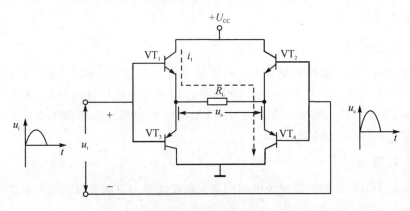

图 5-4 u_i 工作在正半周时电路工作过程

当输入信号 u_i 为负半周时,电压极性上负下正,VT_1、VT_3 基极电压为负,因此 VT_3 导通、VT_1 截止。VT_2、VT_4 基极电压为正,因此 VT_2 导通、VT_4 截止。U_{CC} 经 VT_2、R_L、VT_3 到地构成回路产生集电极电流 i_2,形成输出信号的负半周波形,如图 5-5 所示,两个信号叠加后就可以得到一个完整的信号。

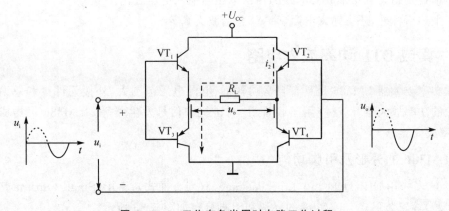

图 5-5 u_i 工作在负半周时电路工作过程

OTL、OCL、BTL 功率放大电路晶体管都工作在乙类状态,各有优缺点,应用于不同的电子系统中。

5.3 集成功率放大电路

采用集成工艺把功率放大电路中的半导体三极管和电阻器等元件组合的电路制作在一片基板上就制成了集成功率放大电路。由于集成功率放大电路具有使用方便、成本不高、体积小、重量轻等优点,因而被广泛应用在收音机、录音机、电视机、直流伺服电路等功率放大器中。

集成功率放大器的主要性能指标为:

1. 最大输出功率

集成功率放大电路的最大输出功率一般是指放大电路提供给负载的最大交流功率,用 P_{oLMAX} 表示。因 $P_o = U_o I_o$,所以 P_{oLMAX} 表示为负载获得最大不失真输出信号的状态时电压和电流有效值的乘积。

2. 电源电压范围

不同的集成功率放大电路的电源电压范围也不同。常用的功率放大器 LM386 的电源电压范围为 4~12 V 和 5~18 V;功率放大器 TDA1512 的电源电压范围为 2~6 V(不同的生产公司略有差别,参照产品说明书);功率放大器 LM4871 的电源电压范围为 2~6 V(不同的生产公司略有差别,参照产品说明书)。

3. 转换效率 η

集成功率放大电路的转换效率为电路的最大输出功率与电源所提供的功率之比。电源提供的功率为直流功率,等于电源输出电流的平均值和电源电压的乘积。

4. 电源的静态电流 I_{DC}

电源的静态电流是指不加输入信号时电源流过的电流值。

5. 电压增益 A_u

电压增益是指集成功率放大电路的输出电压与输入电压之比。

除了上述指标外,还有输入电阻、带宽、总谐波失真等。

5.3.1 集成 OTL 功率放大电路

集成功率放大器 LM386 是具有自身功耗低、电源电压范围大、外接元件少和总谐波失真小等优点的功率放大器,广泛应用于收音机、对讲机和信号发生器等。LM386 可构成典型的 OTL 功率放大器。

1. LM386 的外形及引脚功能

LM386 多采用 DIP(Dual In-Line Package,双列直插式)、SOP(Small Outline Package,小外形封装)等封装形式。LM386 的外形和引脚分布如图 5-6 所示。

2. LM386 的特性

① LM386 的功耗低,当电源电压为 6 V 时,静态工作电流为 4 mA,音频输出功率为

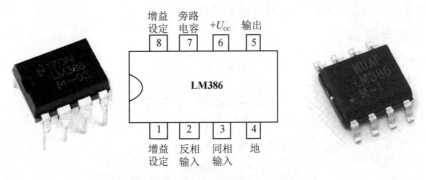

图 5-6　LM386 的外形及引脚分布图

0.5 W，匹配阻抗为 8 Ω，典型输入阻抗为 50 kΩ。

② 电压增益内置为 20，但在 1 脚和 8 脚之间增加一只外接电阻和电容，便可将电压增益调为任意值，直至 200。

③ LM386 的电源电压范围宽，为 4～12 V 或 5～18 V。

④ 在 1、8 脚开路时，带宽为 300 kHz，总谐波失真为 0.2%。

3. LM386 的内部电路

LM386 的内部电路如图 5-7 所示。

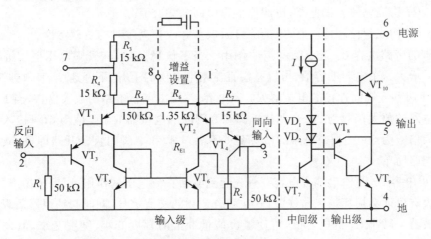

图 5-7　LM386 内部电路原理图

与通用集成运放相类似，它是由输入级、中间级和输出级组成的 3 级放大电路。

输入级是由一个双端输入单端输出的差分放大电路构成，VT_1 与 VT_3、VT_2 与 VT_4 分别构成复合管作为差分放大电路的放大管，VT_5 和 VT_6 组成镜像电流源作为 VT_1 和 VT_2 的有源负载，VT_3 和 VT_4 的基极作为信号的输入端，VT_2 的集电极为输出端。

中间级由一个共射放大电路构成，VT_7 为放大管，恒流源作为有源负载，进一步增大放大倍数。

输出级由一个互补型功率放大电路构成，VT_8 与 VT_9 构成 PNP 型复合管，与 NPN 型管 VT_{10} 构成准互补功率放大电路输出级。

VD_1 和 VD_2 用于消除交越失真。电阻 R_7 是反馈电阻，与 R_5 和 R_6 一起构成负反馈网络，使整个功率放大电路具有稳定的电压放大倍数。

4. 典型应用电路

LM386 的典型应用电路如图 5-8 所示。

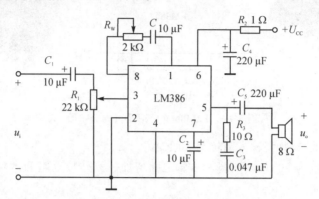

图 5-8　LM386 的典型应用电路

外围元件的功能如下：

① R_1、C_1 构成输入电阻和输入电容，C_1 用于隔直和滤波，R_1 与 C_1 起到滤波的作用，且能调整输入信号的大小，从而调整扬声器音量的大小。

② R_2、C_4 构成电源去耦电路，以滤掉电源中的高频交流分量。

③ R_3、C_3 构成相位补偿电路，以消除自激振荡并改善高频时的负载特性。

④ 7 脚的旁路电容 C_2 起滤除噪声的作用。当工作稳定后，该管脚电压值约等于电源电压的一半。增大这个电容的容值，可以减缓直流基准电压的上升、下降速度，有效抑制噪声。

⑤ 在 1 脚和 8 脚间连接的电位器 R_W 和电容 C，用以调整电路的放大倍数，当 1 脚和 8 脚间开路时电路的放大倍数为 20；当调整 1 脚和 8 脚间的电位器 R_W 阻值为 0（只接入电容）时，电路的放大倍数为 200。如果电路的增益要求不高，1 脚和 8 脚间直接开路即可，减少所用的元器件使电路简单。

⑥ 输出电容 C_5 是输出耦合电容。首先起到隔断直流电压的作用，以保护扬声器，因为直流电压过大有可能会损坏扬声器线圈；其次耦合音频的交流信号，同时与扬声器负载构成了一阶高通滤波器。减小 C_5 的电容值，可使噪声能量冲击的幅度变小、宽度变窄，但是太低会使截止频率提高。

5.3.2　集成 OCL 功率放大电路

TDA2616 是双声道、高保真、带静音的集成功率放大器，可制作 Hi-Fi 级（High-Fidelity，高保真）音响的功率放大电路，应用于电视音响、组合音响中。其应用电路具有外围元器件少，制作简单，内部集成有过热、过流保护电路等优点。TDA2616 可构成典型的 OCL 功率放大器。

1. TDA2616 的外形及引脚功能

TDA2616 采用 9 脚单列直插式塑料封装（TDA2616Q 是双排弯曲直插塑料封装），其外形和引脚分布如图 5-9 所示。

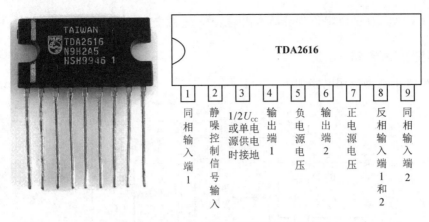

图 5-9 TDA2616 的外形及引脚分布图

2. TDA2616 的特性

① TDA2616 为双电源供电,电源电压范围宽,为 ±7.5～±21 V。
② TDA2616 在 ±16 V 电压条件下,功率为 12 W,总谐波失真不超过 0.5%。
③ 电压增益内置为 30,电压增益稳定,偏差不超过 ±0.2。
④ 电源电压的纹波抑制(Supply Voltage Ripple Rejection,SVRR)为 60 dB。
⑤ 噪声输出电压为 70 μV。

3. TDA2616 的内部电路

TDA2616 的内部电路如图 5-10 所示,主要包括两个放大电路 A_1、A_2 以及分压偏置电路。

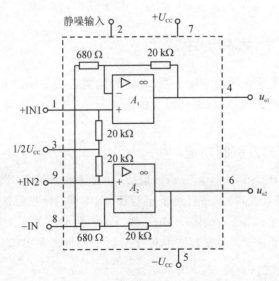

图 5-10 TDA2616 内部电路图

对于放大电路 A_1 来说,1 脚为音频信号的同相输入端,4 脚为输出端,可构成同相比例放大电路。放大电路 A_2 的连接形式与 A_1 相同,输入信号从 9 脚输入,6 脚为输出端。放大倍数为30。两个20 kΩ的电阻作为分压电阻,提供半电源电压$\left(\frac{1}{2}U_{CC}\right)$。

4. 典型应用电路

TDA2616的典型应用电路如图5-11所示。

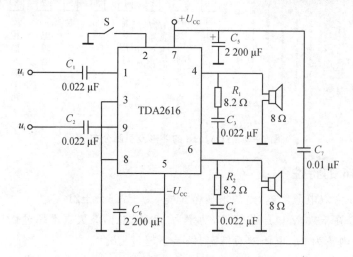

图5-11 TDA261的典型应用电路图

外围元件的功能如下:

① C_1、C_2为输入电容,用于隔直和滤波。

② C_5、C_6、C_7构成电源去耦电路,以滤掉电源中的交流分量。

③ R_1、C_3以及R_2、C_4可以起到相位补偿的作用,以消除自激振荡并改善高频时的负载特性。

5.3.3 集成BTL功率放大电路

LM4871是常用的集成音频功率放大器,专门为需要大功率输出和高保真要求的便携式产品所设计。它的应用电路简单,仅需要很少的外部元件。LM4871可构成典型的BTL功率放大器。

1. LM4871的外形及引脚功能

LM4871多采用SOP(Small Outline Package,小外形封装)、DIP(Dual In-Line Package,双列直插式)等封装形式,特别适合用于小音量、小体重的便携系统中。现在常用的SOP封装形式主要采用TSOP(Thin Small Outline Package,薄型小外形封装),使用时采用SMT(Surface Mount Technology,表面安装技术)。LM4871的外形和引脚分布如图5-12所示。

2. LM4871的特性

① LM4871在5 V输入电压条件下,功率为1.5~3 W,能够为3 Ω负载提供3 W功率的稳定输出,总谐波失真和噪声不超过10%。

② 不需要驱动输出耦合电容、自举电容或缓冲电路。

③ LM4871具有热关断功能,同时内置了杂音消除电路,可以消除芯片启动和关断过程

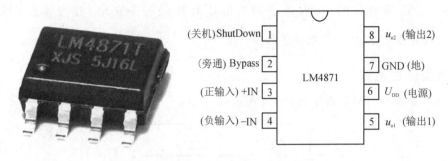

图 5-12　LM4871 的外形及引脚分布图

中的杂音。

④ 增益稳定,可通过外部连接电路控制增益。

⑤ 电源电压的范围为 2~6 V,属于低电压供电,以方便使用电脑的 USB 口供电。

⑥ 外形小巧,便于制作便携式音箱。

⑦ 为了保证便携式设备的电池的续航能力,当 LM4871 使能端接 U_{DD} 时,芯片进入关断模式,该模式下静态电流 $I_Q < 0.1~\mu A$。

3. LM4871 的内部电路

LM4871 的内部电路如图 5-13 所示,主要包括两个放大电路 A_1、A_2 以及分压偏置电路。

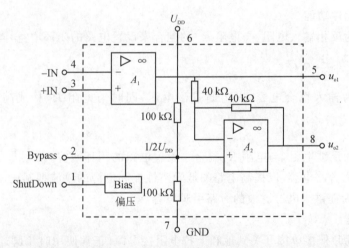

图 5-13　LM4871 内部电路图

对于放大电路 A_1 来说,4 脚为音频信号的反相输入端,3 脚为同相输入端,5 脚为输出端,可通过调节外接电阻的大小和信号输入的端口位置来设置放大电路 A_1 的放大倍数和输入形式。放大电路 A_2 的输入信号直接来自于放大电路 A_1 的输出;8 脚为输出端,连接成反相比例电路的形式,外接两个 40 kΩ 的电阻使得放大倍数 $A_{u2} = -1$,构成了一个反相器。电源和地之间连接两个 100 kΩ 的电阻,提供半电源电压 $\left(\dfrac{1}{2}U_{DD}\right)$。

1 脚为关机引脚,从外部关闭放大器的偏置电路。此关机功能的逻辑低和逻辑高电平之间的触发点是电源电压的一半,此引脚的电压转换最好是在地(参考零点)和半电源 $\left(\frac{1}{2}U_{DD}\right)$ 之间切换供给,以提供最大的器件性能。

4. 典型应用电路

LM4871 的典型应用电路如图 5-14 所示。

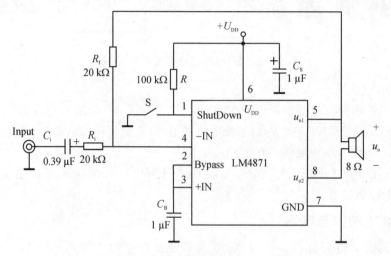

图 5-14 LM4871 的典型应用电路图

(1) 各外围元件功能

① 电阻 R_i 为反相输入电阻,与电阻 R_f 的配合来设置电路的闭环增益,同时与电容 C_i 构成高通滤波器,$f_c = \frac{1}{2\pi}R_iC_i$。

② 电容 C_i 为输入耦合电容,以阻断直流电压,同时与电阻 R_i 构成高通滤波器,$f_c = \frac{1}{2\pi}R_iC_i$。

③ 电阻 R_f 为反馈电阻,与电阻 R_i 配合来设置电路的闭环增益。

④ 电容 C_S 为旁路电容,以提高电路的低噪声性能和电源的纹波抑制比(PSRR)。

⑤ 电容 C_B 为提供半电源滤波的旁路引脚电容。

(2) 关机功能

关断引脚(1 脚)外接单掷开关到地和上拉电阻接电源,正常使用时 1 脚通过开关 S 接地;当 1 脚接 U_{DD} 时,芯片进入关断模式,此时静态电流 $I_Q < 0.1\ \mu A$,以节约电源的电量。这种连接方式使得关断引脚不会浮动,防止不需要的状态变化。

*拓展阅读
蓝牙迷你小音箱

随着集成电路的发展,集成功率放大器与其他功能电路集成到一起使音箱的品质得到了快速的提升。许多便携迷你小音箱也因其高保真性 Hi-Fi(High-Fidelity),使我们能够聆听到非常优美的声音,获得高品质的音质享受,为我们的生活提供一场场听觉的盛宴。如图 1 所示为目前深受人们喜欢的蓝牙迷你小音箱。

图 1 蓝牙迷你小音箱

这款蓝牙迷你小音箱的 PCB 板元器件实物如图 2 所示。该音箱采用具有多功能的 DSP 数字功放芯片和高品质扬声器,为使用者带来了全方位的声场体验。其主要芯片为 CSR8615 蓝牙 4.1 音频芯片。

图 2 蓝牙迷你小音箱的 PCB 实物图

CSR8615 音频芯片兼容蓝牙 V4.0 规范,集成了超低功耗 DSP 和应用程序,在蓝牙音箱中得到了广泛的应用。CSR8615 规格如下:

80 MHz RISC 单片机和 80MIPS Kalimba DSP;一个麦克风输入的高性能单码编解码器;内部 ROM,串行闪存和 EEPROM 接口;5 波段全可配置 EQ;HFP v1.6 和 MSBC 编解码器支持的宽带语音;用于 A2DP 连接的多点支持与 2A2DP 音乐播放源的连接;安全简单配对、CSR 接近配对和 CSR 接近连接;立体声线;串行接口:USB2.0、UART、I S.C 和 SPI;SBC、MP3 和 AAC 解码器支持;有线音频支持;集成双开关式调整器、线性调节器和电池充电器;典型晶体不需要外部晶体负载电容器;3 个 LED 输出(RGB)等。

芯片规格型号链接:https://blog.csdn.net/SZKoyuElec/article/details/125716334。

习 题

一、填空题

1. 功率放大电路根据功放管在输入正弦信号一个周期内的导通情况,可将功率放大电路分为_____、_____和_____3种工作状态。
2. 功率放大电路按照电路的形式分为_____、_____、_____。
3. OTL(Output Transformer Less)是一种无_____的功率放大电路。
4. 电压放大电路工作在_____状态,而功率放大电路工作在_____状态。
5. 电压放大电路目的是输出足够大的_____,而功率放大电路主要是要求输出最大的_____。
6. OCL(Output Capacitor Less)是一种无_____的功率放大电路。
7. 集成功率放大器LM386可构成_____功率放大器。
8. 集成音频功率放大器LM4871可构成_____功率放大器。

二、选择题

1. 与甲类功率放大器相比较,乙类互补推挽功放的主要优点是(　　)。
   A. 无输出变压器　　　　　　B. 能量转换效率高　　　　　　C. 无交越失真
2. 能量转换效率是指(　　)。
   A. 输出功率与晶体管上消耗的功率之比
   B. 最大不失真输出功率与电源提供的功率之比
   C. 输出功率与电源提供的功率之比
3. 功放电路的能量转换效率主要与(　　)有关。
   A. 电源供给的直流功率　　　B. 电路输出信号最大功率　　　C. 电路的类型
4. 功率放大电路与电压放大电路共同的特点是(　　)。
   A. 都使输出电压大于输入电压
   B. 都使输出电流大于输入电流
   C. 都使输出功率大于信号源提供的输入功率
5. 功率放大电路与电压放大电路区别是(　　)。
   A. 前者比后者效率高
   B. 前者比后者电压放大倍数大
   C. 前者比后者电源电压高
6. 功率放大电路与电流放大电路区别是(　　)。
   A. 前者比后者电流放大倍数大
   B. 前者比后者效率高
   C. 前者比后者电压放大倍数大
7. 甲类功率放大电路(参数确定)的输出功率越大,则功放管的管耗(　　)。
   A. 不变　　　　　　　　　　B. 越大　　　　　　　　　　C. 越小

三、分析计算题

1. 如习题图1的电路中,$U_{CC}=20$ V,$R_L=8$ Ω,试分析:
   (1) 三极管 VT_1 构成何种组态电路,起何作用? 若出现交越失真,该如何调节?

(2) 若 VT_3、VT_5 的饱和管压降可忽略不计，求该电路在最大不失真输出时的功率及效率。

(3) 该电路为 OCL 还是 OTL 电路？

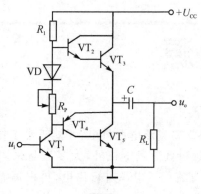

习题图 1

2. 在习题图 2 所示的 OTL 电路中，已知 $U_{CC}=16\ V$，$R_L=4\ \Omega$，若 VT_1 和 VT_2 管的死区电压和饱和管压降均可忽略不计，输入电压足够大。试求最大不失真输出时的输出功率 P_o。

3. 如习题图 3 所示为准互补对称功放电路。

(1) 试说明复合管 VT_1 和 VT_2、VT_3 和 VT_4 的管型。

(2) 静态时输出电容 C 两端的电压应为多少？调整哪个元件可达到这个电压值？

(3) 调节 R_1 主要解决什么问题？

(4) 电阻 R_4 与 R_5 以及 R_6 与 R_7 分别起什么作用？

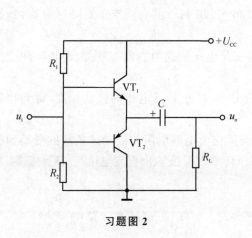

习题图 2

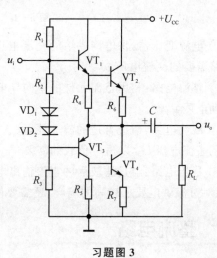

习题图 3

第 6 章 直流稳压电源

电子设备或者电子系统都需要直流电源供电,才能正常工作。这些直流电除了少数直接利用干电池和直流发电机外,大多数是采用把交流电(市电)转变为直流电,也就是直流稳压电源进行供电,再根据需要进行直流电压的变换。

直流稳压电源由电源变压器、整流电路、滤波电路和稳压电路 4 部分组成,其原理框图如图 6-1 所示。

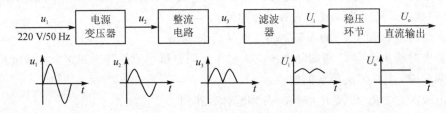

图 6-1 直流稳压电源框图

① 电源变压器:将电网供给的交流电压 u_1(220 V,50 Hz)经电源变压器降压后,得到符合电路需要的交流电压 u_2。

② 整流电路:利用整流元件的单向导电性,将交流电压变换为方向不变、大小随时间变化的脉动电压 u_3。

③ 滤波电路:通过合适的滤波器,滤去其交流分量,减小整流电压的脉动程度,得到比较平直的直流电压 U_i,以适应负载的需要。

④ 稳压电路:经过滤波后的直流输出电压还会随交流电网电压的波动或负载的变动而变化,在对直流供电要求较高的场合,还需要使用稳压环节以保证输出直流电压 U_o 更加稳定。

6.1 整流电路

6.1.1 单相半波整流电路

图 6-2 所示为单相半波整流电路,该电路主要由电源变压器 T_r、二极管 D 及负载电阻 R_L 组成,电路结构比较简单。

电源变压器 T_r 的初级线圈接交流电源 u_1(通常为交

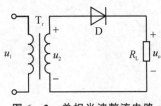

图 6-2 单相半波整流电路

流 220 V 市电),经过变压器 T_r 的降压后在其次级线圈两端得到所需要的交流电压 u_2,设 $u_2=\sqrt{2}U\sin\omega t$,再利用二极管 D 的单向导电性把交流电压转换成脉动的直流电压。

单相半波整流电路的工作过程如下:

① 如图 6-3(a)所示,在交流电压 u_1 的正半周($u_2>0$),u_2 的极性为上正下负,即 $u_a>u_b$,此时二极管 D 两端加的是正电压,电压 u_2 的幅值一般会远远大于二极管的正向压降,可以认为当 $u_2>0$ 时,二极管 D 正向偏置处于导通状态,忽略二极管的正向导通压降,此时变压器提供的电压完全加在负载电阻上,即 $u_o=u_2$,其极性为上正下负。

② 如图 6-3(b)所示,在交流电压 u_1 的负半周($u_2<0$),u_2 的极性为上负下正,即 $u_a<u_b$,此时二极管 D 两端加的是负电压,二极管反向偏置处于截止状态,电路相当于断路,电路中无电流,负载电阻 R_L 无电压降,输出电压 $u_o=0$。

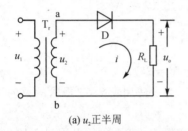 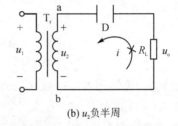

(a) u_2 正半周　　　　　　　　　　(b) u_2 负半周

图 6-3　半波整流电路工作过程

单相半波整流电路电压和电流的波形如图 6-4 所示。

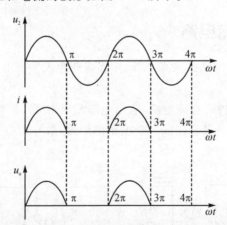

图 6-4　单相半波整流电路电压和电流的波形

从图中可以看出,在负载电阻 R_L 上得到的是半波整流电压 u_o,其大小是变化的,而且极性一定,即所谓单向脉动电压,这种脉动直流电压的大小常用一个周期的平均值来表示。单相半波整流电压的平均值为

$$U_o = \frac{1}{2\pi}\int_0^\pi \sqrt{2}U\sin(\omega t)\mathrm{d}(\omega t) = \frac{\sqrt{2}}{\pi}U \approx 0.45U$$

其中,U 为变压器副边电压的有效值。整流电流的平均值为

$$I_o = \frac{U_o}{R_L} = 0.45\frac{U}{R_L}$$

在整流电路中,整流二极管的正向电流和反向电压是选择整流二极管的依据。在半波整流电路中,二极管与负载 R_L 串联,因此流过二极管的平均电流等于负载电流的平均值,即

$$I_o = I_D = 0.45 \frac{U}{R_L}$$

当二极管不导通时,承受的最高反向电压 U_{RM} 就是变压器副边交流电压 u_2 的最大值,即 $U_{RM} = \sqrt{2} U$。

因此,根据 U_o、I_o 和 U_{RM} 就可以选择合适的整流电路。

【例 6-1】 有一单相半波整流电路,如图 6-2 所示。已知负载电阻 $R_L = 510\ \Omega$,变压器副边电压 $U = 20$ V,试求 U_o、I_o 和 U_{RM},并选用二极管。

【解】

$$U_o = 0.45\ U = 0.45 \times 20\text{ V} = 9\text{ V}$$

$$I_o = \frac{U_o}{R_L} = \frac{9}{510} = 0.018\text{ A} = 18\text{ mA}$$

$$U_{RM} = \sqrt{2} U = \sqrt{2} \times 20\text{ V} = 28.2\text{ V}$$

查相关资料,二极管选用 2AP4(16 mA,50 V)。为了使用安全,二极管的反向工作峰值电压要选得比 U_{RM} 大一倍左右。

半波整流电路只有在交流电压 u_2 的正半周才有输出电压,在负半周时无输出电压,输出电压的直流分量较小,交流分量较大。由于只利用了交流电压 u_2 正弦波的一半,所以半波整流电路的效率较低。

6.1.2 单相桥式整流电路

为了克服单相半波整流电路的缺点,实际中多采用全波整流电路,其中最常用的是单相桥式整流电路。

图 6-5(a)所示为单相桥式整流电路,它由电源变压器 T_r、整流二极管 D(共 4 个)和负载电阻 R_L 组成。因 4 个整流二极管接成一个电桥的形式,故称为桥式整流电路。图 6-5(b)所示为桥式整流电路的简化画法。

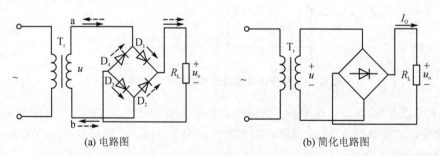

(a) 电路图　　　　　　　　　　(b) 简化电路图

图 6-5　单相桥式整流电路

下面介绍桥式整流电路的工作过程。为了介绍方便,假设电源变压器和整流二极管为理想器件,即忽略变压器绕组阻抗上的电压降、二极管的正向电压和反向电流。

在变压器副边电压 u 的正半周时,二极管 D_1 和 D_3 导通,D_2 和 D_4 截止,电流的流通方向如图 6-5(a)中实线箭头所示,此时负载电阻 R_L 上得到一个半波电压,也即 $u_o = u$。

在变压器副边电压 u 的负半周时,二极管 D_1 和 D_3 截止,D_2 和 D_4 导通,电流的流通方向如图 6-5(a)中虚线箭头所示,此时负载电阻 R_L 上同样得到一个半波电压,也即 $u_o = -u$,并且在两个半周内流经 R_L 的电流方向一致。图 6-6 所示为单相桥式整流电路电压和电流的波形图。

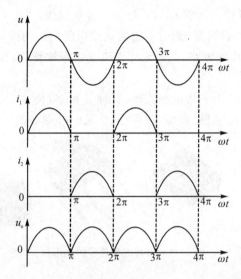

图 6-6 单相桥式整流电路电压和电流的波形

根据输出整流电压波形图,可得整流电压的平均值为

$$U_o = \frac{1}{\pi}\int_0^\pi \sqrt{2}U\sin(\omega t)\mathrm{d}(\omega t) = \frac{2\sqrt{2}}{\pi}U \approx 0.9U$$

可见,单相桥式整流电路整流电压的平均值是单相半波整流电路的一倍。负载中的直流电流当然也增加了一倍,即

$$I_o = \frac{U_o}{R_L} = 0.9\frac{U}{R_L}$$

因为在每个副边电压的半个周期内都有两个二极管串联导通,因此,每个二极管中流过的平均电流是负载电流的一半,即

$$I_D = \frac{1}{2}I_o = 0.45\frac{U}{R_L}$$

从图 6-5(a)中可以看到,在每半个周期内,忽略导通二极管的正向压降,每一个截止二极管所承受的电压是 $-u$,则其最高反向电压为

$$U_{RM} = \sqrt{2}U$$

这一点与单相半波整流电路相同。

【例 6-2】 单相桥式整流电路如图 6-5(a)所示。如发生下述各种情况,会出现什么问题?

(1) 二极管 D_1 开路。
(2) 二极管 D_1 被短路。
(3) 二极管 D_1 极性接反。
(4) 二极管 D_1、D_2 极性都接反。

(5) 二极管 D_1 开路，D_2 被短路。

【解】 (1) 二极管 D_1 开路，此时全波整流变成半波整流，u 正半周波形无法送到 R_L 上。

(2) 二极管 D_1 被短路，此时二极管 D_2 和变压器副边线圈可能烧毁。

(3) 二极管 D_1 极性接反，这样在 u 负半周时，变压器副边输出直接加在两个导通的二极管 D_1、D_2 上，造成副边绕组和二极管 D_1、D_2 过流以至被烧毁。

(4) 二极管 D_1、D_2 极性都接反，此时正常的整流通路均被切断，电路无输出，u_o 为 0。

(5) 二极管 D_1 开路，D_2 被短路，此时全波整流变成半波整流，在 u 负半周时 R_L 得到一个半波电压。

随着电子工艺的发展，产生了集成整流桥，其种类很多，使用时一般考虑工作电压和流过的电流。整流桥外形有贴片、板桥、扁桥、圆桥等，常见的外形如图 6-7 所示。

图 6-7 常用的整流桥的外形图

6.2 滤波电路

整流后的单向脉动直流电压除了含有直流分量，还含有纹波即交流分量。因此通常都要采取一定措施，尽量降低输出电压的交流成分，同时最大程度地保留直流成分，得到比较平稳的直流电压波形，这需要采用滤波电路来实现。

滤波电路通常采用的滤波元件有电容和电感。由于电容和电感对不同频率正弦信号的阻抗不同，因此可以把电容与负载并联、电感与负载串联构成不同形式的滤波电路。或者从另一个角度看，电容和电感是储能元件，它们在二极管导通时储存一部分能量，然后再逐渐释放出来，从而得到比较平滑的输出波形。

6.2.1 电容滤波器

将整流电路的输出端与负载并联一个容量足够大的电容器 C，就组成一个简单的电容滤波电路。图 6-8(a)所示为具有电容滤波的单相桥式整流电路。它是依靠电容器充、放电来降低负载电压和电流的脉动。

当并联电容器后，在 u 的正半周且 $u > u_C$ 时，D_1 和 D_3 导通，一方面供电给负载 R_L，同时对电容器 C 充电。电容器电压 u_C 的极性上正下负，如果忽略二极管正向压降，则在二极管导通时，u_C（即输出电压 u_o）等于变压器副边电压 u。当 u 达到最大值开始下降，电容器电压 u_C 也将由于放电而逐渐按指数规律下降。当 $u < u_C$ 时，D_1 和 D_3 承受反向电压而截止，电容器 C 向负载 R_L 放电，则 u_o 将按时间常数 $R_L C$ 的指数规律下降，直到下一个半周当 $|u| > u_C$，D_2 和 D_4 导通。输出电压波形如图 6-8(b)所示。

通过以上分析可以看到，当加了滤波电容以后，输出电压的直流成分提高了，脉动成分降

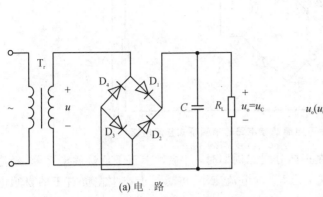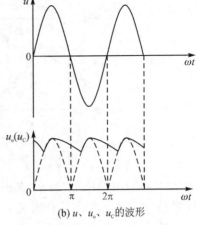

(a) 电路　　　　　　　　　　　(b) u、u_o、u_C的波形

图 6-8　接有电容滤波器的单相桥式整流电路

低了,而且电容放电时间常数 $t=R_LC$ 愈大,放电过程愈慢,滤波效果愈好。为了得到较好的滤波效果又不至于使所用电容数值过大,通常选取

$$R_L C = (3 \sim 5)\frac{T}{2} \qquad (6-1)$$

式中,T 为电源交流电压的周期。当滤波电容容值满足上式时,输出电压平均值近似为 $U_o \approx 1.2U$。对于单相桥式整流电路而言,无论有无电容滤波,二极管所承受的最高反向电压都是 $\sqrt{2}U$。

电容滤波电路简单,输出电压平均值 U_o 较高,脉动较小,但外特性较差,且冲击电流较大,因此只适用于负载电压较高,负载电流较小,且变化不大的场合。

【例 6-3】　有一个单相桥式电容滤波整流电路(见图 6-8),假设电源变压器和整流二极管为理想器件,即忽略变压器绕组阻抗上的电压降、二极管的正向电压和反向电流。若 $u=20\sqrt{2}\sin\omega t$ V,$R_L=2$ kΩ,计算输出电压的平均值 U_o 和电流的平均值 I_o。

【解】　输出电压平均值为

$$U_o \approx 1.2U = 1.2 \times 20 \text{ V} = 24 \text{ V}$$

输出电流平均值为

$$I_o = \frac{U_o}{R_L} = \frac{24}{2} \text{ mA} = 12 \text{ mA}$$

6.2.2　电感滤波器

电感滤波电路是利用电感器的充、放电来改善输出电压脉动程度的。电感滤波器电路如图 6-9 所示。

电感滤波电路的工作过程如下:

① 如图 6-10(a)所示,当 u_2 在正四分之一周期时,u_2 极性上正下负且逐渐上升,二极管 D_1 和 D_3 导通,有电流流经电感 L 和负载电阻 R_L。当电流在流过电感 L 时,电感会产生左正右负的自感电动势阻碍电流,同时电感储存能量,由于电感自感电动势的阻碍,流过负载的电流缓慢增大。

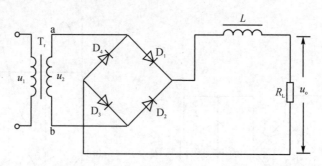

图 6-9　接有电感滤波电路的单相桥式整流电路

② 如图 6-10(b)所示，当 u_2 在正四分之二周期时，u_2 极性上正下负且逐渐下降，经过导通二极管 D_1、D_3 流经电感 L 和负载电阻 R_L 的电流变小，电感马上产生左负右正的自感电动势释放能量，产生的电流流经 R_L、D_3、L、D_1，该电流与 u_2 产生的电流一起流过负载 R_L，从而使 R_L 上的电流不会因 u_2 下降而变小。

当 u_2 工作在负半周时，二极管 D_2 和 D_4 导通，工作过程与 u_2 工作在正半周时基本相同。

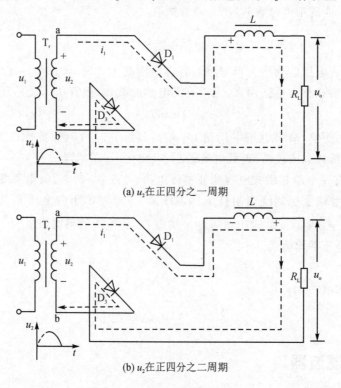

图 6-10　电感滤波器工作过程

6.2.3　电感电容滤波器

单纯的电容或电感滤波输出电压的波形脉动现象较明显，为了减小输出电压的脉动程度，可以把这两个元件组合起来构成电容电感滤波器(LC 滤波器)，如图 6-11 所示。

经过电感滤波减弱了整流电压中的交流分量，然后经过电容再一次滤掉交流分量，这样输

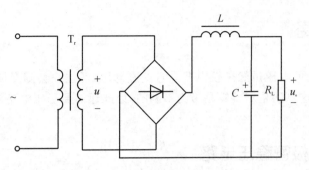

图 6-11　电感电容滤波电路

出电压就变得比较平直。LC 滤波器由于存在较大的电阻会使输出电压下降。因此,其常用于要求输出的电压脉动很小、电流较大的场合,一般用于高频电路。

6.2.4　π形滤波器

为了进一步减小脉动程度,可以在 LC 滤波器的基础上进行改进,在电感的前面再并联一个滤波电容,即如图 6-12 所示的电容 C_1,电感和两个电容构成滤波电路,结构像数学中常用的符号"π",因此称为 π 形滤波器。它的滤波效果比 LC 滤波器更好。

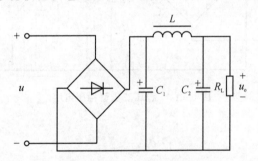

图 6-12　π 形 LC 滤波电路

为了使用方便,有时候用电阻代替电感构成 π 形 RC 滤波器,如图 6-13 所示。电阻和电容配合能有效地减少负载上的脉动程度,起到很好的滤波作用。

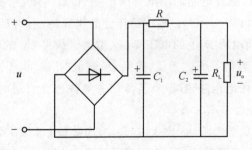

图 6-13　π 形 RC 滤波电路

6.3 稳压电路

经整流和滤波后的电压虽然是较为平滑的直流电压,但往往会随交流电网电压的波动和负载的变化而变化,这对测量和计算是极为不利的,因此还需要稳压电路来获得更加稳定的输出直流电压。

6.3.1 稳压二极管稳压电路

由稳压二极管 D_Z 和限流电阻 R 构成的稳压电路如图 6-14 所示。交流信号经过桥式整流电路整流和电容滤波电路滤波后得到直流电压 U_1,经过限流电阻 R 和稳压二极管 D_Z 组成稳压电路后为负载电阻 R_L 提供稳定的直流电压。稳压二极管 D_Z 与负载电阻 R_L 并联且稳压二极管工作在反向击穿状态,输出电压 U_o 就等于稳压二极管 D_Z 的反向击穿电压 U_Z。

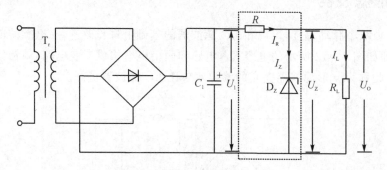

图 6-14 稳压二极管稳压电路

由图 6-14 可得

$$U_1 = U_R + U_o$$
$$I_R = I_Z + I_L$$

分析电路的稳压特性主要考虑电网电压的波动和负载电流的变化。下面分析在这两种情况下稳压电路的作用。

① 当电网电压增加时,滤波电路的输出电压 U_1 和负载电压 U_o 都会随之增加。因为稳压二极管和负载电阻并联,所以 $U_o = U_Z$。根据稳压管的伏安特性,当 U_Z 增加时,I_Z 必然显著增加,从而使得 I_R 增加,进而电阻 R 上的电压降 U_R 增加。如果 U_R 的增加量可以抵偿 U_1 的增加量,那么负载电压 U_o 将近似不变。相反,如果 U_1 减低时,U_o 也要减低,也即 U_Z 降低,那么 I_Z 将显著减小,电阻 R 上的电压降也减小,若器件和参数选择合适时仍然可以保持负载电压 U_o 近似不变。

② 当 U_1 保持不变而负载电流 I_L 增大时,I_R 增加导致 U_R 增大,进而负载电压 U_o 下降,也即 U_Z 下降,从而使得 I_Z 显著减小,I_R 也将显著减小,如果参数选择合适,负载电流 I_L 的增加量和稳压管电流 I_Z 的减小量近似相等,那么流过电阻 R 上的 I_R 将近似不变,其两端的压降 U_R 也将不变,从而负载电压 U_o 近似稳定不变。当负载电流减小时,稳压过程相反。

通过上面的分析可知,在稳压管稳压电路中,利用稳压管电流的调节作用,通过限流电阻 R 上的电压变化进行补偿达到稳压的目的。因此,稳压电路的选取主要是稳压二极管和限流电阻的选用。

选择稳压二极管时,一般取

$$\begin{cases} U_Z = U_o \\ I_{ZM} = (1.5 \sim 3)I_{oM} \\ U_I = (2 \sim 3)U_o \end{cases} \quad (6-2)$$

选择限流电阻 R 时,一般取

$$\begin{cases} R_{min} = \dfrac{U_{1min} - U_Z}{I_Z + I_{Lmax}} \\ R_{max} = \dfrac{U_{1max} - U_Z}{I_Z + I_{Lmin}} \end{cases}$$

其中,U_{1max} 为电网电压最高时的值,U_{1min} 为电网电压最低时的值;负载的最大电流 $I_{Lmax} = U_Z/R_{Lmin}$,负载的最小电流 $I_{Lmin} = U_Z/R_{Lmax}$。

【例 6-4】 在稳压二极管稳压电路中,若负载电阻 R_L 由开路变到 3 kΩ,交流电压经整流滤波后得出 $U_I = 45$ V。今要求输出直流电压 $U_o = 12$ V,试选择稳压二极管 D_Z。

【解】 根据输出电压 $U_o = 12$ V 的要求,负载电流最大值

$$I_{oM} = \frac{U_o}{R_L} = \frac{12}{3 \times 10^3} \text{ A} = 4 \times 10^{-3} \text{ A} = 4 \text{ mA}$$

查参考资料,选择稳压二极管 2CW62,其稳定电压 $U_Z = 13.5 \sim 17$ V,稳定电流 $I_Z = 3$ mA,最大稳定电流 $I_{ZM} = 14$ mA。

【例 6-5】 有一稳压二极管稳压电路,如图 6-14 所示。假设电源变压器和整流二极管为理想器件,即忽略变压器绕组阻抗上的电压降、二极管的正向电压和反向电流。已知 $u = 20\sqrt{2}\sin(\omega t)$ V,稳压二极管的稳压值 $U_Z = 12$ V,$R_L = 2$ kΩ,$R = 1$ kΩ,试计算负载 R_L 的电压值 U_o 和电流值 I_L。

【解】 由于稳压二极管的稳压值 $U_Z = 12$ V,则

$$U_o = U_Z = 12 \text{ V}$$

$$I_L = \frac{U_o}{R_L} = \frac{12}{2} \text{ mA} = 6 \text{ mA}$$

6.3.2 串联型稳压电路

稳压二极管稳压电路稳压效果不够理想,带负载能力较差、电压不能调节,而串联型稳压电路能较好地解决以上问题。

1. 晶体管串联型稳压电路

晶体管串联型稳压电路如图 6-15 所示,该电路由取样电路、基准电压、比较放大电路及调整元件等环节组成。

由 R_1、R_P、R_2 组成取样电路,取出输出电压 U_o 的一部分送到比较放大电路 VT_2 的基极。稳压管 D_Z 与电阻 R_3 组成基准电压部分,其作用是提供一个稳定性较高的直流电压 U_Z。其中,R_3 为稳压管 D_Z 的限流电阻。由三极管 VT_2 构成的直流放大电路作为比较放大电路,其作用是将取样电压 U_{B2} 和基准压 U_Z 进行比较,比较的误差电压 U_{BE2} 经 VT_2 管放大后去控制

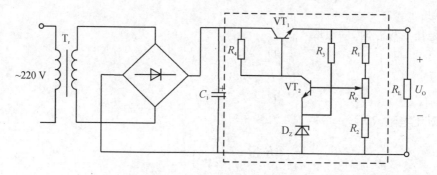

图 6-15 晶体管串联型稳压电路

调整管 VT_1。R_4 既是 VT_2 的集电极负载电阻,又是 VT_1 的偏置电阻。调整电路的核心是调整管 VT_1,也是该稳压电源的关键元件,利用其集电极和发射极之间的电压 U_{CE1} 受基极电流控制的原理,与负载 R_L 串联用于调整输出电压。

当电网电压升高或负载电阻增大(即负载电流减小)时会使输出电压有上升的趋势,则取样电路的分压点升高,但因 U_Z 不变,所以 VT_2 的基极与发射极之间电压 U_{BE2} 升高,其集电极电流 I_{C2} 随之增大,集电极电压 U_{C2} 降低,则调整管 VT_1 基极电压 U_{B1} 降低,发射结正偏电压 U_{BE1} 下降,I_{B1} 下降 I_{C1} 随着减小。由于 U_{CE1} 增大,从而使输出电压 U_o 下降。因此,使输出电压上升的趋势受到遏制而保持稳定。上述稳压过程可由图 6-16 所示来表示。

$$\left.\begin{array}{c} U_1 \uparrow \\ R_L \uparrow \end{array}\right\} \rightarrow U_o \uparrow \rightarrow U_{B2} \uparrow \rightarrow U_{BE2} \uparrow \rightarrow I_{C2} \rightarrow U_{C2} \rightarrow U_{B1} \rightarrow U_{CE1} \rightarrow U_o \downarrow$$

图 6-16 电网电压升高或负载电阻增大时的稳压过程

当电网电压下降或负载变小时,输出电压有下降的趋势,电路的稳压过程与上面相反。

调节电位器 R_P 可以调节输出电压 U_o 的大小,使其在一定的范围内变化,其作用是把输出电压调整在额定的数值上。电位器滑动触点下移,则输出电压 U_o 调高。反之,电位器滑动触点上移,则输出电压 U_o 降低。

2. 集成运放串联型稳压电路

串联型稳压电路也可以采用集成运放构成,具有放大和反馈调节的作用,如图 6-17 所示。

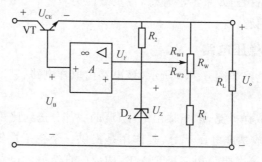

图 6-17 集成运放串联型稳压电路

① 采样电路：电位器 R_W、电阻 R_1 与负载 R_L 并联，采集输出电压 U_o 的一部分作为采样电压 U_F，连接到运算放大器的反相输入端。

② 基准电压：稳压管 D_Z 与电阻 R_2 组成的稳压电路，稳压二极管的电压 U_Z 作为基准电压，连接到运算放大器的同相输入端。

③ 比较放大电路：集成运放作为比较放大电路，将采样的电压 U_F 和基准电压 U_Z 之差进行放大，输出电压连接到三极管 VT 的基极作为控制信号。

④ 调整环节：调整环节由调整管 VT 组成，集成运算放大器 A 的输出电压为调整管 VT 基极电压 U_B，它的大小可以改变调整管 VT 的集电极电流 I_C 和管压降 U_{CE}，对电源电压或负载电阻的变化能起到自动调整和稳定输出电压的目的。

当电源电压或负载电阻的变化使得输出电压 U_o 升高时，由于集成运放 A 反相输入端的电压 U_- 为

$$U_- = U_F = \frac{R_{W2} + R_1}{R_W + R_1} U_o$$

调整管 VT 基极的电压为

$$U_B = A_{uo}(U_Z - U_F)$$

因此 U_- 也跟着升高，U_B 随着减小，其稳压过程如图 6-18 所示。

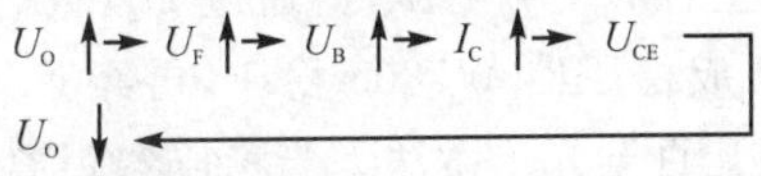

$$U_o \uparrow \rightarrow U_F \uparrow \rightarrow U_B \downarrow \rightarrow I_C \uparrow \rightarrow U_{CE} \downarrow$$
$$U_o \downarrow \longleftarrow$$

图 6-18 U_o 升高时的稳压过程

当电源电压或负载电阻的变化使得输出电压 U_o 降低时，稳压过程分析类似。

调整管 VT 基极的电压为

$$U_B \approx U_o = \left(1 + \frac{R_{W1}}{R_{W2} + R_1}\right) U_Z$$

6.3.3 集成稳压器

前面介绍的稳压电路外接元器件很多，使用复杂，如果把稳压电路集成在一个芯片内，就构成集成稳压器。集成稳压器具有体积小、可靠性高、性能指标好、使用简单灵活、价格低廉等优点。特别是三端集成稳压器，芯片只引出 3 个端子，分别接输入端、输出端和公共端，内部有限流、过热和过压保护，使用更加安全方便。

三端集成稳压器有固定输出和可调输出两种类型，又可分为正压和负压两类。

1. 固定输出的集成稳压器

典型的 7800、7900 系列三端式集成稳压器的输出电压是固定的，在使用中不能进行调整。7800 系列三端式集成稳压器输出正极性电压，一般有 5 V、6 V、9 V、12 V、15 V、18 V、24 V 等档次，输出电流最大可达 1.5 A（加散热片）。同类型 78M 系列集成稳压器的输出电流为 0.5 A，78L 系列集成稳压器的输出电流为 0.1 A。若要求输出负极性电压，则可选用 7900 系列集成稳压器。

如图 6-19 所示为 7800 系列和 7900 系列集成稳压器的外形和接线图。它们有三个引出

端,分别是输入端(不稳定电压输入端)标以"IN"、输出端(稳定电压输出端)标以"OUT"、公共端标以"GND"。

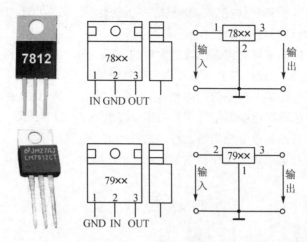

图 6-19　7800 系列和 7900 系列集成稳压器的外形及接线图

如图 6-20 所示是一个典型的固定式线性稳压器电路,220 V 市电电压利用变压器 T_r 降压,从它的次级绕组输出 15 V 左右的交流电压,再通过 $D_1 \sim D_4$ 桥式电路整流和 C_1、C_2 滤波后,产生的直流电压利用三端集成稳压器 W7805 稳压,再经 C_3、C_4 滤波获得 5 V 直流电压。滤波电路电容 C_1、C_2 一般选取几百至几千微法。当稳压器距离直流滤波电路比较远时,在输入端必须接入电容器 C_3 以抵消线路的电感效应,防止产生自激振荡。输出端电容 C_4 用于滤除输出端的高频信号,以改善电路的暂态响应。

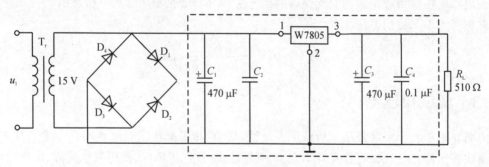

图 6-20　固定式线性稳压电路

2. 可调输出的集成稳压器

三端可调集成稳压器是在三端不可调集成稳压器的基础上发展而来的,它最大的优点就是输出电压在一定范围内可以连续调整。它和三端不可调集成稳压器一样,也有正电压输出和负电压输出两种。

三端可调集成稳压器按输出电压可分为 4 种:

① 输出电压为 1.2~15 V 的,如 LM96/396。

② 输出电压为 1.2~32 V 的,如 LM138/238/338。

③ 输出电压为 1.2~33 V 的,如 LM150/250/350。

④ 输出电压为 1.2~37 V 的,如 LM117/217/317。

三端可调集成稳压器按输出电流分为 0.1 A、0.5 A、1.5 A、3 A、5 A、10 A 等多种。在集成稳压器型号后面加字母"L"的集成稳压器的输出电流为 0.1 A,如 LM317L 就是最大电流为 0.1 A 的集成稳压器;在集成稳压器型号后面加字母"M"的集成稳压器的输出电流为 0.5 A。可调式三端集成稳压器可通过外接元件对输出电压进行调整以适应不同的需要。如图 6-21 所示为可调输出电压正极性的三端集成稳压器 W317 外形及接线图。

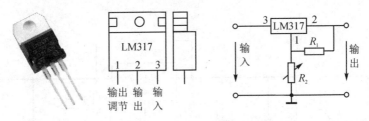

图 6-21　LM317 外形及接线图

其输出电压为

$$U_o = 1.25\left(1 + \frac{R_2}{R_1}\right)$$

最大输入电压 $U_{im}=40$ V,输出电压 U_o 的范围为 1.2～37 V。

可调式三端集成稳压器由启动电路(恒流源)、基准电压形成电路、调整器(调整管)、误差放大电路、保护电路等构成。可调式三端集成稳压器 LM317 的内部结构如图 6-22 所示。

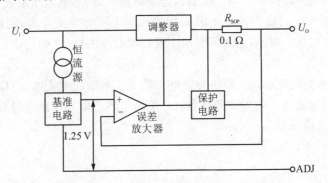

图 6-22　LM317 可调式三端集成稳压器内部结构

当稳压器 LM317 的输入端有正常的供电电压输入后,该电压不仅为调整管供电,而且通过恒流源为基准电压放大电路供电,并由它产生基准电压。当基准电压加到误差放大电路的同相输入端后,误差放大电路为调整器提供导通电压使调整器开始输出电压,该电压通过输出端子输出后为负载供电。

当输入电压升高或负载减小而引起稳压器 LM317 输出电压升高时,则误差放大电路反相输入端输入的电压增大,于是误差放大电路为调整器提供电压减小,则调整器输出电压减小,最终使输出电压下降到规定值。当输出电压下降时,稳压控制过程相反。因此,可通过该电路的控制确保稳压器输出的电压不随供电电压和负载的变化而变化,实现稳压控制。

稳压器 LM317 没有设置接地端,其 1.25 V 基准电压发生器接在调整 ADJ 上,因此改变 ADJ 端子电压就可以改变 LM317 输出电压的大小。例如,通过控制电路的调整使 ADJ 端子电压升高后,则基准电压发生器的输出电压就会升高,于是误差放大电路的电压因同相输入端电压升高而升高,当该电压加到调整器后,则调整器输出电压升高,即稳压器为负载提供的电压升高;通过控制电路的调整使 ADJ 端子电压减小后,则稳压器负载提供的电压降低。

如图 6-23 所示是一个典型输出电压连续可调的稳压电路。220 V 市电电压利用变压器 T_r 降压,从它的次级绕组输出 35 V 左右的交流电压,再通过 $D_1 \sim D_4$ 桥式电路整流产生 40 V 左右的直流电压。该电压加到集成稳压器 LM317 的输入端,被其内部的电路稳压后就会产生直流电压。

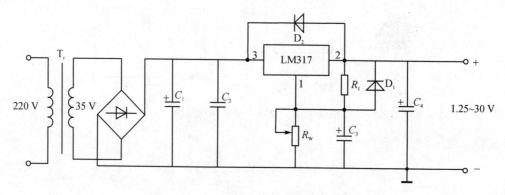

图 6-23 输出电压连续可调的稳压电路

R_W 是电压调整电位器,调整 R_W 使 LM317 的 1 脚的 1.25 V 基准电压形成电路的输出电压,受调整端 1 输入电压的控制。当 1 脚输入电压升高后,则基准电压形成电路输出的电压就会升高,于是误差放大电路输出的电压因同相输入端电压升高而升高,使调整器输出电压升高。反之,控制过程相反。因此,通过调整 R_W 就可以改变 LM317 输出电压的大小,实现输出电压的调整。

在图 6-23 所示的电路中,C_3 用于旁路电位器 R_W 两端的纹波电压;D_1 是为了防止输出端短路时 C_3 放电电流流过三端集成稳压器;D_2 是为了防止输入端短路时 C_4 对集成稳压器输出端放电而损坏集成稳压器。

第 6 章 直流稳压电源

＊拓展阅读

二极管的功能和应用

二极管是最常用的电子元件之一,其最大的特性就是单向导电,也就是电流只可以从二极管的一个方向流过。二极管还有开关、温度补偿、整流、温度调节等作用。

1. 开关作用

图 1 所示为二极管开关电路,该电路的主要功能是改变 LC 并联谐振频率。

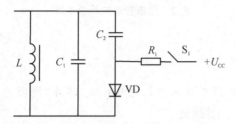

图 1   二极管开关电路

① 电感 L 和电容 C_1 组成一个 LC 并联谐振电路。

② 电容 C_2 和二极管 VD 构成串联电路。当电路中的开关 S_1 关闭时,二极管 VD 正极通过电阻 R_1、开关 S_1 与直流电压 $+U_{CC}$ 端相连形成通路,则电容 C_2 接入电路,于是电容 C_2 和 C_1 并联改变整个回路的电容;当电路中的开关 S_1 打开时,二极管 VD 截止,则电容 C_2 未接入电路。

在上述两种状态下,由于 LC 并联谐振电路中的电容不同,一种情况只有电容 C_1,另一种情况是电容 C_1 与 C_2 并联,在电容量不同的情况下 LC 并联谐振电路的谐振频率不同。因此,二极管 VD 在电路中的真正作用是控制 LC 并联谐振电路的谐振频率。

2. 温度补偿作用

众所周知,PN 结导通后有一个约为 0.6 V(指硅材料 PN 结)的压降,同时 PN 结还有一个与温度相关的特性:PN 结导通后的压降基本不变,但不是不变,而是 PN 结两端的压降随温度升高而略有下降,温度愈高其下降愈多,当然 PN 结两端电压下降量的绝对值对于 0.6 V 而言相当小,利用这一特性可以构成温度补偿电路。如图 2 所示是利用二极管温度特性构成的温度补偿电路。

① R_{B1}、R_{B2} 与二极管 VD 构成分压式偏置电路为 NPN 晶体管 VT 基极提供直流工作电压,基极电压的大小决定了 VT 基极电流的大小。如果不考虑温度的影响,且直流工作电压 $+U_{CC}$ 的大小不变,则 VT 基极直流电压是稳定的,即 VT 的基极直流电流是不变的,三极管可以稳定工作。而实际上 NPN 晶体管 VT 有一个与温度相关的不良特性,即温度升高时,VT 基极电流会增大,温度愈高基极电流愈大,反之则小,显然 VT 的温度稳定性能不好。

② 假设温度升高使 NPN 晶体管 VT 的基极电流增大一些,则二极管 VD 的管压降会下降一些,而 VD 管压降的下降导致 VT 基极电压下降一些,结果使 VT 基极电流下降。由上述分析可知,在加入二极管 VD 后,原来温度升高使 VT 基极电流增大的,而现在可通过 VD 电路使 VT 基极电流减小一些,这样起到稳定 NPN 晶体管 VT 基极电流的作用,所以 VD 可以

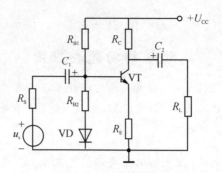

图 2　二极管温度补偿电路

起温度补偿的作用。

3. 整流作用

如图 3 所示,该电路由电源电路和光控电路组成,其中,电源电路由电源变压器 T_r、整流二极管 $D_1 \sim D_4$ 和滤波电容 C 器组成。

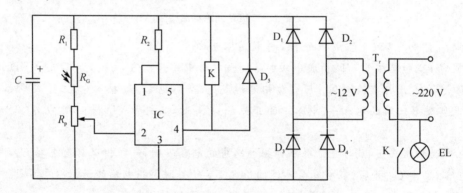

图 3　整流电路的应用

① 220 V 交流电压经 T_r 降压,以及 $D_1 \sim D_4$ 整流和 C 滤波后,为光控电路提供 +12 V 工作电源。

② 白天,光敏电阻 R_G 受光照射而呈低阻状态,使 IC(TWH8751 型电子开关集成电路)的 2 脚(选通端)和 4 脚(输出端)均为高电平,其内部的电子开关处于截止状态,中间继电器 K 不吸合,则路灯 EL 不亮。夜晚,光敏电阻 RG 无光照射呈高阻状态,使 IC 的 2 脚变成低电平,其内部的电子开关接通,中间继电器 K 吸合,其辅助触点接通,则路灯 EL 点亮。

4. 温度调节作用

热带鱼缸水温自动控制器运用负温度系数热敏电阻器作为感温探头,通过加热管对鱼缸自动加热,如图 4 所示,该电路由电源电路和温控电路组成。

① 220 V 交流电压经 T_r 降压,以及 $D_1 \sim D_4$ 整流和 C_2 滤波后,为电路提供 +12 V 工作电源。

② 当水温低于设定的控制温度时,热敏电阻器 R_t 阻值升高,使 555 时基电路的 2 脚为低电平,则 3 脚由低电平输出变成高电平输出,中间继电器 K 导通,其辅助触点 K-1 吸合,则加热管开始加热,直到水温恢复到设定的控制温度时,热敏电阻器 R_t 阻值变小,使 555 时基电路

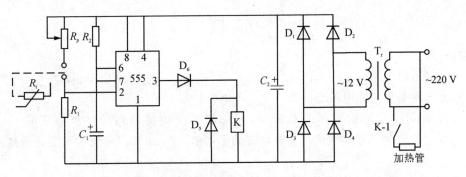

图4 热带鱼缸水温自动控制器电路图

的2脚为高电平,则3脚由高电平输出变成低电平输出,中间继电器K失电,其辅助触点K-1断开,则加热管停止加热。

习 题

一、填空题

1. 直流稳压电源由_____、_____、_____和_____ 4 部分组成。
2. 整流电路是将交流电压变换为_____电压。
3. 设 U 为变压器副边电压的有效值,则单相半波整流电路的整流电压的平均值为_____,流过二极管的平均电流与负载电流的平均值_____,二极管所承受的最高反向电压为_____。
4. 设 U 为变压器副边电压的有效值,则单相桥式整流电路的整流电压平均值为_____,流过每个二极管的平均电流只有负载电流的_____,二极管所承受的最高反向电压为_____。
5. 设 U 为变压器副边电压的有效值,则单相桥式滤波整流电路的整流电压平均值为_____,二极管所承受的最高反向电压为_____。
6. 串联型稳压电路由_____、_____、_____、_____ 4 部分构成。
7. 三端集成稳压器,芯片只引出_____端、_____端和_____端 3 个端子。
8. 三端集成稳压器 W78XX 系列输出_____正电压;W79XX 系列输出固定_____电压;W117/217/317 系列输出_____电压。

二、选择题

1. 下列关于整流电路说法错误的是( )。
   A. 整流电路的输出为单向脉动直流电
   B. 整流电路主要利用二极管的单向导电性来工作
   C. 整流电路的输出信号中不含有交流成分
2. 如习题图 1 所示的整流电路,图中接错的元件为( )。
   A. D_1　　　　　　B. D_2　　　　　　C. D_3

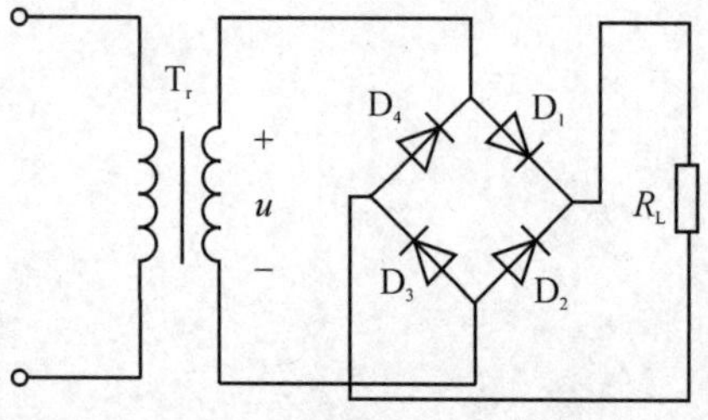

习题图 1

3. 在如图 6-2 所示的单相半波整流电路中,$u = 282\sin \omega t$ V,则整流电压平均值 U_o 为( )。
   A. 63.45 V　　　　B. 45 V　　　　　C. 90 V
4. 在如图 6-5 所示的单相桥式整流电路中,$u = 282\sin \omega t$ V,若有一个二极管断开,则整流电压平均值 U_o 为( )。
   A. 63.45 V　　　　B. 90 V　　　　　C. 180 V

5. 已知降压变压器次级绕组电压有效值为 12 V,负载两端的输出电压为 5.4 V,则这是一个单相(　　)电路。

　　A. 桥式整流　　　　　B. 半波整流　　　　　C. 全波整流

6. 如习题图 2 所示稳压电路中,已知 $u=20\sqrt{2}\sin\omega t$ V,$U_Z=9$ V,$R=300$ Ω,$R_L=300$ Ω,在正常情况下输出电压 U_o 为(　　)。

　　A. 9 V　　　　　　　B. 12 V　　　　　　　C. 24 V

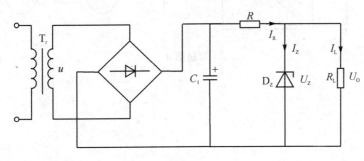

习题图 2

7. 直流稳压电源中滤波电路的目的是(　　)。

　　A. 将交流变为直流

　　B. 将高频变为低频

　　C. 将交、直流混合量中的交流成分滤掉

三、分析计算题

1. 稳压二极管稳压电路如习题图 3 所示,假设电源变压器和整流二极管为理想器件,即忽略变压器绕组阻抗上的电压降、二极管的正向电压和反向电流。若 $u=20\sqrt{2}\sin\omega t$ V,稳压二极管的稳压值 $U_Z=10$ V,$R_L=2$ kΩ,$R=1$ kΩ。试求:

(1) 当 S_1 和 S_2 均断开,计算负载 R_L 的电压值 U_o 和电流值 I_o。

(2) 当 S_1 断开、S_2 合上时,计算负载 R_L 的电压值 U_o 和电流值 I_o。

(3) 当 S_1 合上、S_2 断开时,计算负载 R_L 的电压值 U_o 和电流值 I_o。

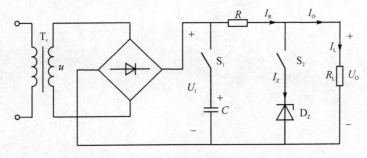

习题图 3

2. 单相桥式整流电路如习题图 4 所示,假设电源变压器和整流二极管为理想器件,即忽略变压器绕组阻抗上的电压降、二极管的正向电压和反向电流。若 $u=20\sqrt{2}\sin\omega t$ V,$R_L=2$ kΩ。

(1) 画出负载 R_L 的电压 U_o 波形。

(2) 计算输出电压的平均值 U_o 和电流的平均值 I_o。

(3) 计算每个二极管中流过的平均电流 I_D 和所承受的最高反向电压 U_{RM}。

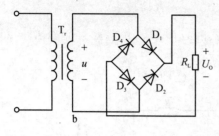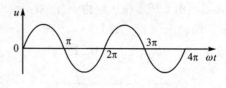

习题图 4

第 7 章
数字逻辑电路基础

在电子电路中,信号的接收、处理和传输通常有多种形式,一般把信号分为两大类:模拟信号和数字信号。处理模拟信号的电路是模拟电路,处理数字信号的电路是数字电路。数字电路在电子技术中得到了大量的应用,计算机、数字化通信、军民用的装备控制装置等都用到了数字电路。本章学习数字逻辑电路的基础,包括脉冲信号的介绍、数制及其转换、基本门电路、逻辑代数的基本运算法则、逻辑函数的表示方法以及几种常用的化简方法等。

7.1 数字电路基础知识

7.1.1 模拟信号与数字信号

1. 模拟信号

(1) 常见的模拟信号

在实际的生产或生活中,我们会遇到各种物理量,如温度、电压、电流、压力、湿度等,这些物理量都随着时间变化呈现出连续变化。

例如,电子制造领域的再流焊技术,随着时间的变化,再流焊炉膛的温度呈现不同的变化,如图 7-1 所示。炉膛内的温度相对于时间是一个连续变化的物理量。

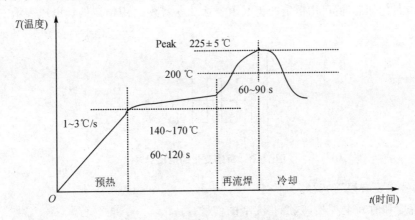

图 7-1 再流焊炉膛温度变化图

再例如,共射极放大电路的输入和输出电压,输出电压的幅度是输入电压的 A_v 倍。输入电压和输出电压信号随着时间变化,幅度也发生变化,但是它们相对于时间来说,都是一个连续变化的物理量,如图 7-2 所示。

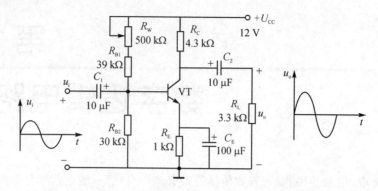

图 7-2　共射极放大电路的原理图及输入、输出电压波形图

(2) 模拟信号的特征

通过上面几个模拟信号的实例,可以看到模拟信号的典型特点是连续性。模拟信号是连续变化的物理量,信号的幅度、频率、相位随时间作连续变化,它具有以下特征:

① 模拟信号在时间和数值上都是连续变化的物理量。

② 模拟信号的信息密度相对较高,分辨率高,可以对自然界物理量的真实值进行尽可能逼近的描述。

③ 模拟信号的处理可以直接通过模拟电路组件(例如运算放大器等)实现,不涉及复杂的算法,信号处理相对简单。

④ 模拟信号的抗干扰能力相对较弱,在进行长距离传输之后,随机噪声的影响可能会变得十分显著。

2. 数字信号

数字信号指自变量(如时间 t)是离散的、因变量(如电压 u)也是离散的信号,这种信号的自变量用整数表示,因变量用有限数字中的一个数字来表示。

在计算机中,数字信号的大小常用有限位的二进制数表示,只有 0、1 两个状态。例如,一系列断续变化的电压脉冲(可用恒定的正电压表示二进制数 1,用恒定的负电压表示二进制数 0),如图 7-3 所示。

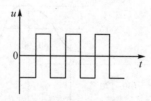

图 7-3　断续变化的电压脉冲

数字信号主要有以下特征:

① 在幅度和时间上都是离散的、突变的信号。

② 与模拟信号相比,数字信号在传输过程中具有更高的抗干扰能力,更远的传输距离,且失真幅度小。

③ 数字信号便于加密、存储、处理和交换,设备便于集成化、微型化。

7.1.2 逻辑电平和数字波形

1. 逻辑电平

数字信号有高电平和低电平,一般来说,电平的高和低表示逻辑值 1 和 0,但它们之间的关系并不是唯一的,既可以用高电平表示逻辑 1、低电平表示逻辑 0,也可以用高电平表示逻辑 0、低电平表示逻辑 1。把用高电平表示逻辑 1、低电平表示逻辑 0 的规定称为正逻辑;反之,把用高电平表示逻辑 0、低电平表示逻辑 1 的规定称为负逻辑。本书采用正逻辑。

用来表示 1 和 0 的电压称为逻辑电平。在理想情况下,高电压表示高电平,低电压表示低电平,电压值在这两个数之间变化,非此即彼。如图 7-4 所示,数字信号用正逻辑表示为:0101010。

在实际的数字电路中,这个高电平可以是指定的最小值和最大值之间的任意值,低电平也可以是指定的最小值和最大值之间的任意值,在指定的高电平范围和低电平范围之间是不能有重叠的,如图 7-5 所示。

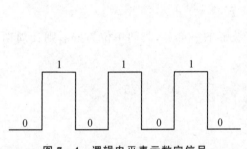

图 7-4 逻辑电平表示数字信号

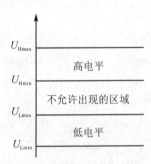

图 7-5 逻辑电平的电压范围

在图 7-5 所示的逻辑电平电压范围中,变量 U_{Hmax} 表示高电平的最大值,变量 U_{Hmin} 表示高电平的最小值;U_{Lmax} 表示低电平的最大值,U_{Lmin} 表示低电平的最小值。在正常的工作情况下,U_{Lmax} 和 U_{Hmin} 之间的电压值是不可以出现的。例如,在 CMOS 数字电路中,高电平值的范围为 2~3.3 V,低电平值的范围为 0~0.8 V。如果使用 3 V 的电压,电路将把它看成是高电平(即二进制 1),如果使用 0.3 V 的电压,就表示是低电平(即二进制 0)。对于这种类型的电路,0.8~2 V 的电平值是不允许出现的。

2. 数字波形

数字电路中常用的信号由两种不同的电平组合而成,它们在高、低电平或状态之间不断地变化。信号(如电压)从低电平变到高电平,再从高电平变回到低电平,则称为正向脉冲;反之,则称为反向脉冲。理想的脉冲从低电平到高电平的变化是瞬间的,也就是说没有变化的时间范围,如图 7-6 所示。数字波形是由这一系列的脉冲组成的。

大多数的数字波形可以假定为理想波形,但是在实际应用中,脉冲信号从低电平到高电平或者从高电平到低电平的变化是有时间范围的,所有的脉冲或多或少都存在非理想的特性,如图 7-7 所示。这种非理想脉冲信号波形的一些重要参数为:

① 脉冲幅度 A:脉冲信号变化的最大值。

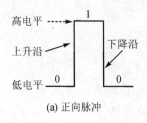 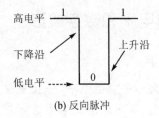

(a) 正向脉冲　　　　　　(b) 反向脉冲

图 7-6　理想的脉冲信号

② 脉冲上升时间 t_r：从脉冲幅度的 10% 上升到 90% 所需的时间。

③ 脉冲下降时间 t_f：从脉冲幅度的 90% 下降到 10% 所需的时间。

④ 脉冲宽度 t_w：从上升沿的脉冲幅度的 50% 到下降沿的脉冲幅度的 50% 所需的时间，这段时间也称为脉冲持续时间。

⑤ 脉冲周期 T：周期性脉冲信号重复出现的最小时间间隔。

⑥ 脉冲频率 f：单位时间的脉冲数，即 $f=1/T$。

⑦ 占空比 q：脉冲宽度和周期的比值，用百分比来表示，即

$$q = \frac{t_w}{T} \times 100\%$$

例如，图 7-8 所示为一个周期性数字波形的一部分，时间单位为 ms，则其周期为 8 ms，脉冲频率 $f=1/T=125$ Hz，占空比

$$q = \frac{t_w}{T} \times 100\% = \frac{2}{8} \times 100\% = 25\%$$

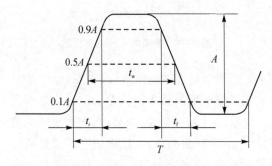 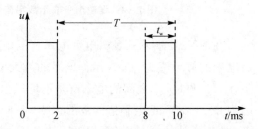

图 7-7　非理想的脉冲信号　　　图 7-8　周期性数字波形示例

7.1.3　二极管的开关特性

半导体二极管具有单向导电性，外加正向电压时导通，加反向电压时截止。当二极管的正向导通电压与电源电压、正向电阻与外接电阻相比均可忽略时，可以将二极管看作理想开关，相当于一个受外加电压极性控制的开关，如图 7-9 所示。

当外加电压 U_{CC} 上正下负时，二极管 D 加正向电压，二极管导通，相当于开关 S 闭合，电阻 R 有电流流过，电路相当于图 7-9(b) 所示；当外加电压 U_{CC} 上负下正时，二极管 D 加反向电压，二极管截止，相当于开关 S 打开，电路相当于图 7-9(c) 所示。

对于负载电阻来说，当二极管导通时，相当于得到一个高电平（即二进制 1）；当二极管截

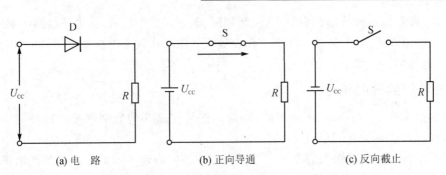

(a) 电　路　　　　(b) 正向导通　　　　(c) 反向截止

图 7-9　二极管的开关特性

止时,相当于得到一个低电平(即二进制 0)。

7.1.4　三极管的开关特性

1. 双极型三极管的输入和输出特性

以硅材料的 NPN 型三极管为例,电路及其特性曲线如图 7-10 所示。

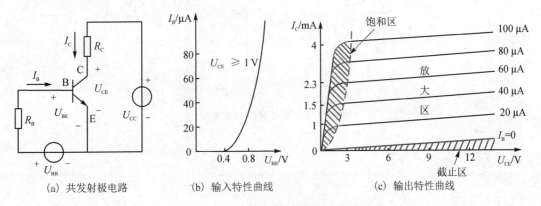

(a) 共发射极电路　　　(b) 输入特性曲线　　　(c) 输出特性曲线

图 7-10　双极型三极管电路及其特性曲线

电路连接成共发射极形式,电压 U_{BE} 与电流 I_B 之间的关系曲线称为输入特性曲线,如图 7-10(b)所示。可测出在不同 I_B 值下集电极电流 I_C 和电压 U_{CE} 之间关系的曲线,这一簇曲线称为输出特性曲线,如图 7-10(c)所示。从输出特性曲线可以得出,集电极电流 I_C 不仅受 U_{CE} 的影响,还受输入的基极电流 I_B 的控制。

输出特性曲线明显地分成 3 个区域。输出特性曲线右边水平的部分称为放大区(也称为线性区),其特点是 I_C 随 I_B 成正比地变化,而几乎不受 U_{CE} 变化的影响。I_C 与 I_B 的变化量之比称为电流放大系数 β,即 $\beta=\Delta I_C/\Delta I_B$,一般三极管的 β 值大多在几十到几百的范围。

输出特性曲线靠近纵坐标轴的部分称为饱和区,如图 7-10(c)所示标识出的区域。饱和区的特点是 I_C 不再随 I_B 以 β 倍的比例增加而趋向于饱和。硅三极管开始进入饱和区的 U_{CE} 约为 $0.6\sim 0.7\,V$,在深度饱和状态下,集电极和发射极的饱和压降 $U_{CE(sat)}$ 在 $0.2\,V$ 以下。

输出特性曲线靠近横坐标轴,$I_B=0$ 的那条输出特性曲线以下的区域称为截止区,如图 7-10(c)所示标识出的区域。截止区的特点是 I_C 几乎等于零,这时仅有极微小的反向穿透电流 I_{CEO} 流过。硅三极管的 I_{CEO} 通常都在 $1\,\mu A$ 以下。

因此，三极管输出特性曲线有放大区、饱和区、截止区3个区域，在电子电路中对应着3个工作状态。在模拟电路中，三极管主要工作在放大状态。在数字电路中，三极管工作在截止或饱和状态，也称"开关"状态。

2. 三极管的开关特性

三极管接成图7-11(a)所示的电路，当输入信号受输入的数字信号控制时，三极管就具有开关特性，如图7-12(b)所示。

三极管相当于一个受输入的数字信号控制的开关。当输入的数字信号为低电平时，三极管基极电压很低，发射结不能导通，没有电流流过，则三极管处于截止状态，相当于开关S断开；当输入的数字信号为高电平时，三极管基极电压很高，发射结导通，有较大的电流I_B和I_C流过，则三极管处于饱和状态，相当于开关S闭合。

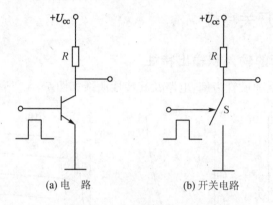

(a) 电　路　　　　(b) 开关电路

图7-11　三极管的开关电路

7.2　数　制

7.2.1　几种常用的进位计数制

数制即计数体制，它是按照一定规则表示数值大小的计数方法。在日常生活中最常用的数制是十进制，在数字电路中常用的是二进制、八进制和十六进制。

1. 十进制

十进制的数有0、1、2、3、4、5、6、7、8、9共10个数码，即基数为10，它的进位规则是"逢十进一"。各个数码处于十进制的不同位数时所对应的权不同，整数部分从低位到高位依次的权为$10^0,10^1,10^2,\cdots\cdots$；小数部分从高位到低位依次权为$10^{-1},10^{-2},10^{-3},\cdots\cdots$。一个多位数表示的数值等于每一位数码乘以该位的权，然后相加。

例如：$(23.45)_{10}=2\times10^1+3\times10^0+4\times10^{-1}+5\times10^{-2}$

2. 二进制

二进制有0和1两个数码，即基数为2，它的进位规则是"逢二进一"，如$1+1=10$。二进制数可转换为十进制数。

例如：$(101.01)_2 = 1×2^2+0×2^1+1×2^0+0×2^{-1}+1×2^{-2} = (5.25)_{10}$

3．八进制

八进制的数有0、1、2、3、4、5、6、7共8个数码，即基数为8，它的进位规则是"逢八进一"，如1+7=10。八进制数可转换为十进制数。

例如：$(25.83)_8 = 2×8^1+5×8^0+8×8^{-1}+3×8^{-2} \approx (22.05)_{10}$

4．十六进制

十六进制的数有0~9,A(10)、B(11)、C(12)、D(13)、E(14)、F(15)共16个数码，即基数为16，它的进位规则是"逢十六进一"，如1+F=10。十六进制数可转换为十进制数。

例如：$(4C.5B)_{16} = 4×16^1+12×16^0+5×16^{-1}+11×16^{-2} \approx (76.36)_{10}$

十进制、二进制、八进制和十六进制的对应关系如表7-1所列。

表7-1 十进制、二进制、八进制和十六进制的对应关系

十进制	二进制	八进制	十六进制
0	0000	0	0
1	0001	1	1
2	0010	2	2
3	0011	3	3
4	0100	4	4
5	0101	5	5
6	0110	6	6
7	0111	7	7
8	1000	10	8
9	1001	11	9
10	1010	12	A
11	1011	13	B
12	1100	14	C
13	1101	15	D
14	1110	16	E
15	1111	17	F

7.2.2 数制之间的转换

1．十进制转换为任意进制数

将一个十进制数转换成二进制数、八进制数和十六进制数，对整数部分和小数部分采用的方法不同：整数部分采用"基数连除取余法"；小数部分采用"基数连乘取整法"。

(1) 十进制转换为二进制

例如：将十进制$(29.45)_{10}$转换为二进制数。

整数部分$(29)_{10}$的转换采用除2取余数法，直到商等于零为止，即

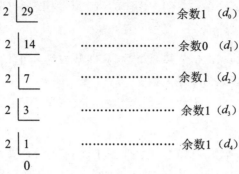

则整数部分转换结果为 $(29)_{10} = (d_4 d_3 d_2 d_1 d_0)_2 = (11101)_2$。

小数部分 $(0.45)_{10}$ 的转换采用小数部分乘 2 取整法，直到满足规定的位数为止，即

$$0.45 \times 2 = 0.9 \cdots\cdots 整数 0 \; (d_{-1})$$
$$0.9 \times 2 = 1.8 \cdots\cdots 整数 1 \; (d_{-2})$$
$$0.8 \times 2 = 1.6 \cdots\cdots 整数 1 \; (d_{-3})$$
$$0.6 \times 2 = 1.2 \cdots\cdots 整数 1 \; (d_{-4})$$
$$0.2 \times 2 = 0.4 \cdots\cdots 整数 0 \; (d_{-5})$$
$$0.4 \times 2 = 0.8 \cdots\cdots 整数 0 \; (d_{-6})$$

则小数部分转换结果为 $(0.45)_{10} = (d_{-1} d_{-2} d_{-3} d_{-4} d_{-5} d_{-6})_2 = (011100)_2$。

将整数部分和小数部分转换结果合并，可以得到最终转换结果为

$$(29.45)_{10} = (11101.011100)_2 = (11101.0111)_2$$

(2) 十进制转换为八进制

例如：将十进制 $(29.45)_{10}$ 转换为八进制数。

整数部分 $(29)_{10}$ 的转换采用除 8 取余数法，直到商等于零为止，即

```
8 | 29    ……………… 余数 5 (d₀)
8 |  3    ……………… 余数 3 (d₁)
     0
```

则整数部分转换结果为 $(29)_{10} = (d_1 d_0)_8 = (35)_8$。

小数部分 $(0.45)_{10}$ 的转换采用小数部分乘 8 取余整法，直到满足规定的位数为止，即

$$0.45 \times 8 = 3.6 \cdots\cdots 整数 3 \; (d_{-1})$$
$$0.6 \times 8 = 4.8 \cdots\cdots 整数 4 \; (d_{-2})$$

则小数部分转换结果为：$(0.45)_{10} = (d_{-1} d_{-2})_8 = (34)_8$。

将整数部分和小数部分转换结果合并，可以得到最终转换结果为

$$(29.45)_{10} = (35.34)_8$$

(3) 十进制转换为十六进制

例如：将十进制 $(29.45)_{10}$ 转换为十六进制数。

整数部分 $(29)_{10}$ 的转换采用除 16 取余数法，直到商等于零为止，即

```
16 | 29   ……………… 余数 13 (d₀)
16 |  1   ……………… 余数 1  (d₁)
      0
```

十进制的 13 对应于十六进制的 D,则整数部分转换结果为

$$(29)_{10} = (d_1 d_0)_{16} = (1D)_{16}$$

小数部分$(0.45)_{10}$的转换采用小数部分乘 16 取余整法,直到满足规定的位数为止,即

$$0.45 \times 16 = 7.2 \cdots\cdots \text{整数 } 7 \ (d_{-1})$$
$$0.2 \times 16 = 3.2 \cdots\cdots \text{整数 } 3 \ (d_{-2})$$

则小数部分转换结果为$(0.45)_{10} = (d_{-1}d_{-2})_{16} = (73)_{16}$。

将整数部分和小数部分转换结果合并,可以得到最终转换结果为

$$(29.45)_{10} = (1D.73)_{16}$$

2. 二进制与八进制、十六进制之间的相互转换

由表 7-1 分析可知,3 位二进制数对应 1 位八进制数,4 位二进制数对应 1 位十六进制数;反过来,1 位八进制数对应 3 位二进制数,1 位十六进制数对应 4 位二进制数。

例如:将$(11101.0111)_2$转换为八进制数、十六进制数。

$$(11101.0111)_2 = (\underline{011}\ \underline{101}.\underline{011}\ \underline{100})_2 = (35.34)_8$$
$$(11101.0111)_2 = (\underline{0001}\ \underline{1101}.\underline{0111})_2 = (1D.7)_{16}$$

注意:二进制与八进制转换,当不足 3 位时,以 0 补齐;二进制与十六进制转换,当不足 4 位时,也是以 0 补齐。

例如:将$(35.34)_8$转换为二进制数;将$(1D.7)_{16}$转换为二进制数。

$$(35.34)_8 = (\underline{011}\ \underline{101}.\underline{011}\ \underline{100})_2 = (11101.0111)_2$$
$$(1D.7)_{16} = (\underline{0001}\ \underline{1101}.\underline{0111})_2 = (11101.0111)_2$$

7.2.3 二进制算术运算

1. 加法运算

$$0 + 0 = 0$$
$$0 + 1 = 1$$
$$1 + 0 = 1$$
$$1 + 1 = 0 (\text{进位},\text{本位为 } 0,\text{高位进位为 } 1)$$

例如:计算 1010+0010,列竖式为

```
    1 0 1 0           (10)₁₀
  + 0 0 1 1         +  (3)₁₀
  ─────────         ────────
    1 1 0 1           (13)₁₀
```

2. 减法运算

$$0 - 0 = 0$$
$$1 - 1 = 0$$
$$1 - 0 = 1$$
$$0 - 1 = 1 (\text{借位},\text{本位为 } 1,\text{高位减 } 1)$$

例如:计算 1010-0010,列竖式为

$$\begin{array}{r}1\ 0\ 1\ 0 \\ -\ 0\ 0\ 1\ 1 \\ \hline 0\ 1\ 1\ 1\end{array} \qquad \begin{array}{r}(10)_{10} \\ -\ (3)_{10} \\ \hline (7)_{10}\end{array}$$

3. 乘法运算

$$0\times 0=0$$
$$0\times 1=0$$
$$1\times 0=0$$
$$1\times 1=1$$

例如:计算 1010×0011,列竖式为

$$\begin{array}{r}1\ 0\ 1\ 0 \\ \times\ 0\ 0\ 1\ 1 \\ \hline 1\ 0\ 1\ 0 \\ 1\ 0\ 1\ 0 \\ 0\ 0\ 0\ 0 \\ 0\ 0\ 0\ 0 \\ \hline 0\ 0\ 1\ 1\ 1\ 1\ 0\end{array} \qquad \begin{array}{r}(10)_{10} \\ \times\ (3)_{10} \\ \hline (30)_{10}\end{array}$$

7.3 逻辑代数

逻辑代数是一种用于描述客观事物逻辑关系的数学方法,由英国科学家乔治·布尔(George·Boole)于19世纪中叶提出,因而又称布尔代数。逻辑代数是分析和设计逻辑电路的数学基础,有一套完整的运算规则,包括公理、定理和定律。它被广泛地应用于开关电路和数字逻辑电路的变换、分析、化简和设计上,因此也被称为开关代数。随着数字技术的发展,逻辑代数已经成为分析和设计逻辑电路的基本工具和理论基础。逻辑代数所表示的是逻辑关系,而不是数量关系,这是它与普通代数的本质区别。

逻辑代数是分析与设计逻辑电路的数学工具。它可以表示为
$$Y=F(A、B、C、\cdots)$$
逻辑代数中 A、B、C、$\cdots$ 称为变量,Y 称为函数值。它有两个重要特点:

① 不论是变量还是函数值只有 0 和 1 两个状态,用来表示两种相反的逻辑状态。

② 在逻辑代数中只有与逻辑、或逻辑和非逻辑 3 种基本运算,其他任何更为复杂的逻辑运算关系都可以通过这 3 种基本运算推导出来。

7.3.1 基本门电路

1. 与 门

与门(AND gate)又称"与电路",是实现与逻辑的电路,有多个输入端、一个输出端。当所有的输入同时为高电平(逻辑 1)时,输出才为高电平,否则输出为低电平(逻辑 0)。

(1) 与逻辑

与逻辑就是只有当所有条件同时满足时,结果才会发生。

如图 7-12 所示的串联开关电路中,只有当开关 A 和 B 同时接通时,灯 Y 才能亮。由此可见,开关 A、B 的状态(闭合 1 或断开 0)与灯 Y 的状态(亮或灭)之间存在着确定的因果关系,这种因果关系就是与逻辑关系。"·"为与逻辑符号,逻辑表达式为 $Y = A \cdot B$。

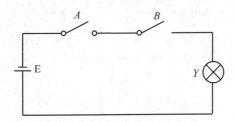

图 7-12 串联开关电路(与逻辑电路)

(2) 二极管与门电路

图 7-13(a)所示是由二极管组成的与门电路,A 和 B 是两个输入端,Y 是输出端,+5 V 电压经过电阻 R 后加到二极管的阳极。为了分析方便,在数字电路中通常将 0~1 V 范围的电压规定为低电平,用"0"表示;将 3~5 V 范围的电压规定为高电平,用"1"表示。图 7-13(b)和图 7-13(c)所示分别为与门电路的逻辑符号和波形图。

当输入变量 A 和 B 全为 1 时(设两个输入端的电位均为 3 V),电源电压+5 V 的正端经电阻 R 向两个输入端流通电流,D_A 和 D_B 两管都导通,输出端 Y 的电位略高于 3 V,因此输出变量 Y 为 1。

当输入变量 A 和 B 不全为 1,有一个或两个全为 0 时(设输入端的电位为 0 V),例如 A 为 0,B 为 1,则 D_A 优先导通,D_B 由于承受反向电压而截止。这时输出端 Y 的电位也约为 0 V,因此输出变量 Y 为 0。只有当输入变量全为 1 时,输出变量 Y 才为 1,这符合与门的逻辑关系。

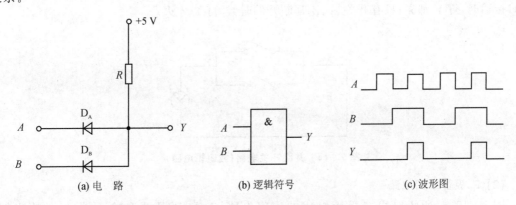

图 7-13 二极管与门电路

图 7-13(a)所示的与门电路结构比较简单,但是存在着缺点。输出的高、低电平数值和输入的高、低电平数值不相等,相差一个二极管的导通压降。如果把这个门的输出作为下一级门的输入信号,将发生信号高、低电平的偏移。其次,当输出端对地接上负载电阻时,则负载电阻的改变有时会影响输出的高电平。因此,这种二极管与门电路仅用作集成电路内部的逻辑

单元,而不用在集成电路的输出端直接去驱动负载电路。

(3) 与门状态表

与逻辑可以用状态表来表示,2 输入与门的状态表如表 7-2 所列。

表 7-2 与门状态表

输 入		输 出
A	B	Y
0	0	0
0	1	0
1	0	0
1	1	1

状态表可以扩展到任意变量的输入。在正逻辑中,高电平相当于 1,低电平相当于 0,对于任意的与门,不管有几个输入,仅当所有的输入均为高电平时,输出才是高电平。

逻辑门输入所有的二进制组合的总数 $N=2^n$,其中,N 为输入变量组合的个数,n 是输入变量的个数。2 输入变量有 4 种组合,3 输入变量有 8 种组合,4 输入变量有 16 种组合。

2. 或 门

或门(OR gate)又称"或电路",是实现或逻辑的电路,有多个输入端,一个输出端。只要输入中有一个为高电平时(逻辑 1),输出就为高电平(逻辑 1);只有当所有的输入全为低电平(逻辑 0)时,输出才为低电平(逻辑 0)。

(1) 或逻辑

或逻辑就是几个条件中只要有一个条件得到满足,某事件就会发生,这种关系称为或逻辑关系。具有或逻辑关系的电路称为或门。"+"为或逻辑符号,逻辑表达式为 $Y=A+B$。

或逻辑可通过图 7-14 所示的并联开关电路来理解:当开关 A 接通或 B 接通、或 A 和 B 同时接通时,灯 Y 都亮;只有开关 A、B 都断开的时候,灯 Y 才灭。

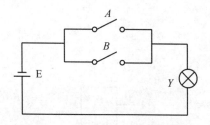

图 7-14 并联开关电路(或逻辑电路)

(2) 二极管或门电路

图 7-15(a)所示是由二极管组成的或门电路,A 和 B 是两个输入端,Y 是输出端。图 7-15(b)和图 7-15(c)所示分别为或门电路的逻辑符号和波形图。

当输入变量 A 端为高电平、B 端为低电平时,D_A 导通,D_B 截止,输出变量 Y 为 1;当输入变量 A 端为低电平、B 端为高电平时,D_A 截止,D_B 导通,输出变量 Y 为 1;当输入变量 A 和 B 全为高电平时,D_A、D_B 都导通,输出变量 Y 仍为 1;当输入变量 A 和 B 全为低电平时,D_A、D_B 都截止,输出变量 Y 为 0。这种逻辑关系符合或门的逻辑关系。

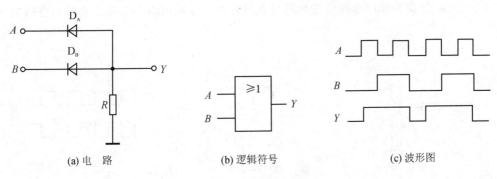

(a) 电路　　　　　　　(b) 逻辑符号　　　　　　(c) 波形图

图 7-15　二极管或门电路

二极管或门同样存在电平的偏移，这种电路结构也仅用作集成电路内部的逻辑单元，而不用在集成电路的输出端直接去驱动负载电路。因此，仅用二极管门电路无法制作具有标准化输出电平的集成电路。

(3) 或门状态表

或逻辑也可以用状态表来表示，2 输入或门的状态表如表 7-3 所列。

表 7-3　2 输入或门状态表

输	入	输 出
A	B	Y
0	0	0
0	1	1
1	0	1
1	1	1

3. 非　门

非门（NOT gate）又称非电路，是实现非逻辑关系的电路，有一个输入和一个输出端。当其输入端为高电平（逻辑 1）时输出端为低电平（逻辑 0）；当其输入端为低电平（逻辑 0）时输出端为高电平（逻辑 1）。也就是说，输入端和输出端的电平状态总是相反的，因此又称为反相器、倒相器、逻辑否定电路。

(1) 非逻辑

非逻辑是条件满足了，结果不发生；而条件不满足时，结果却发生了。

非逻辑可通过图 7-16 所示的电路来理解：当开关 A 闭合（闭合为 1）时，灯 Y 不亮（不亮为 0）；当开关 A 断开时（断开为 0），灯 Y 亮（亮为 1）。"—"或"′"为非逻辑符号，其逻辑表达式为 $Y=\overline{A}$ 或 $Y=A'$。

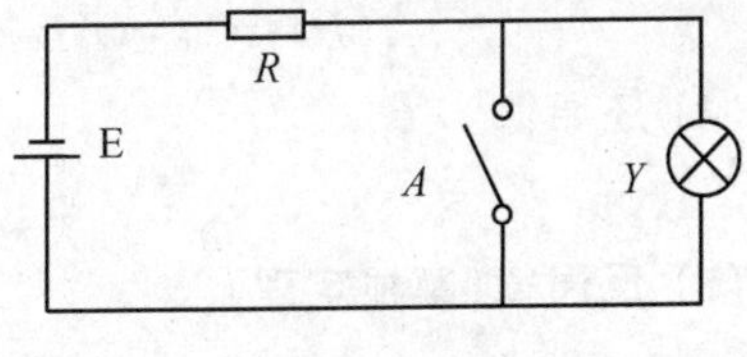

(2) 晶体管非门电路

图 7-17(a) 所示是晶体管非门电路，只有一个输入端 A。晶体管非门电路不同于放大电路，管子的工作状态或从截止转为饱和，或从饱和转为截止。当 A 为高电平（设输入端的电位为 3 V）时，则晶体管饱和，其集电极也就是输出端 Y 约为 0；当 A 为低电平时，则晶体管截止，其输出端 Y 为 1（输出端的电位约为 U_{CC}）。图 7-17(b) 和

图 7-16　非逻辑电路

图 7-17(c)所示分别为非门电路的逻辑符号和波形图。这种逻辑关系符合非门的逻辑关系。

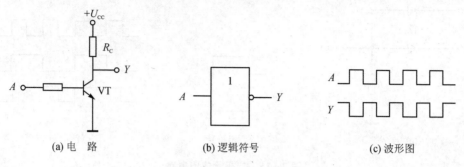

(a) 电　路　　　　(b) 逻辑符号　　　　(c) 波形图

图 7-17　晶体管非门电路

(3) 非门状态表

非逻辑也可以用状态表来表示,单输入非门的状态表如表 7-4 所列。

表 7-4　非门状态表

输　入	输　出
A	Y
0	1
1	0

7.3.2　逻辑代数的基本运算法则

1. 基本运算法则

逻辑代数的基本运算法则和示意图如表 7-5 所列。

2. 其他定律

(1) 交换律

$$AB = BA, \quad A + B = B + A$$

(2) 结合律

$$ABC = (AB)C = A(BC), \quad A + B + C = (A + B) + C = A + (B + C)$$

(3) 分配律

$$A(B + C) = AB + AC, \quad A + BC = (A + B)(A + C)$$

(4) 还原律

$$\overline{\overline{A}} = A$$

(5) 反演律(摩根定理)

$$\overline{AB} = \overline{A} + \overline{B}, \quad \overline{A + B} = \overline{A}\,\overline{B}$$

3. 常用公式

(1) $A + AB = A$

证明:$A + AB = A(1 + B) = A \cdot 1 = A$

(2) $A+\overline{A}B=A+B$

证明：$A+\overline{A}B=A(1+B)+\overline{A}B=A+AB+\overline{A}B=A+B(A+\overline{A})=A+B$

(3) $AB+A\overline{B}=A$

证明：$AB+A\overline{B}=A(B+\overline{B})=A$

(4) $A(\overline{A}+B)=AB$

证明：$A(\overline{A}+B)=A\overline{A}+AB=0+AB=AB$

(5) $(A+B)(A+\overline{B})=A$

证明：$(A+B)(A+\overline{B})=AA+A\overline{B}+BA+B\overline{B}=(A+A\overline{B})+BA+B\overline{B}=A+BA+0=A(1+B)=A$

表 7-5 基本运算法则和示意图

运算法则	示意图
$0 \cdot A = 0$	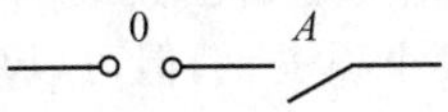
$1 \cdot A = A$	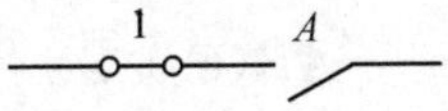
$A \cdot A = A$	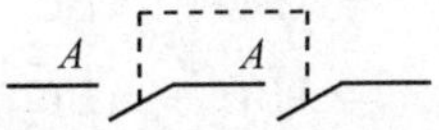
$A \cdot \overline{A} = 0$	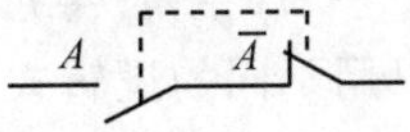
$0+A=A$	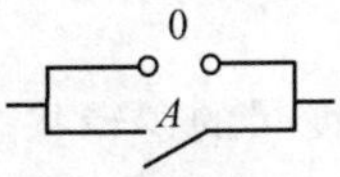
$1+A=1$	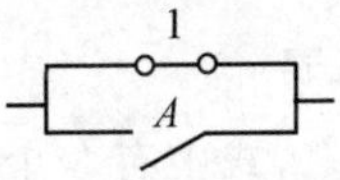
$A+A=A$	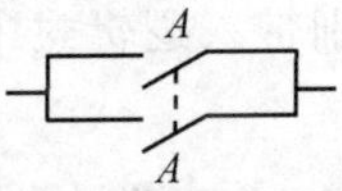
$A+\overline{A}=1$	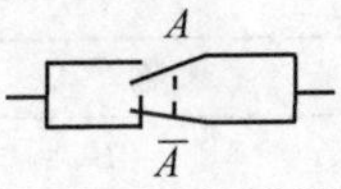

7.3.3 逻辑函数的表示方法

一个逻辑函数可以分别用逻辑式、逻辑状态表、逻辑图、波形图、卡诺图几种方法来表示，它们之间可以相互转化。虽然各种方法有不同的特点，但它们都能表示出输出变量与输入变量之间的关系。

1. 逻辑式

逻辑式是用与、或、非等运算来表达逻辑函数的表达式，式中字母上面无反号的称为原变量,有反号的称为反变量。

(1) 常见逻辑表达式

$$Y = ABC + A\bar{B}C + AB\bar{C}（与或表达式）$$

$$Y = \overline{AC + A\bar{B}}（与或非表达式）$$

$$Y = \overline{(A+B)(\bar{B}+\bar{C})}（或与非表达式）$$

其中,与或逻辑式是最常用的表达式。

(2) 最小项

在以上常见逻辑式中,A、B、C 是 3 个输入变量,它们的乘积项共有 8 种组合:$\bar{A}\bar{B}\bar{C}$、$\bar{A}\bar{B}C$、$\bar{A}B\bar{C}$、$\bar{A}BC$、$A\bar{B}\bar{C}$、$A\bar{B}C$、$AB\bar{C}$、ABC。这 8 个乘积项有如下特点:

① 每个乘积项都有 3 个输入变量,每个变量都是它的一个因子。

② 每个变量以原变量或反变量形式仅出现一次。

这 8 个乘积项称为 3 个变量 A、B、C 逻辑函数的最小项,分别表示为 m_0、m_1、m_2、m_3、m_4、m_5、m_6、m_7。对于 n 个变量的逻辑函数最小项有 2^n 个。

有的逻辑函数虽不是用最小项表示,但可以变换为最小项表示,如

$$\begin{aligned}
Y &= AB + BC \\
&= AB(C + \bar{C}) + BC(A + \bar{A}) \\
&= ABC + AB\bar{C} + ABC + \bar{A}BC \\
&= ABC + AB\bar{C} + \bar{A}BC \\
&= m_7 + m_6 + m_3
\end{aligned} \tag{7-1}$$

由此可见,同一个逻辑函数可以用不同的逻辑式来表示。

2. 逻辑状态表

逻辑状态表是用输入、输出变量的逻辑状态以 1 或 0 列表格的形式来表示逻辑函数。逻辑式和逻辑状态表可以相互转换。

(1) 由逻辑式列出逻辑状态表

如式 $Y = ABC + AB\bar{C} + \bar{A}BC$,式中有 3 个变量,其最小项有 8 种组合,把各种组合的取值按照原变量为 1,反变量为 0 分别带入逻辑式中进行运算,求出对应的逻辑函数值,其逻辑状态表如表 7-6 所列。

表 7-6 $Y = ABC + AB\bar{C} + \bar{A}BC$ 的逻辑状态表

输 入			输 出
A	B	C	Y
0	0	0	0
0	0	1	0
0	1	0	0
0	1	1	1
1	0	0	0
1	0	1	0
1	1	0	1
1	1	1	1

(2) 由逻辑状态表写出逻辑式

① 对同一种组合(表 7-6 中的同一行)而言,不同输入变量之间是与逻辑关系。若输入变量为 1 则取原变量(如 A),若输入变量为 0 则取其反变量(如 $\bar{A}$)。

② 不同组合之间(表 7-6 中的不同行)是或逻辑关系。

③ 取 $Y=1$(或 $Y=0$,得 $\bar{Y}$ 逻辑式)列逻辑式。

按照上述规则由逻辑状态表 7-6 可以写出逻辑式(7-1)。

3. 逻辑图

在画逻辑图时,逻辑与用与门实现,逻辑或用或门实现,求反用非门实现。式(7-1)就可用三个与门、两个非门、一个或门来实现,如图 7-18 所示。

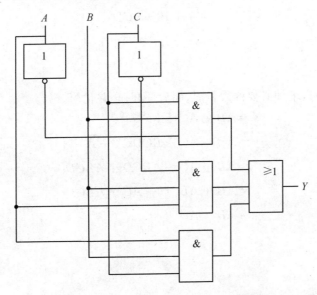

图 7-18 $Y = ABC + AB\bar{C} + \bar{A}BC$ 的逻辑图

由于表示一个逻辑函数的逻辑式不是唯一的,因此逻辑图也不是唯一的。但是由最小项组成的与或逻辑式则是唯一的,而逻辑状态表就是用最小项表示的,因此,逻辑状态表是唯一的。由逻辑图也可以写出逻辑式,如由图 7-18 可以写出逻辑式(7-1)。

7.3.4 逻辑函数的代数化简法

代数化简法就是运用逻辑代数的基本公式和法则对逻辑函数进行代数变换,消去多余项和多余变量,从而获得最简函数式的方法。

1. 并项法

利用 $A+\bar{A}=1$,将两项合并为一项,并消去一个或两个变量。如

$$Y = ABC + \bar{A}BC + A B\bar{C} + A\bar{B}\bar{C}$$
$$= BC(A+\bar{A}) + A\bar{B}(C+\bar{C})$$
$$= BC + A\bar{B}$$

2. 吸收法

利用 $A+AB=A$，消去多余的项。如

$$Y = AB + \overline{A}\,\overline{C} + AB\overline{C} + \overline{A}B\overline{C}$$
$$= AB + AB\overline{C} + \overline{A}\,\overline{C} + \overline{A}B\overline{C}$$
$$= AB + \overline{A}\,\overline{C}$$

3. 消去法

利用 $A+\overline{A}B=A+B$，消去某些乘积项中的一部分。如

$$Y = \overline{A} + AB + \overline{B}CD$$
$$= \overline{A} + B + \overline{B}CD$$
$$= \overline{A} + B + CD$$

4. 配项法

先利用 $A+\overline{A}=1$，增加必要的乘积项，而后展开、合并化简。如

$$Y = AB + \overline{A}C + BCD$$
$$= AB + \overline{A}C + BCD(A+\overline{A})$$
$$= AB + \overline{A}C + ABCD + \overline{A}BCD$$
$$= AB + ABCD + \overline{A}C + \overline{A}BCD$$
$$= AB + \overline{A}C$$

*拓展阅读

布尔和布尔代数

乔治·布尔(George Boole,1815—1864)(见图 1(a))是英国 19 世纪最重要的数学家之一。他来自一个工人阶级家庭,出身贫寒,除了上过小学外,没有接受过其他任何正规教育。他会利用闲暇时间阅读著名数学家的著作、自学古典语言和外语,如拉丁语、法语和希腊语,是自学成才的典范。

 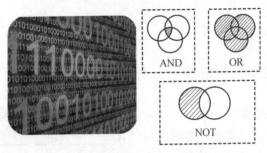

(a) 乔治·布尔　　　　　　　　　(b) 布尔代数

图 1　乔治·布尔与布尔代数

在 20 岁的时候,布尔开办了自己的第一所私立学校,以支持当地孩子的教育。他担任了 15 年的校长,期间一直自学微分方程、变分微积分和其他数学学科。他主要从牛顿、拉普拉斯、拉格朗日等古典数学家那里自学数学。

1847 年,布尔出版了《逻辑的数学分析》(The Mathematical Analysis of Logic),从而搭起了逻辑和代数之间的桥梁。

1854 年,布尔又出版了《思维规律的研究》(An Investigation of The Laws of Thought),这是他最著名的著作。在这本书中,布尔介绍了现在以他的名字命名的布尔代数,提出了今天计算机和所有电子设备使用的二进制系统。

布尔代数提出了一套逻辑理论和代数方法,变量的值只有"1"和"0"两种,所谓逻辑"1"和逻辑"0"代表两种相反的逻辑状态。在逻辑代数中只有逻辑乘("与"运算)、逻辑加("或"运算)和求反("非"运算)三种基本运算(见图 1(b))。

因为创造了布尔代数,乔治·布尔也获得了"二元逻辑之父"的美称。

习 题

一、填空题

1. 数字电路的特点是电信号在_____上或_____上不连续变化。
2. 脉冲上升时间 t_r 是指从脉冲幅度的_____%上升到_____%所需的时间。
3. 脉冲宽度 t_w 是指从上升沿的脉冲幅度的_____%到相邻下降沿的脉冲幅度的_____%所需的时间,这段时间也称为_____时间。
4. 二进制数有_____个数码,其基数为_____;十六进制数有_____个数码,其基数为_____。
5. 1位八进制数可用_____位二进制数来表示;1位十六进制数可用_____位二进制数来表示。
6. 十进制转换为任意进制数的方法:整数部分采用_____法;小数部分采用_____法。
7. 二进制加法的进位规则是_____,减法的借位规则是_____。
8. 逻辑门电路中的逻辑变量只有_____和_____两种取值。
9. 与非门的功能是有_____出1,全_____出0;或非门的功能是有_____出0,全_____出1。
10. 逻辑代数有_____逻辑、_____逻辑和_____逻辑3种基本运算。
11. 摩根定理的公式:$\overline{A+B}=$_____,$\overline{A \cdot B}=$_____。
12. 逻辑函数常用的3种不同的表示方法是_____、_____和_____。
13. 3变量 A、B、C 的逻辑函数有_____个最小项,最小项 $m_3(ABC)=$_____。
14. 在逻辑函数的3种表示法中,_____是唯一的;由_____项组成的与或逻辑式也是唯一的。
15. 逻辑式不论繁简,只能有_____种取值。
16. 将下列数码进行转换:

$(10111.1)_2 = ($　　　$)_{10}$

$(26.5)_8 = ($　　　$)_{10}$

$(3A.3B)_{16} = ($　　　$)_{10}$

$(176)_{10} = ($　　　$)_2 = ($　　　$)_8 = ($　　　$)_{16}$

$(37.24)_8 = ($　　　$)_2$

$(8.3E)_{16} = ($　　　$)_2$

$(110011.01)_2 = ($　　　$)_8$

$(11101010.01)_2 = ($　　　$)_{16}$

17. 采用二进制算术运算计算:

$1001+0011=($　　　$)$

$1100-0011=($　　　$)$

二、选择题

1. 不是矩形脉冲信号基本参数的是(　　)。

A. 周期　　　　　　　　B. 扫描速度　　　　　　　　C. 幅度

2. 以下表达式中符合逻辑运算法则的是(　　)。

A. $B \cdot B = B^2$　　　　　B. $A + A = 2A$　　　　　C. $C + 1 = 1$

3. 下列基本运算中,运算结果不为 0 的是(　　)。

A. $0 \cdot A$　　　　　B. $0 + A$　　　　　C. $A \cdot \overline{A}$

4. 下列逻辑式中,4 变量 A、B、C、D 的最小项 m_9 是(　　)。

A. $\overline{A}BCD$　　　　　B. $A\overline{B}\,\overline{C}D$　　　　　C. $AB\overline{C}D$

5. 若输入变量 A、B 和输出变量 Y 的波形如习题图 1 所示,则逻辑式为(　　)。

A. $Y = \overline{A} \cdot B$　　　　　B. $Y = \overline{A + B}$　　　　　C. $Y = A \cdot \overline{B}$

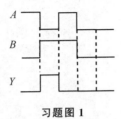

习题图 1

6. 已知逻辑状态表如习题表 1 所示,则输出 Y 的逻辑式为(　　)。

A. $Y = \overline{A} + BC$　　　　　B. $Y = A + BC$　　　　　C. $Y = B$

习题表 1

输　入			输　出
A	B	C	Y
0	0	0	0
0	0	1	0
0	1	0	1
0	1	1	1
1	0	0	0
1	0	1	0
1	1	0	1
1	1	1	1

三、分析计算题

1. 在如习题图 2 所示的开关电路中,由电路图可见:当 A 接通或 B 接通,或 A 和 B 同时接通时,且 C 必须接通,灯 Y 才能亮,试列出该电路中开关 A、B 和 C 的所有状态组合和灯 Y 之间的状态关系,即列出逻辑状态表。

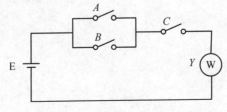

习题图 2

2. 试列出逻辑状态表来说明 $Y=\overline{A}\cdot\overline{B}$ 和 $Y=\overline{A\cdot B}$ 是否相等。

3. 应用逻辑代数运算法则化简下列各式：

(1) $Y=AB+A\overline{B}$

(2) $Y=\overline{A}+AB+\overline{B}C$

(3) $Y=ABC+\overline{A}BC+A\overline{B}C$

(4) $Y=AB+\overline{A}C+BCD$

第 8 章 组合逻辑电路

数字电路根据逻辑功能的不同,可以分成组合逻辑电路(Combinational Logic Circuit)和时序逻辑电路(Sequential Logic Circuit)。组合逻辑电路在逻辑功能上的特点是任意时刻的输出仅仅取决于该时刻的输入,与电路原来的状态无关。而时序逻辑电路在逻辑功能上的特点是任意时刻的输出不仅取决于当时的输入信号,而且还取决于电路原来的状态,或者说还与以前的输入有关。本章在上一章基本门电路的基础上,介绍组合门电路和集成门电路的相关知识、组合逻辑电路的分析与设计,以及常用组合逻辑电路的功能和应用。

8.1 组合门电路和集成门电路

基本的逻辑关系有 3 种:与逻辑、或逻辑和非逻辑,实现这 3 种逻辑关系的门电路分别是与门、或门和非门。除此之外,在实际中还有一些复合逻辑运算,它们是由与、或、非这 3 种基本逻辑关系的组合来实现的,实现复合逻辑运算的门电路称为组合门电路。

8.1.1 组合门电路

1. 与非门

与非门是最为常用的组合门电路,是由与门和非门组合而成,其逻辑结构和图形符号如图 8-1 所示。

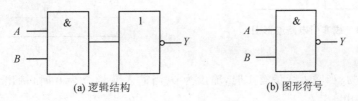

(a) 逻辑结构　　　　　　　(b) 图形符号

图 8-1　与非门电路

与非门的工作原理是:当 A 端输入为 0、B 端输入也为 0 时,输出端 Y 为 1;当 A 端输入为 1、B 端输入为 0 时,输出端 Y 为 1;当 A 端输入为 0、B 端输入为 1 时,输出端 Y 为 1;当 A 端输入为 1、B 端输入也为 1 时,输出端 Y 为 0。其波形图如图 8-2 所示。

与非门的状态表如表 8-1 所列。

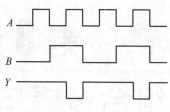

图 8-2 与非门电路波形图

表 8-1 与非门状态表

输入		输出
A	B	Y
0	0	1
0	1	1
1	0	1
1	1	0

其逻辑功能为:当输入变量全为 1 时,输出为 0;当输入变量有 0 时,输出为 1。总结概括为全 1 出 0,有 0 出 1。

与非门逻辑关系式为:$Y=\overline{A \cdot B}$。

2. 或非门

或非门是由或门和非门组合而成,其逻辑结构和图形符号如图 8-3 所示,其输出 Y 与输入 A、B 之间的波形对应关系如图 8-4 所示。或非门的状态表如表 8-2 所列。

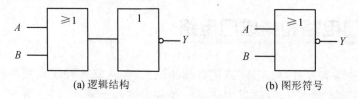

(a) 逻辑结构　　　　　　　　(b) 图形符号

图 8-3　或非门电路

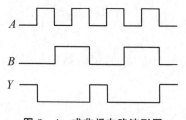

图 8-4　或非门电路波形图

表 8-2　或非门状态表

输入		输出
A	B	Y
0	0	1
0	1	0
1	0	0
1	1	0

其逻辑功能为:当输入变量有 1 时,输出为 0;当输入变量全为 0 时,输出为 1。总结概括为有 1 出 0,全 0 出 1。

与非逻辑关系式为:$Y=\overline{A+B}$。

3. 与或非门

与或非门是由与门、或门和非门组合而成,其逻辑结构和图形符号如图 8-5 所示。

与或非门的状态表如表 8-3 所列。

第8章 组合逻辑电路

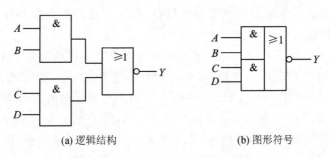

(a) 逻辑结构　　　　　　　　(b) 图形符号

图 8-5　与或非门电路

表 8-3　与或非门状态表

输 入				输 出
A	B	C	D	Y
0	0	0	0	1
0	0	0	1	1
0	0	1	0	1
0	0	1	1	0
0	1	0	0	1
0	1	0	1	1
0	1	1	0	1
0	1	1	1	0
1	0	0	0	1
1	0	0	1	1
1	0	1	0	1
1	0	1	1	0
1	1	0	0	0
1	1	0	1	0
1	1	1	0	0
1	1	1	1	0

其逻辑功能为：只要有一个与门的输入全为 1，也就是说只要 A、B 输入端或者是 C、D 输入端有一组全为 1 时，输出为 0；否则输出为 1。

与或非门逻辑关系式为：$Y = \overline{AB + CD}$。

8.1.2　集成门电路

前面介绍的主要是由二极管或三极管组成的门电路，它们称为分立元器件门电路。分立元器件构成的门电路不便于集成化，现在采用的较少，绝大多数采用集成门电路，它具有高可靠性和微型化等优点。

集成门电路在内部电路结构上与分立元器件门电路有所不同，但是实现的输入/输出逻辑关系是相同的。根据芯片内部采用的主要元器件不同,集成门电路主要分为 TTL 集成门电路和 CMOS 集成门电路。

TTL 集成门电路简称 TTL 门电路,集成芯片内部主要采用双极型三极管来构成门电路。CMOS 集成门电路简称 CMOS 门电路,集成芯片内部主要采用 MOS 管来构成门电路。常用的 74LS 系列和 74 系列芯片属于 TTL 门电路。TTL 门电路是电流控制型器件,其功耗较大,但工作速度快、传输延迟时间短(5~10 ns)。74HC、74HCT 和 4000 系列芯片属于 CMOS 门电路。CMOS 门电路是电压控制型器件,其工作速度较 TTL 门电路慢,但功耗小、抗干扰性强、驱动负载能力强。

1. 常见的 TTL 集成门电路

常见的 TTL 集成门电路有 54 系列、74 系列、74S 系列(Schottky TTL,肖特基系列)、74LS 系列(Low-power Schottky TTL,低功耗肖特基系列)等集成芯片。

(1) 集成芯片 74LS08(4 组 2 输入与门)

74LS08 是比较常用的 2 输入与门芯片,即一片 74LS08 芯片内共有 4 路 2 个输入端的与门电路。该芯片外形如图 8-6(a)所示,属于双列直插式结构,引脚功能如图 8-6(b)所示。

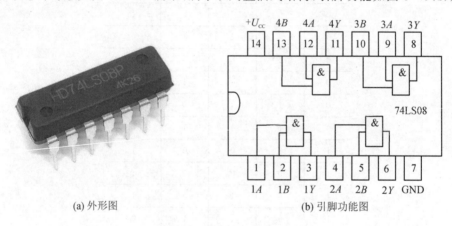

(a) 外形图　　　　　　　　　　(b) 引脚功能图

图 8-6　74LS08 与门芯片

其逻辑表达式为:
$$Y_i = A_i \cdot B_i (i=1,2,3,4)$$

(2) 集成芯片 74LS32(4 组 2 输入或门)

74LS32 是 2 输入或门芯片,即一片 74LS32 芯片内共有 4 路 2 个输入端的或门电路。该芯片外形如图 8-7(a)所示,属于双列直插式结构,引脚功能如图 8-7(b)所示。

其逻辑表达式为:
$$Y_i = A_i + B_i (i=1,2,3,4)$$

(3) 集成芯片 74LS04(6 组输入反相器)

74LS04 是 6 个非电路,也就是有 6 个反相器,它的输出信号与输入信号相位相反。6 个反相器共用电源端和接地端,其他都是独立的。该芯片外形及引脚功能如图 8-8 所示,属于双列直插式结构。

其逻辑表达式为:
$$Y_i = \overline{A_i} (i=1,2,3,4,5,6)$$

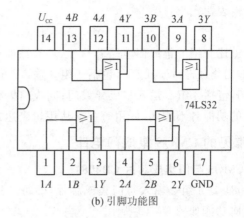

(a) 外形图　　　　　　　　　　(b) 引脚功能图

图 8-7　74LS32 或门芯片

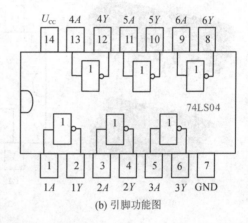

(a) 外形图　　　　　　　　　　(b) 引脚功能图

图 8-8　74LS04 非门芯片

（4）集成芯片 74LS00（4 组 2 输入与非门）

74LS00 为 4 组 2 输入与非门，功能是实现 2 输入与非逻辑关系，即一片 74LS00 芯片内共有 4 路 2 个输入端的与非门电路。该芯片外形及引脚功能如图 8-9 所示，属于双列直插式结构。

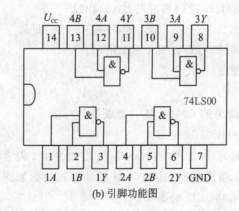

(a) 外形图　　　　　　　　　　(b) 引脚功能图

图 8-9　74LS00 与非门芯片

其逻辑表达式为：
$$Y_i = \overline{A_i \cdot B_i}(i=1,2,3,4)$$

除了上述介绍的集成门电路芯片外,还有或非门集成芯片 74LS27,包括 3 组 3 输入或非门;与或非门集成芯片 74LS54,包括 4 组 3 输入与门和 1 组 4 输入或非门组合;异或门集成芯片 74LS86,包括 4 组 2 输入集成异或门;同或门集成芯片 74LS266,包括 4 组 2 输入集成同或门。它们的功能各不相同,使用时主要从逻辑表达式、引脚图等方面了解电路的功能。

2. 常见的 CMOS 集成门电路

(1) CMOS 与门集成芯片 CD4081

CD4081 是 4 组 2 输入与门集成芯片,即每一片 CD4081 含有 4 路 2 输入端与门电路,其外形及引脚功能如图 8-10 所示。

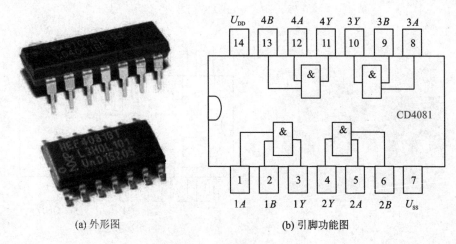

(a) 外形图　　　　　　　　(b) 引脚功能图

图 8-10　CD4081 与门芯片

其逻辑表达式为：
$$Y_i = A_i \cdot B_i (i=1,2,3,4)$$

CMOS 与门集成芯片还有 CD4082(2 组 4 输入与门集成芯片),它与 CD4081 的区别是：CD4082 每片上有两个独立通道,每个与门是 4 个输入端。

(2) CMOS 或门集成芯片 CD4072

CD4072 是一个 2 组 4 输入或门电路,即每一片 CD4072 包含有两个 4 输入端或门电路,其外形及引脚功能如图 8-11 所示。

其逻辑表达式为：
$$Y_i = A_i + B_i + C_i + D_i (i=1,2)$$

(3) 常见的 CMOS 非门集成芯片

1) 74HC04 反相器

74HC04 是高速 CMOS 非门集成芯片,内含 6 组相同的反相器,并且与 TTL 构成的 74LS04 反相器兼容。该芯片外形及引脚功能如图 8-12 所示,属于双列直插式结构。

2) CD4069 反相器

CD4069 是 CMOS 非门集成芯片,内含 6 组相同的反相器,并且与 TTL 构成的 74LS04 反相器兼容。该芯片外形及引脚功能如图 8-13 所示,属于双列直插式结构。

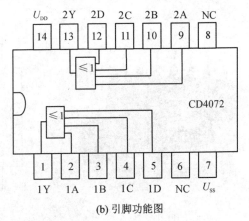

(a) 外形图　　　　　　　　　　(b) 引脚功能图

图 8-11　CD4072 或门芯片

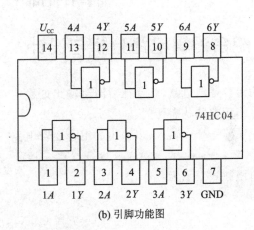

(a) 外形图　　　　　　　　　　(b) 引脚功能图

图 8-12　74HC04 非门芯片

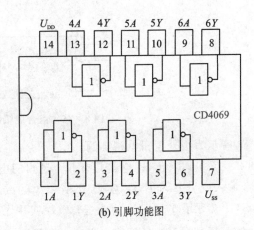

(a) 外形图　　　　　　　　　　(b) 引脚功能图

图 8-13　CD4069 反相器

(4) CMOS 与非门集成芯片 CD4011

CD4011 为 4 组 2 输入与非门，功能是实现 2 输入与非逻辑关系，即一片 CD4011 芯片内共有 4 路 2 个输入与非门电路。该芯片外形及引脚功能如图 8-14 所示，属于双列直插式结构。

(a) 外形图

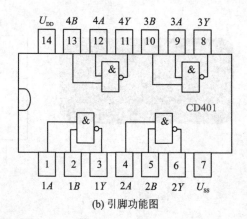
(b) 引脚功能图

图 8-14　CD4011 与非门芯片

8.2　组合逻辑电路分析与设计

所谓组合逻辑电路,就是任意时刻输出的稳定状态仅仅取决于当前时刻的输入信号,而与输入信号作用前的状态无关。

对于任何一个多输入、多输出的组合逻辑电路,都可以用如图 8-15 所示的框图来表示,其中,$X_1,X_2,\cdots,X_n$ 表示输入变量,$Y_1,Y_2,\cdots,Y_m$ 表示输出变量。输入与输出的逻辑关系可以用逻辑函数式表示为

$$Y_1=F_1(X_1,X_2,\cdots,X_n)$$
$$Y_2=F_2(X_1,X_2,\cdots,X_n)$$
$$\vdots$$
$$Y_m=F_m(X_1,X_2,\cdots,X_n)$$

图 8-15　组合逻辑电路框图

如图 8-16 所示为组合逻辑电路实例。

从图 8-16 可以看出,本电路共有 5 个逻辑门电路构成,包括了与、或、非门 3 种基本门电路,有两个输入变量 A 和 B,G_1 实现了 A 和 B 的或逻辑,G_2 实现了 A 的非逻辑,G_3 实现了 B 的非逻辑,G_4 实现了 Y_2 和 Y_3 的或逻辑,G_5 实现了 Y_1 和 Y_4 的与逻辑,G_5 门的输出即为 Y。其逻辑功能可用逻辑函数的形式来表达,即 $Y=(\overline{A}+\overline{B})(A+B)$。从逻辑函数可知,任意时刻 Y 的状态只由 A 和 B 来决定,与电路过去的状态无关。因此,组合逻辑电路不包含存储单元,由最基本的逻辑门电路组合而成,这是组合逻辑在电路结构上的特点。

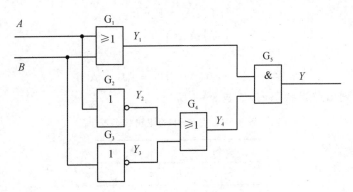

图 8-16 组合逻辑电路实例

8.2.1 组合逻辑电路的分析

组合逻辑电路的分析就是根据一个给定的逻辑电路,通过分析得到电路的逻辑功能。

分析方法一般是从电路的输入到输出逐级写出各个门电路的逻辑式,最后写出输出变量 Y 的逻辑式,并将得到的函数式进行化简或变换以使逻辑关系简单清楚;将逻辑函数式转换为状态表(表示所有输入和输出之间全部可能状态的表格)的形式,从而分析出其逻辑功能。

组合逻辑电路的分析步骤:已知逻辑电路图→写出逻辑函数表达式→利用逻辑代数法化简→列逻辑状态表→分析逻辑功能。

【例 8-1】 试分析图 8-17 所示组合逻辑电路的逻辑功能。

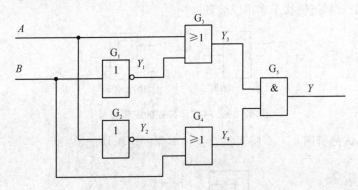

图 8-17 例 8-1 的组合逻辑电路图

【解】 分析过程如下:

① 由逻辑图写出逻辑式,并进行化简。

按照逻辑门的顺序依次写出各门的输入和输出的逻辑关系,最后得到输出与输入的逻辑关系,即

$$G_1 \text{ 门}: Y_1 = \overline{B}$$
$$G_2 \text{ 门}: Y_2 = \overline{A}$$
$$G_3 \text{ 门}: Y_3 = A + Y_1$$

G_4 门：$Y_4 = B + Y_2$

G_5 门：$Y = Y_3 Y_4$

于是

$$Y = (A + \overline{B})(\overline{A} + B) = AB + \overline{A}\,\overline{B}$$

② 由逻辑式列出逻辑状态表，如表 8-4 所列。

表 8-4 例 8-1 的逻辑状态表

输入		输出
A	B	Y
0	0	1
0	1	0
1	0	0
1	1	1

③ 分析逻辑功能。

由表 8-4 所列的逻辑状态表可以看出，当两个输入端中一个为 0，另一个为 1 时，输出为 0；当两个输入端均为 1 或均为 0 时，输出为 1。也即输入相异，输出为 0；输入相同，输出为 1，这种逻辑关系称为同或，所实现的门电路称为同或门电路，其逻辑表达式为：

$$Y = AB + \overline{A}\,\overline{B} = A \odot B$$

其逻辑符号如图 8-18(a)所示。

图 8-18(b)所示的逻辑符号是异或，其逻辑表达式为：$Y = \overline{A}B + A\overline{B} = A \oplus B$，其逻辑功能是：输入相反，输出为 1；输入相同，输出为 0。异或和同或是相反的逻辑关系，也即 $Y = A \oplus B = \overline{A \odot B}$，该等式可通过列逻辑状态表得以验证。

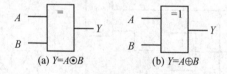

图 8-18 同或和异或的逻辑符号

【例 8-2】 试分析图 8-19 所示组合逻辑电路的逻辑功能。

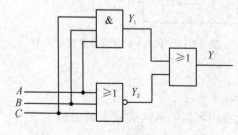

图 8-19 例 8-2 的组合逻辑电路图

【解】 分析过程如下：

① 由逻辑图写出逻辑式，并进行化简。

逐级写出各门的逻辑关系(比较简单,此处省略,后面的例题也直接写出图示中输入和输出的逻辑式),得

$$Y = \overline{A+B+C} + ABC = \overline{A}\,\overline{B}\,\overline{C} + ABC$$

② 由逻辑式列出逻辑状态表,如表 8-5 所列。

表 8-5 例 8-2 的逻辑状态表

输 入			输 出
A	B	C	Y
0	0	0	1
0	0	1	0
0	1	0	0
0	1	1	0
1	0	0	0
1	0	1	0
1	1	0	0
1	1	1	1

③ 分析逻辑功能。

由表 8-5 所列的逻辑状态表可以看出,当 A、B、C 取值相同时,输出 Y 为 1;当 A、B、C 取值不同时,输出 Y 为 0。

【例 8-3】 试分析图 8-20 所示组合逻辑电路的逻辑功能。

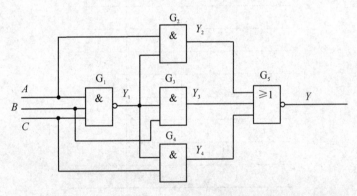

图 8-20 例 8-3 的组合逻辑电路图

【解】 分析过程如下:

① 由逻辑图写出逻辑式,并进行化简。

$$Y = \overline{\overline{ABC} \cdot A + \overline{ABC} \cdot B + \overline{ABC} \cdot C}$$
$$= \overline{\overline{ABC}(ABC)} = \overline{\overline{ABC}} + \overline{(A+B+C)}$$
$$= ABC + \overline{A}\,\overline{B}\,\overline{C}$$

② 由逻辑式列出逻辑状态表,如表 8-5 所列(同例 8-2)。

③ 分析逻辑功能。

逻辑功能与例 8-2 的功能一致,这种电路具有检查输入信号是否一致的逻辑功能,一旦输出为 0,则表明输入不一致。因此,通常称这种电路为判一致电路。

通过例 8-2 和例 8-3 可知不同的电路结构也可以实现相同的逻辑功能。

8.2.2 组合逻辑电路的设计

组合逻辑电路的设计是指根据给出的实际逻辑功能要求,求出实现这一逻辑功能的最优电路。

组合逻辑电路设计的一般步骤:已知逻辑功能要求→列出逻辑状态表→写出逻辑函数式→运用逻辑代数法化简或变换函数→画出逻辑图。

【例 8-4】 某建筑的火灾报警系统,设置有烟感、温感和紫外光感 3 种不同类型的火灾探测器。为了防止误报警,只有当两种或两种以上的探测器发出探测信号时,报警系统才产生报警信号;只有一个探测器发出探测信号时,报警系统不报警。试设计出满足上述要求的逻辑电路。

【解】 电路的输入信号为烟感、温感和紫外光感 3 种探测器的输入信号,分别用 A、B、C 表示,传感器有输出用 1 表示,否则用 0 表示。报警电路的输出用 Y 表示,规定系统报警时 Y 为 1,否则 Y 为 0。

① 按照题意列出逻辑状态表,如表 8-6 所列。

表 8-6 例 8-4 的逻辑状态表

输入			输出
A	B	C	Y
0	0	0	0
0	0	1	0
0	1	0	0
0	1	1	1
1	0	0	0
1	0	1	1
1	1	0	1
1	1	1	1

② 由上述逻辑状态表写出逻辑式并化简,得

$$Y = \overline{A}BC + A\overline{B}C + AB\overline{C} + ABC$$
$$= \overline{A}BC + A\overline{B}C + AB\overline{C} + ABC + ABC + ABC$$
$$= \overline{A}BC + ABC + A\overline{B}C + ABC + AB\overline{C} + ABC$$
$$= BC + AB + AC$$

③ 由逻辑式画出逻辑图,如图 8-21 所示。

【例 8-5】 设计一个 3 路判决电路,裁判 A 具有否决权。只有在 A 裁判同意的前提下,另外两名裁判 B 和 C 有一名以上同意,裁判结果才为"通过",否则为"否决"。用与非门实现。

【解】 3 名裁判分别用 A、B、C 表示,裁判 A 具有否决权,判决结果用 Y 表示,规定"通

过"用 1 表示,"否决"用 0 表示。

① 按照题意列出逻辑状态表,如表 8-7 所列。

表 8-6 例 8-5 的逻辑状态表

输入			输出
A	B	C	Y
0	0	0	0
0	0	1	0
0	1	0	0
0	1	1	0
1	0	0	0
1	0	1	1
1	1	0	1
1	1	1	1

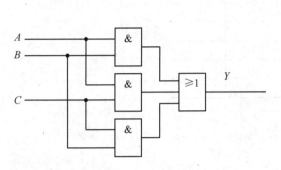

图 8-21 例 8-4 的组合逻辑电路图

② 由上述逻辑状态表写出逻辑式并化简,得

$$Y = A\bar{B}C + AB\bar{C} + ABC$$
$$= A\bar{B}C + AB\bar{C} + ABC + ABC$$
$$= A\bar{B}C + ABC + AB\bar{C} + ABC$$
$$= AC + AB = \overline{\overline{AB} \cdot \overline{AC}}$$

③ 由逻辑式画出逻辑图,如图 8-22 所示。

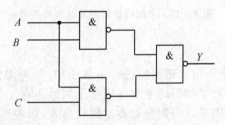

图 8-22 例 8-5 的组合逻辑电路图

8.3 常用中小规模组合逻辑器件

8.3.1 加法器

在数字计算机中,算术运算是不可缺少的组成单元。在数字系统中对二进制进行加、减、乘、除运算时,都是转换成加法运算完成的,因此加法器是构成算术运算的基本单元。最基本的加法器是一位加法器,按照功能可分为半加器和全加器。

1. 半加器

所谓半加器,就是不考虑来自低位的进位,对两个一位二进制数进行本位相加得到"和"及

"进位"的运算电路。按照二进制数的运算规则可以得到如表 8-8 所列的半加器逻辑状态表,其中,A、B 是两个加数,S(Sum)是相加的和,C(Carry Out)是向高位的进位。

表 8-8 半加器逻辑状态表

输	入	输	出
A	B	S	C
0	0	0	0
0	1	1	0
1	0	1	0
1	1	0	1

由逻辑状态表可以写出逻辑式为

$$S = \overline{A}B + A\overline{B} = A \oplus B$$
$$C = AB$$

由逻辑式可以画出如图 8-23(a)所示的逻辑图,它是由一个异或门和一个与门组成,其逻辑符号如图 8-23(b)所示。

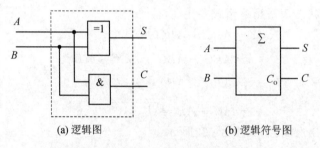

(a) 逻辑图　　　　　　　　　(b) 逻辑符号图

图 8-23　半加器逻辑图及其逻辑符号

2. 全加器

所谓全加器,就是对两个一位二进制数进行本位相加,并考虑低位来的进位,得到"和"及"进位"的运算电路。全加器和半加器的主要区别是全加器还有一个输入进位。

按照二进制数的运算规则可以得到全加器逻辑状态表,如表 8-9 所列,其中,A_i 和 B_i 是两个加数、C_{i-1} 是低位来的进位,S_i 是相加的和,C_i 是向高位的进位。

表 8-9　全加器逻辑状态表

输	入		输	出
A_i	B_i	C_{i-1}	S_i	C_i
0	0	0	0	0
0	0	1	1	0
0	1	0	1	0
0	1	1	0	1
1	0	0	1	0
1	0	1	0	1
1	1	0	0	1
1	1	1	1	1

根据逻辑状态表可写出 S_i 和 C_i 逻辑式为

$$S_i = \overline{A_i}\,\overline{B_i}C_{i-1} + \overline{A_i}B_i\overline{C_{i-1}} + A_i\overline{B_i}\,\overline{C_{i-1}} + A_iB_iC_{i-1}$$
$$= \overline{A_i}(B_i \oplus C_{i-1}) + A_i(\overline{B_i \oplus C_{i-1}})$$
$$= A_i \oplus B_i \oplus C_{i-1}$$
$$C_i = \overline{A_i}B_iC_{i-1} + A_i\overline{B_i}C_{i-1} + A_iB_i\overline{C_{i-1}} + A_iB_iC_{i-1}$$
$$= (\overline{A_i}B_i + A_i\overline{B_i})C_{i-1} + A_iB_i(\overline{C_{i-1}} + C_{i-1})$$
$$= (A_i \oplus B_i)C_{i-1} + A_iB_i$$

由逻辑式可以画出如图 8-24(a) 所示的逻辑图,其逻辑符号如图 8-24(b) 所示。

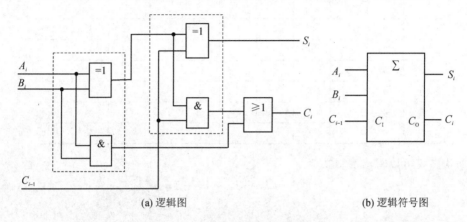

(a) 逻辑图　　　　　　　　　　(b) 逻辑符号图

图 8-24　全加器逻辑图及其逻辑符号

C_{i-1} 为输入进位,可以定义为 C_I;C_i 为输出进位,可以定义为 C_O。从图 8-24(a) 可以看出,全加器中有两个半加器,可用半加器的逻辑符号画出全加器,如图 8-25 所示。

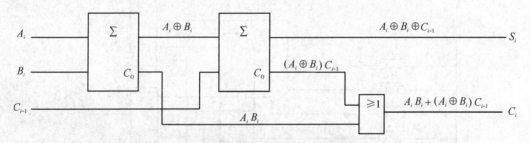

图 8-25　利用半加器组成全加器

8.3.2　编码器

数字电路处理的是二进制信号,为了便于传输和运算,需将生活中常用的十进制数、文字或符号(如身份证号码、地区邮政编码、汽车车牌号等)对象表示成特定代码,这个过程就是编码。能够实现编码功能的电路称为编码器。编码器一般分为普通编码器和优先编码器。

1. 普通编码器

普通编码器是任何时刻只允许输入一个编码信号的电路。下面以 3 位二进制编码器为例,分析普通编码器的工作原理。

(1) 3位二进制编码器(8线-3线编码器)

3位二进制编码器就是将 I_0、I_1、…、I_7 这8个输入信号编成3位二进制代码,因此又称8线-3线编码器。如表8-10所列为8线-3线编码器的状态表,表明了输入与输出的对应关系,输入为 I_0、I_1、…、I_7 共8个输入信号,输出是3位二进制代码 Y_2、Y_1、Y_0。

表8-10 3位二进制编码器的状态表

输入								输出		
I_0	I_1	I_2	I_3	I_4	I_5	I_6	I_7	Y_2	Y_1	Y_0
1	0	0	0	0	0	0	0	0	0	0
0	1	0	0	0	0	0	0	0	0	1
0	0	1	0	0	0	0	0	0	1	0
0	0	0	1	0	0	0	0	0	1	1
0	0	0	0	1	0	0	0	1	0	0
0	0	0	0	0	1	0	0	1	0	1
0	0	0	0	0	0	1	0	1	1	0
0	0	0	0	0	0	0	1	1	1	1

根据状态表可以写出逻辑式为

$$\begin{cases} Y_2 = I_4 + I_5 + I_6 + I_7 \\ Y_1 = I_2 + I_3 + I_6 + I_7 \\ Y_0 = I_1 + I_3 + I_5 + I_7 \end{cases}$$

根据逻辑表达式可以得出如图8-26所示的编码器逻辑图,其由3个或门组成。

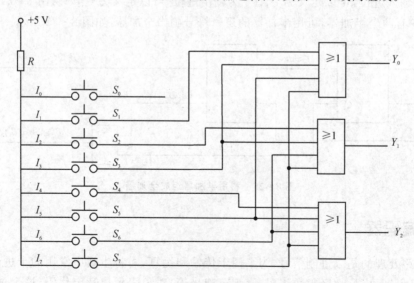

图8-26 3位二进制编码器逻辑图(或门组成)

图8-26中的 $S_0 \sim S_7$ 为8个按键,按下不同的键对应输入不同的信号。如按下 S_7 键时,I_7 为高电平,对应输出为 $Y_2Y_1Y_0=111$,即 I_7 经编码后转换成二进制代码111。如果同时按下 S_1 和 S_2 键时,输出为 $Y_2Y_1Y_0=011$,与单独按下 S_3 键时的输出编码相同,因此普通编码器在任意时刻只允许输入一个信号,否则会产生混乱。

对上述逻辑表达式进行变换,可转换成与非门的形式

$$\begin{cases} Y_2 = I_4 + I_5 + I_6 + I_7 = \overline{\overline{I_4 + I_5 + I_6 + I_7}} = \overline{\overline{I_4} \cdot \overline{I_5} \cdot \overline{I_6} \cdot \overline{I_7}} \\ Y_1 = I_2 + I_3 + I_6 + I_7 = \overline{\overline{I_2 + I_3 + I_6 + I_7}} = \overline{\overline{I_2} \cdot \overline{I_3} \cdot \overline{I_6} \cdot \overline{I_7}} \\ Y_0 = I_1 + I_3 + I_5 + I_7 = \overline{\overline{I_1 + I_3 + I_5 + I_7}} = \overline{\overline{I_1} \cdot \overline{I_3} \cdot \overline{I_5} \cdot \overline{I_7}} \end{cases}$$

3 位二进制编码器可以由与非门组成,如图 8-27 所示。

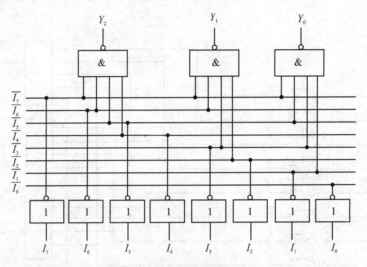

图 8-27　3 位二进制编码器逻辑图(与非门组成)

(2) 二-十进制编码器

二-十进制编码器是将十进制数码 0、1、2、3、4、5、6、7、8、9 编成二进制代码的电路。有 10 个输入端,输入 0~9 共 10 个数码,4 个输出端对应 BCD 码(8421 码)。这种编码器又称 10 线-4 线编码器。

二-十进制编码器输出的 8421 码如表 8-11 所列。

表 8-11　二-十进制编码器真值表

输　入	输　出			
十进制数	Y_3	Y_2	Y_1	Y_0
0(I_0)	0	0	0	0
1(I_1)	0	0	0	1
2(I_2)	0	0	1	0
3(I_3)	0	0	1	1
4(I_4)	0	1	0	0
5(I_5)	0	1	0	1
6(I_6)	0	1	1	0
7(I_7)	0	1	1	1
8(I_8)	1	0	0	0
9(I_9)	1	0	0	1

根据状态表可以写出逻辑式为

$$\begin{cases} Y_3 = I_8 + I_9 \\ Y_2 = I_4 + I_5 + I_6 + I_7 \\ Y_1 = I_2 + I_3 + I_6 + I_7 \\ Y_0 = I_1 + I_3 + I_5 + I_7 + I_9 \end{cases}$$

根据逻辑表达式可以得出如图 8-28 所示的编码器逻辑图,其由 4 个或门组成。

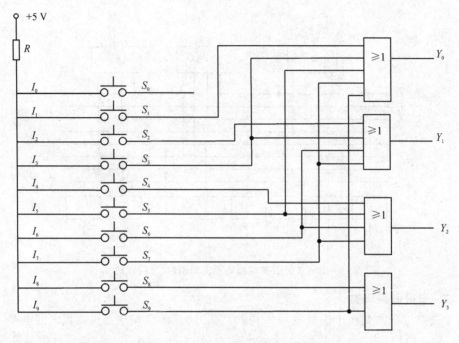

图 8-28 二-十进制编码器逻辑图

如按下 S_9 键时,I_9 为高电平,对应输出为 $Y_3Y_2Y_1Y_0 = 1001$,即十进制数 9 的 BCD 码 (1001)。

2. 优先编码器

优先编码器是指为输入信号定义不同的优先级,当多个输入信号同时有效时,只对优先级最高的信号进行编码,而对其他优先级别低的信号不予以理睬。

下面以集成编码器 74LS147 型 10 线-4 线优先编码器为例介绍优先编码器的应用。如表 8-12 所列为 74LS147 的功能表。

表 8-12 中,$\overline{I_1} \sim \overline{I_9}$ 是 9 个输入变量,$\overline{Y_0} \sim \overline{Y_4}$ 是 4 个输出变量,它们都是反变量。该编码器的特点是可以对输入进行优先编码,以保证只编码最高位输入数据线。该编码器 9 个输入信号中,$\overline{I_9}$ 优先权最高,$\overline{I_1}$ 的优先权最低,输入的反变量对低电平有效,输出的 8421 码由反变量组成反码的形式表示,对应于 0~9 这 10 个十进制数。

某个输入端为 0,代表输入某一个十进制数;当 9 个输入端全为 1 时,代表输入的是十进制数 0。4 个输出端反映输入十进制数的 BCD 码编码输出。

74LS147 芯片的外形及引脚图如图 8-29 所示。74LS147 芯片采用 16 脚封装,其中第 15 脚 NC 为空。

表 8-12 集成编码器 74LS147 的功能表

输入									输出			
$\overline{I_9}$	$\overline{I_8}$	$\overline{I_7}$	$\overline{I_6}$	$\overline{I_5}$	$\overline{I_4}$	$\overline{I_3}$	$\overline{I_2}$	$\overline{I_1}$	$\overline{Y_3}$	$\overline{Y_2}$	$\overline{Y_1}$	$\overline{Y_0}$
1	1	1	1	1	1	1	1	1	1	1	1	1
0	×	×	×	×	×	×	×	×	0	1	1	0
1	0	×	×	×	×	×	×	×	0	1	1	1
1	1	0	×	×	×	×	×	×	1	0	0	0
1	1	1	0	×	×	×	×	×	1	0	0	1
1	1	1	1	0	×	×	×	×	1	0	1	0
1	1	1	1	1	0	×	×	×	1	0	1	1
1	1	1	1	1	1	0	×	×	1	1	0	0
1	1	1	1	1	1	1	0	×	1	1	0	1
1	1	1	1	1	1	1	1	0	1	1	1	0

(a) 外形图

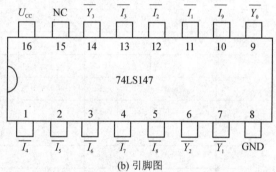
(b) 引脚图

图 8-29 74LS147 芯片的外形及引脚图

8.3.3 译码器

译码器是编码器的逆过程。编码是将信号转换为具有特定含义的二进制代码,译码则是对输入的二进制代码进行翻译,转换成二进制代码对应的信号或十进制数码,它是编码的反操作,如图 8-30 所示。

1. 二进制译码器

(1) 3 位二进制译码器

二进制译码器就是把一组二进制代码转换成相对应的高、低电平信号输出。图 8-31 所示是 3 位二进制译码器的框图,3 位二进制代码共有 8 种状态,译码器将每个输入代码译成对应的一根输出线上的高低电平信号,所以又称为 3 线-8 线译码器。

(2) 集成 3 线-8 线译码器 74LS138

集成 3 线-8 线译码器 74LS138 功能表如表 8-13 所列,3 位二进制代码输入端分别为 A、B、C,输出 8 个低电平有效信号,对应输出为 $\overline{Y_0} \sim \overline{Y_7}$,低电平有效,$S_1$、$\overline{S_2}$ 和 $\overline{S_3}$ 为使能控制

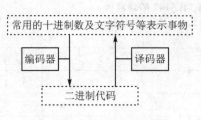

图 8-30 代码转换示意图

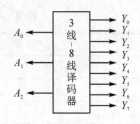

图 8-31 3线-8线译码器的框图

端。每个输出代表输入的一种组合,当 $ABC=000$ 时,$\overline{Y_0}=0$,其余输出为 1;当 $ABC=001$ 时,$\overline{Y_1}=0$,其余输出为 1;……;当 $ABC=111$ 时,$\overline{Y_7}=0$,其余输出为 1。

表 8-13 集成译码器 74LS138 的功能表

使能			控制	输入		输出							
S_1	$\overline{S_2}$	$\overline{S_3}$	A	B	C	$\overline{Y_0}$	$\overline{Y_1}$	$\overline{Y_2}$	$\overline{Y_3}$	$\overline{Y_4}$	$\overline{Y_5}$	$\overline{Y_6}$	$\overline{Y_7}$
0	×	×	×	×	×								
×	1	×	×	×	×	1	1	1	1	1	1	1	1
×	×	1	×	×	×								
1	0	0	0	0	0	0	1	1	1	1	1	1	1
1	0	0	0	0	1	1	0	1	1	1	1	1	1
1	0	0	0	1	0	1	1	0	1	1	1	1	1
1	0	0	0	1	1	1	1	1	0	1	1	1	1
1	0	0	1	0	0	1	1	1	1	0	1	1	1
1	0	0	1	0	1	1	1	1	1	1	0	1	1
1	0	0	1	1	0	1	1	1	1	1	1	0	1
1	0	0	1	1	1	1	1	1	1	1	1	1	0

从功能表可以写出逻辑式为

$$\overline{Y_0}=\overline{\overline{A}\,\overline{B}\,\overline{C}} \quad \overline{Y_1}=\overline{\overline{A}\,\overline{B}C} \quad \overline{Y_2}=\overline{\overline{A}B\overline{C}} \quad \overline{Y_3}=\overline{\overline{A}BC}$$

$$\overline{Y_4}=\overline{A\overline{B}\,\overline{C}} \quad \overline{Y_5}=\overline{A\overline{B}C} \quad \overline{Y_6}=\overline{AB\overline{C}} \quad \overline{Y_7}=\overline{ABC}$$

由逻辑式可以画出如图 8-32 所示的逻辑图。

集成 3线-8线译码器 74LS138 芯片外形和引脚图如图 8-33 所示。

根据 74LS138 的输出表达式可以看出,译码器 74LS138 是一个完全译码器,涵盖了所有 3 变量输入的最小项,这个特性正是它组成任意一个组合逻辑电路的基础。74LS138 可以组成 3 变量输入的任意组合逻辑电路,也就是说用一片集成 3线-8线译码器 74LS138 可以组成任何一个 3 变量输入的逻辑函数,任意一个输入 3 变量的逻辑函数都可以用一片 3线-8线译码器 74LS138 来实现。因为任意一个组合逻辑表达式都可以写成标准与或式的形式,即最小项之和的形式,而一片 3线-8线译码器 74LS138 的输出正好是 3 变量最小项的全部体现。两片 3线-8线译码器 74LS138 可以组成任何一个 4 变量输入的逻辑函数。

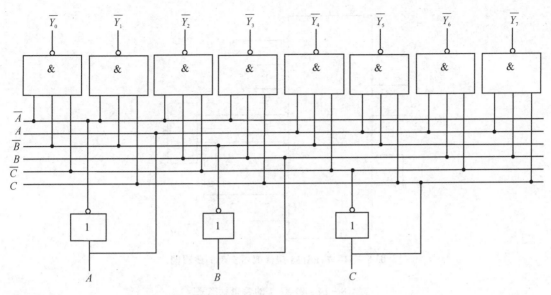

图 8-32 译码器 74LS138 的逻辑图

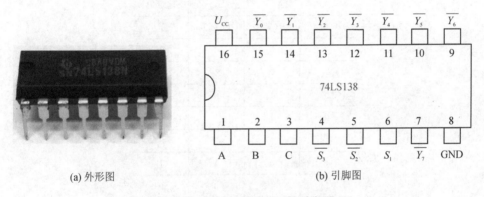

(a) 外形图　　　　　　　　(b) 引脚图

图 8-33 74LS138 的外形及引脚图

【例 8-6】 试用译码器实现逻辑式 $Y=A\overline{B}+\overline{A}BC+AB\overline{C}$。

【解】 (1) 将逻辑式表示成最小项的形式为

$$Y=A\overline{B}+\overline{A}BC+AB\overline{C}=A\overline{B}(C+\overline{C})+\overline{A}BC+AB\overline{C}$$
$$=A\overline{B}C+A\overline{B}\,\overline{C}+\overline{A}BC+AB\overline{C}$$
$$=Y_3+Y_4+Y_5+Y_6$$
$$=\overline{\overline{Y_3}\cdot\overline{Y_4}\cdot\overline{Y_5}\cdot\overline{Y_6}}$$

(2) 用 74LS138 型译码器实现上式逻辑图,如图 8-34 所示。

【例 8-7】 试设计一个用 74LS138 型译码器监测信号灯工作状态的电路。信号灯有红(A)、黄(B)、绿(C)3 种,正常工作时,只能是黄、绿、红黄、黄绿灯亮 4 种情况,其他情况视为故障,电路报警,报警输出 Y 为 1。

【解】 (1) 根据题意列出输出 Y 的逻辑状态表:红(A)、黄(B)、绿(C)3 种信号灯刚好符合 74LS138 型译码器的 3 个输入端,输出 Y 对应这 3 个输入不同状态的输出,则逻辑状态表如表 8-14 所列。

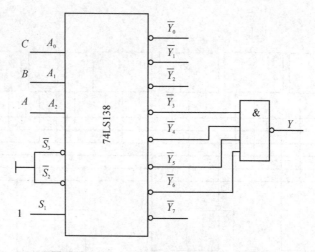

图 8-34 74LS138 型译码器实现的逻辑图

表 8-14 例 8-7 的逻辑状态表

输 入			输 出
A(红)	B(黄)	C(绿)	Y
0	0	0	1
0	0	1	0
0	1	0	0
0	1	1	0
1	0	0	1
1	0	1	1
1	1	0	0
1	1	1	1

（2）根据逻辑状态表写出逻辑表达式为

$$Y = \overline{A}\,\overline{B}\,\overline{C} + A\overline{B}\,\overline{C} + A\overline{B}C + ABC$$
$$= Y_0 + Y_4 + Y_5 + Y_7$$
$$= \overline{\overline{Y_0} \cdot \overline{Y_4} \cdot \overline{Y_5} \cdot \overline{Y_7}}$$

（3）画出连接逻辑电路图，如图 8-35 所示。

【例 8-8】 试利用两片 74LS138 型译码器组成 4 输入译码器，经译码后，16 位输出端相应输出低电平，即 4 线-16 线译码器。

【解】 74LS138 译码器组成的 4 线-16 线译码器逻辑图如图 8-36 所示。当 $D_3=0$ 时，74LS138(2)译码器的 $S_1=0$，$Z_8 \sim Z_{15}$ 全为 1，不能进行译码，74LS138(1)译码器的 $S_1=1$、$\overline{S_2}=0$、$\overline{S_3}=0$，可以进行译码；当 $D_3=1$ 时，74LS138(2)译码器可以进行译码，74LS138(1)译码器的 $S_1=1$、$\overline{S_2}=1$、$\overline{S_3}=1$，不能进行译码，$Z_0 \sim Z_7$ 全为 1。

例如：当 $D_3D_2D_1D_0=0100$ 时，74LS138(2)译码器的 $S_1=0$，$Z_8 \sim Z_{15}$ 全为 1，74LS138(1)的 $ABC=100$，$\overline{Y_4}=0$，即 $Z_4=0$；当 $D_3D_2D_1D_0=1100$ 时，74LS138(2)的 $ABC=100$，$\overline{Y_4}=0$，对应的

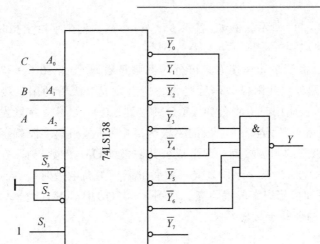

图 8 - 35　74LS138 型译码器实现的故障灯的逻辑图

$Z_{12}=0$,74LS138(1)译码器 $Z_0 \sim Z_7$ 全为 1,实现了 4 线-16 线译码器。

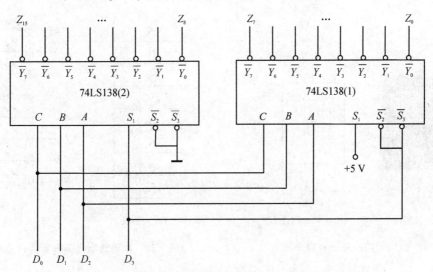

图 8 - 36　74LS138 译码器组成的 4 线-16 线译码器逻辑图

2．显示译码器

显示译码器是将 BCD 码(8421 码)译成数码管所需要的驱动信号,使数码管用十进制数字显示出 BCD 码所表示的数值。因此要掌握显示编码器的应用,首先必须了解数码管显示器的基本知识。

(1) 七段字符数码管

常用显示器件有半导体(LED)数码管、液晶数码管和荧光数码管等,它们的发光原理不同,但是作为数字显示控制部分相类似。下面以半导体七段字符显示器(数码管)为例介绍显示器的工作原理。

LED 数码管的核心器件是发光二极管,它将十进制数码分成七个字段,每段为一个发光二极管,这种七段显示数码管选择不同的字段发光,就可以显示出不同的数字。数码管的外形及引脚分布图如图8-37所示。例如,当a,b,c,d,e,f,g七个字段全亮时,显示为"8";当a,b,c全亮时,显示为"7"。

数码管按发光二极管单元连接方式可分为共阳极数码管(见图8-38(a))和共阴极数码管(见图8-38(b))两种。共阳极数码管是指将所有发光二极管的阳极接到一起形成公共阳极(COM)的数码管,在应用时应将公共极COM接到+5 V,当某一字段发光二极管的阴极为低电平时,相应字段就点亮;当某一字段的阴极为高电平时,相应字段就不亮。共阴极数码管是指将所有发光二极管的阴极接到一起形成公共阴极(COM)的数码管,在应用时应将公共极COM接到地线GND上,当某一字段发光二极管的阳极为高电平时,相应字段就点亮;当某一字段的阳极为低电平时,相应字段就不亮。在图8-37(b)中COM为公共端,共阳极的公共端接电源U_{CC},共阴极的公共端接地GND。

(2) 显示译码器

半导体数码管可以用TTL或CMOS集成译码器电路直接驱动。常用的TTL显示译码器有7446、7447、7448、7449系列,CMOS显示译码器有4511等。其中,7446、7447用于驱动共阳极七段显示器,7448、7449、4511等则用于驱动共阴极七段显示器。

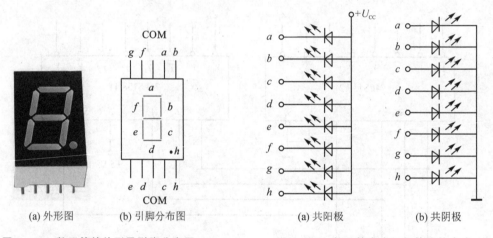

图8-37 数码管的外形及引脚分布图　　图8-38 数码管发光二极管连接方式

下面针对集成电路CD4511介绍译码器的驱动功能。CD4511的功能表如表8-15所列。

表8-15　CD4511功能表

输入							输出							
LE	$\overline{BI}$	$\overline{LT}$	D	C	B	A	a	b	c	d	e	f	g	显示
0	1	1	0	0	0	0	1	1	1	1	1	1	0	0
0	1	1	0	0	0	1	0	1	1	0	0	0	0	1
0	1	1	0	0	1	0	1	1	0	1	1	0	1	2
0	1	1	0	0	1	1	1	1	1	1	0	0	1	3
0	1	1	0	1	0	0	0	1	1	0	0	1	1	4
0	1	1	0	1	0	1	1	0	1	1	0	1	1	5

续表 8-15

输入							输出							
0	1	1	0	1	1	0	0	0	1	1	1	1	1	6
0	1	1	0	1	1	1	1	1	1	0	0	0	0	7
0	1	1	1	0	0	0	1	1	1	1	1	1	1	8
0	1	1	1	0	0	1	1	1	1	0	0	1	1	9
0	1	1	1	0	1	0	0	0	0	0	0	0	0	消隐
0	1	1	1	0	1	1	0	0	0	0	0	0	0	消隐
0	1	1	1	1	0	0	0	0	0	0	0	0	0	消隐
0	1	1	1	1	0	1	0	0	0	0	0	0	0	消隐
0	1	1	1	1	1	0	0	0	0	0	0	0	0	消隐
0	1	1	1	1	1	1	0	0	0	0	0	0	0	消隐
×	×	0	×	×	×	×	1	1	1	1	1	1	1	8
×	0	1	×	×	×	×	0	0	0	0	0	0	0	消隐
1	1	1	×	×	×	×	锁存							锁存

从功能表中可以看出 CD4511 有 3 个控制端,功能分析如下:

灯测试端 $\overline{LT}$:当 $\overline{LT}=0$ 时,不管输入状态如何、其他控制端的状态如何,输出都为高电平,数码管显示 8,所有发光二极管都同时点亮,用来检查该数码管各段能否正常;正常显示时应为高电平。

输出消隐控制端 $\overline{BI}$:当 $\overline{BI}=0$,$\overline{LT}=1$ 时,不管输入状态如何,所有字段均消隐;正常显示时,$\overline{BI}$ 端应加高电平。

数据锁定控制端 LE:当 $LE=1$,同时 $\overline{BI}=1$,$\overline{LT}=1$ 时,输出锁存;LE 为低电平时传输数据。

另外,CD4511 有拒绝伪码的特点,当输入数据超过十进制数 9(1001)时,输出全为 0,数码管熄灭,显示字形也自行消隐。

CD4511 为 16 脚的集成芯片,属于双列直插式,其外形及引脚分布如图 8-39 所示。

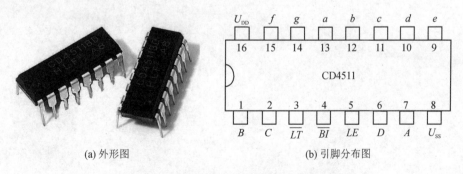

(a) 外形图　　　　　　　　(b) 引脚分布图

图 8-39　CD4511 的外形图及引脚分布图

CD4511 的 $D\sim A$ 为 BCD 码输入端,$a\sim g$ 是 7 段码输出端,$\overline{LT}$ 是灯测试端,$\overline{BI}$ 为输出消隐控制端,LE 为锁存控制端,当 $LE=0$ 时选通,$LE=1$ 时锁存。

用CD4511实现驱动数码管显示的电路原理图如图8-40所示。

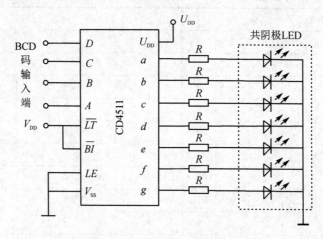

图8-40 译码显示电路原理图

第 8 章 组合逻辑电路

* 拓展阅读

集成电路发展史

1946 年,世界上第一台数字电子计算机 ENIAC(埃尼阿克)由美国人莫克利和艾克特发明。这台电子计算机内部装有 18 000 只电子管,重达约 30 000 kg,占地约 170 m^2,可以说是个庞然大物。

1947 年,由巴丁(J. Bardeen)、布拉顿(W. Brattain)和肖克莱(W. Shockley)共同发明了晶体管,并因此共同获得了诺贝尔奖。第一块晶体管是在贝尔实验室诞生的,人类从此步入了飞速发展的电子时代。以上这些发明为集成电路的出现奠定了基础。

在 1959 年,杰克-基尔比(Jack Kilby)终于发明了第一块集成电路(见图 1),但由于种种原因,杰克-基尔比在 2000 年才获得诺贝尔物理学奖。这位"集成电路之父"曾于 2001 年 5 月来到复旦大学为该校师生讲课并进行交流(见图 2)。

图 1 第一块集成电路

图 2 杰克-基尔比在复旦大学交流

1963 年,26 岁的工程师 Robert Wildlar 在仙童半导体公司设计了第一块单片集成运算放大器,也就是影响了全世界的 μA702 运算放大器。

1971 年,由曾经提出过摩尔定律的戈登-摩尔和诺伊斯、安迪-格罗夫共同创立了英特尔公司。同年,英特尔公司推出了第一款微处理器 4004,它的一个处理器单片上集成了 1 000 个晶体管,工作频率为 1 MHz,全电路规模达到了 2 300 个晶体管,生产制造工艺是 10 μs。而它的诞生标志着可以集成数千万个晶体管的 CPU 作为集成电路,正式登上历史舞台。从 1999 年到现在,英特尔公司先后推出了奔腾系列(奔腾 3/4/M/D)和酷睿系列(第 1 代至第 12 代)处理器,生产制造工艺也从 230 nm 减小到了 7 nm,单片可集成的数量在摩尔定律的指引下呈指数上升(由 950 万个晶体管达到了几十亿个晶体管)。近 50 年来,透过英特尔处理器的发展历程可以见证集成电路发展的历史。

习 题

一、填空题

1. 组合逻辑电路在任意时刻的稳定输出信号仅取决于_____输入状态。
2. 组合逻辑电路的基本单元是_____。
3. 半加器逻辑符号如习题图 1 所示，S 和 C 分别表示_____和_____；当 $A=1$，$B=1$ 时，S 和 C 的值分别是_____和_____。

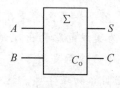

习题图 1

4. 将含有特定意义的数字或符号信息用二进制代码表示的过程称为_____；将二进制代码所表示的信息原意翻译出来的过程称为_____。
5. n 位二进制数代码可以表示_____个信号；若输入有 9 个信号，则编码需要_____位二进制代码。
6. 将二进制代码 0110 输入到共阴极七段数码管配用的显示译码器中，其输出端 $abcdefg$ 对应的逻辑状态为_____。若七段数码管是共阳极，则输出端状态为_____。
7. 如习题图 2 所示，74LS248 型译码器输出高电平有效，当输入 $D_3D_2D_1D_0=0110$ 时，输出 $abcdefg$ 分别为_____，显示的十进制数码为_____。

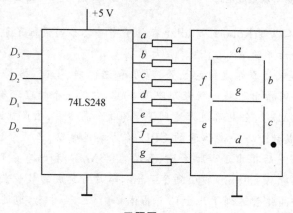

习题图 2

二、选择题

1. 在下列电路中，不是组合逻辑电路的是（   ）。
   A. 计数器   B. 编码器   C. 译码器
2. 若所需编码的信息有 N 项，则需要的二进制数码的位数 n 应满足（   ）。
   A. $2^n \geq N$ B. $2^n \leq N$ C. $2^N \geq n$
3. 在习题图 3 所示门电路中，Y 恒为 0 的是（   ）。

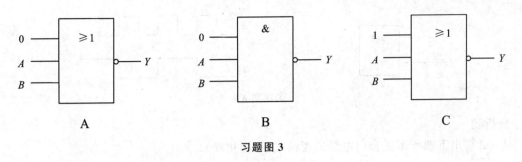

习题图 3

4. 如习题图 4 所示门电路的输出为（　　）。

A. $Y=\overline{A}$ 　　　　　　B. $Y=1$ 　　　　　　C. $Y=0$

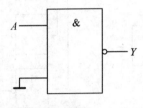

习题图 4

5. 在（　　）情况下，"或非"运算结果是逻辑 1。

A. 任一输入是 1 　　　　B. 全部输入是 1 　　　　C. 全部输入是 0

6. 如习题图 5 所示的门电路的逻辑式为（　　）。

A. $Y=\overline{AB+C}$ 　　　B. $Y=\overline{AB \cdot C \cdot 0}$ 　　　C. $Y=\overline{AB}$

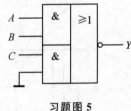

习题图 5

三、画图题

1. 根据下列逻辑式画出逻辑图。

(1) $Y=AB+C$

(2) $Y=(A+B)C$

(3) $Y=AC+AB$

(4) $Y=\overline{AC+\overline{B}}$

(5) $Y=\overline{(A+B+C)+A\overline{B}}$

2. 用与非门和非门实现以下逻辑关系，并画出逻辑图。

(1) $Y=A+\overline{B}+C$

(2) $Y=(\overline{A}+B)\overline{C}$

(3) $Y=A\overline{B}+A\overline{C}$

(4) $Y=(A+\overline{B})+\overline{B}C$

3. 如习题图 6 所示的电路中，输入 A 和 B 的波形已给定，试求出对应的输出 Y 的波形。

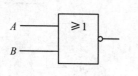
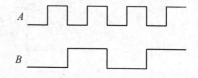

习题图 6

四、分析题

1. 试写出下图所示组合门电路的逻辑式(不用化简)。

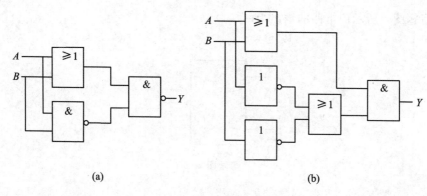

习题图 7

2. 试分别分析习题图 8 所示电路的逻辑功能。
(1) 列出输出 Y 的逻辑表达式。
(2) 列出输出 Y 的逻辑状态表。
(3) 说明电路的逻辑功能。

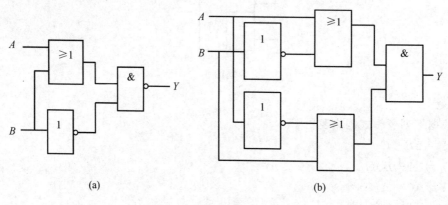

习题图 8

五、设计题

1. 试设计一个 3 变量奇偶检验器。要求:当输入变量 A、B、C 中有奇数个同时为 1 时,输出 Y 为 1,否则为 0。列出输出 Y 的逻辑状态表和逻辑表达式。

2. 试设计一个用 74LS138 型译码器监测信号灯工作状态的电路。信号灯有红(A)、黄(B)、绿(C)3 种,当正常工作时,只能是黄、绿、红黄、黄绿灯亮 4 种情况,其他情况视为故障,电路报警,报警输出 Y 为 1。列出输出 Y 的逻辑状态表和逻辑表达式,并用 74LS138 译码器设计逻辑电路图。

3. 某同学参加 3 门课程考试,规定如下:课程 A 及格得 1 分,不及格得 0 分;课程 B 及格得 2 分,不及格得 0 分;课程 C 及格得 4 分,不及格得 0 分。若总得分不低于 5 分(含 5 分),就可以结业。结业用 Y 表示,能结业为 1,不能结业为 0。

(1) 列出 Y 的逻辑状态表。

(2) 列出 Y 的逻辑表达式。

(3) 将 Y 的表达式转换为 74LS138 输出的形式,并画出逻辑电路图。

4. 仿照全加器设计 1 位二进制数的全减器,其中输入被减数为 A,减数为 B,低位来的借位数为 C,全减差为 D,向高位借位数为 C_1。

5. 试设计一个 4 线-2 线二进制编码器,输入信号 $\overline{I_3}$、$\overline{I_2}$、$\overline{I_1}$、$\overline{I_0}$,低电平有效,输出的二进制代码用 Y_1 和 Y_0 表示。

6. 用一个与非门设计一个举重裁判表决电路。设举重比赛有 3 个裁判,一个主裁判和两个副裁判。杠铃完全举上的裁决由每一个裁判按下自己面前的按钮来确定。只有当两个或两个以上的裁判判明成功,并且其中一个为主裁判时,判决有效,表明成功灯亮。

第 9 章
时序逻辑电路

时序逻辑电路的特点是任意时刻的输出不仅取决于当前的输入信号,而且还与电路原来的状态有关。组合逻辑电路的基本单元是门电路,而时序逻辑电路的基本单元是触发器。本章重点介绍了常用触发器的结构和特点,触发器在寄存器、计数器中的应用,以及时序逻辑电路的分析和设计方法。

9.1 触发器

能存储一位 0 或 1 信号的基本单元统称为触发器,1 个触发器只能存储 1 位二进制数。触发器是时序逻辑电路的基本单元,触发器按照触发信号的工作方式可分为电平触发、边沿触发和脉冲触发;按照工作状态可分为双稳态触发器、单稳态触发器和无稳态触发器;按照逻辑功能不同又可分为 RS 触发器、JK 触发器、D 触发器和 T 触发器等。本章主要按照逻辑功能的不同进行介绍。

9.1.1 RS 触发器

1. 基本 RS 触发器

基本 RS 触发器是最简单的触发器,许多更为复杂的触发器都是由基本 RS 触发器组成的。基本 RS 触发器就是将与非门 G_1 的输出端反馈回 G_2 的输入端,同时 G_2 的输出端反馈回 G_1 的输入端,即由两个与非门 G_1 和 G_2 相互交叉连接而成,其逻辑图如图 9-1(a)所示。图 9-1(b)所示是基本 RS 触发器的逻辑符号,输入端处无小圈表示信号是高电平有效,用字母变量来表示;输入端处有小圈表示信号是低电平有效,用字母变量取非的形式来表示,所以 RS 触发器的输入端 $\overline{R_D}$ 和 $\overline{S_D}$ 表示的是低电平有效。其中,$\overline{R_D}$ 称为直接复位端或直接置 0 端,$\overline{S_D}$ 称为直接置位端和直接置 1 端;Q 和 $\overline{Q}$ 为触发器的输出端,两者为互补状态。Q 端的状态规定为触发器的状态,一般来说当 $Q=0(\overline{Q}=1)$ 时,称触发器处于 0 状态;当 $Q=1(\overline{Q}=0)$ 时,称触发器处于 1 状态。

下面分析基本 RS 触发器的状态转换和逻辑功能。设 Q_n 为原来的状态,称为原态;Q_{n+1} 为触发信号作用之后的状态,称为次态。

(1) $\overline{R_D}=0$、$\overline{S_D}=1$

当 $\overline{R_D}=0$ 时,对于与非门 G_2,按其逻辑关系"有 0 出 1",可得 $\overline{Q}=1$;此输出信号经反馈线反馈回到 G_1 门的输入端,此时 $\overline{S_D}=1$,按与非门的逻辑关系"全 1 出 0",使得 $Q=0$;此输出信

第 9 章 时序逻辑电路

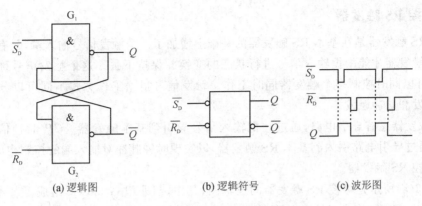

(a) 逻辑图　　　　　　(b) 逻辑符号　　　　　　(c) 波形图

图 9-1　与非门组成的基本 RS 触发器

号再反馈到 G_2 门的输入端,使 G_2 门封锁,不再受 $\overline{R_D}$ 影响,仍有 $\overline{Q}=1$。因此,无论触发器现态为何种状态(0 或 1),在触发信号 $\overline{R_D}=0$、$\overline{S_D}=1$ 作用后都将使得触发器的次态为 0($Q=0$)状态。

(2) $\overline{R_D}=1$、$\overline{S_D}=0$

当 $\overline{S_D}=0$ 时,对于与非门 G_1,按其逻辑关系"有 0 出 1",可得 $Q=1$;此输出信号经反馈线反馈回到 G_2 门的输入端,此时 $\overline{R_D}=1$,按与非门的逻辑关系"全 1 出 0",使得 $\overline{Q}=0$;此输出信号再反馈到 G_1 门的输入端,使 G_1 门封锁,不再受 $\overline{S_D}$ 影响,仍有 $Q=1$。因此,无论触发器现态为何种状态(0 或 1),在触发信号 $\overline{R_D}=1$、$\overline{S_D}=0$ 作用后都将使得触发器的次态为 1($Q=1$)态。

(3) $\overline{R_D}=1$、$\overline{S_D}=1$

当 $\overline{R_D}=1$、$\overline{S_D}=1$ 时,不难推出,无论触发器现态为何种状态(0 或 1),触发器的次态和现态保持一致。

(4) $\overline{R_D}=0$、$\overline{S_D}=0$

当 $\overline{R_D}=0$、$\overline{S_D}=0$ 时,G_1 和 G_2 门的输出端都为 1,不满足 Q 和 $\overline{Q}$ 在逻辑关系上相反的要求,触发器将受各种偶然因素的影响使其状态不确定。因此,这种情况在使用中应禁止出现。

表 9-1 所列是由与非门组成的基本 RS 触发器的逻辑状态表,图 9-1(c)所示是其波形图(设初态 $Q=0$),两者可以对照分析。

表 9-1　与非门构成的基本 RS 触发器逻辑状态表

输入		输出		功能
$\overline{R_D}$	$\overline{S_D}$	Q_n	Q_{n+1}	
0	0	0	×	禁用
0	0	1	×	
0	1	0	0	置 0
0	1	1	0	
1	0	0	1	置 1
1	0	1	1	
1	1	0	0	保持
1	1	1	1	

2. 可控 RS 触发器

可控 RS 触发器是在基本 RS 触发器的基础上增加了一个触发信号输入端，只有当触发信号到来时，触发器才能根据输入信号进行状态的变换并保持下去。这个触发信号称为时钟信号 CP，其可以同时控制多个触发器同时工作。触发信号根据工作方式不同可以分为电平触发、边沿触发和脉冲触发。

一般触发器还有导引电路，通过它把输入信号导引到基本触发器。CP 时钟信号和输入信号都是通过导引电路引入到基本 RS 触发器，以实现时钟脉冲对输入端的控制构成 RS 触发器，也称可控 RS 触发器。

图 9-2(a)所示是可控 RS 触发器的逻辑图，其中，与非门 G_1 和 G_2 组成了基本 RS 触发器，与非门 G_3 和 G_4 构成了导引电路。图 9-2(b)所示是可控 RS 触发器的逻辑符号，输入信号 R 和 S 端没有小圈，表示输入信号为高电平有效；$\overline{R}_D$ 和 $\overline{S}_D$ 是直接置 0 和置 1 端，为低电平有效，不需要经过时钟脉冲的控制就可以对基本触发器置 0 或置 1。它一般用作预置，可以设定触发器的初始状态，正常工作中不使用，将其置于高电平状态。

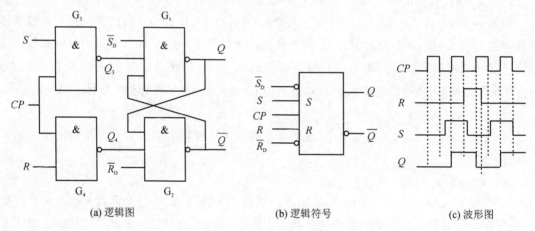

(a) 逻辑图　　　　　　　(b) 逻辑符号　　　　　　　(c) 波形图

图 9-2　可控 RS 触发器

当时钟脉冲 $CP=0$ 时，不论 R 和 S 端的电平如何，G_3 和 G_4 门的输出均为 1。当 G_3 和 G_4 门的输出作为基本 RS 触发器的输入均为 1 时，R 和 S 端的信号无法通过 G_3 和 G_4 门而影响输出状态，即由 G_1 和 G_2 门组成的基本 RS 触发器处于保持状态，也就是 $Q_{n+1}=Q_n$。当 $CP=1$ 时，触发器输出状态才能由 R 和 S 端的输入状态来决定。CP 的这种控制方式为电平触发方式。

当 $CP=1$ 时，其逻辑关系分析如下：

(1) $R=0$、$S=1$

此时，G_3 的输出端 $Q_3=0$，对应基本 RS 触发器的 $\overline{S}_D$；G_4 的输出端 $Q_4=1$，对应基本 RS 触发器的 $\overline{R}_D$，易知 $Q=1$、$\overline{Q}=0$。

(2) $R=1$、$S=0$

此时，G_3 的输出端 $Q_3=1$，对应基本 RS 触发器的 $\overline{S}_D$；G_4 的输出端 $Q_4=0$，对应基本 RS 触发器 $\overline{R}_D$，易知 $Q=0$、$\overline{Q}=1$。

(3) $R=0$、$S=0$

此时，G_3 和 G_4 输出端均为 1，也就是 $Q_3=Q_4=1$，由 G_1 和 G_2 门组成的基本 RS 触发器处于保持状态，所以 $Q_{n+1}=Q_n$。

(4) $R=1$、$S=1$

此时，G_3 和 G_4 输出端均为 0，也就是 $Q_3=Q_4=0$，由 G_1 和 G_2 门组成的基本 RS 触发器处于禁用状态。

表 9-2 所列是与非门构成的可控 RS 触发器的逻辑状态表，图 9-2(c)所示是其波形图（设初态 $Q=0$），两者可以对照分析。

表 9-2 与非门构成的可控 RS 触发器逻辑状态表

输入			输出		功能
CP	S	R	Q_n	Q_{n+1}	
0	×	×	0	0	保持
0	×	×	1	1	
1	0	0	0	0	保持
1	0	0	1	1	
1	1	0	0	1	置1
1	1	0	1	1	
1	0	1	0	0	置0
1	0	1	1	0	
1	1	1	0	×	禁用
1	1	1	1	×	

根据状态表可以写出输出 Q_{n+1} 与输入 R、S 及 Q_n 初态之间的逻辑关系为

$$\begin{cases} Q_{n+1} = \overline{R}\,\overline{S}Q_n + \overline{R}SQ_n + \overline{R}S\overline{Q_n} = \overline{R}\,\overline{S}Q_n + \overline{R}S \\ SR = 0 \end{cases}$$

式中，$SR=0$ 为约束条件，利用约束条件进行化简可得

$$\begin{cases} Q_{n+1} = S + \overline{R}Q_n \\ SR = 0 \end{cases}$$

一般把上式称为 RS 触发器特性方程。

可控 RS 触发器的触发方式是电平触发，特点是只有当 $CP=1$ 期间，触发器才能接收输入信号，输出状态随输入变化；当 CP 回到 0 以后，触发器保持之前的状态不变。

9.1.2 JK 触发器

1. JK 触发器的工作原理

JK 触发器由两个 RS 触发器串联组成。两个触发器的时钟通过一个非门连接，互补的时钟信号控制两个触发器不能同时翻转，因此两个 RS 触发器分别称为主触发器 FF1 和从触发器 FF2。时钟脉冲先使主触发器发生翻转，而后使从触

发器发生翻转,因此这种触发器也称为主从型 JK 触发器。将输出 Q 与 $\overline{Q}$ 分别反馈到主触发器的输入端,就满足了 $RS=0$ 的约束条件,其逻辑图如图 9-3(a)所示,图 9-3(b)所示是主从型 JK 触发器的逻辑符号。

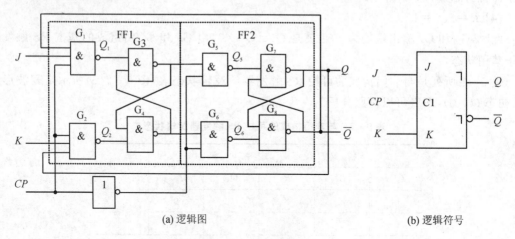

(a) 逻辑图   (b) 逻辑符号

图 9-3   JK 触发器

根据逻辑图分析不同输入时其输出状态如下:

(1) $J=1$、$K=0$

设触发器的初始状态为 0 态,当 $CP=1$ 时,主触发器 FF1 置 1;当 CP 从 1 下跳为 0 时,从触发器 FF2 的状态也翻转为 1。若触发器初始状态为 1 态时,也可以分析得出触发器置 1 的功能。可见,当 $J=1$、$K=0$ 时,JK 触发器具有置 1 功能。

(2) $J=0$、$K=1$

设触发器的初始状态为 0 态,当 $CP=1$ 时,主触发器 FF1 置 0,触发器状态保持 0 态;当 CP 从 1 下跳为 0 时,从触发器 FF2 置 0,触发器状态也保持不变为 0 态。若触发器初始状态为 1 态,当 $CP=1$ 时,主触发器 FF1 具有置 0 功能;当 CP 从 1 下跳为 0 时,从触发器 FF2 的状态也为 0。可见,当 $J=0$、$K=1$ 时,JK 触发器具有置 0 功能。

(3) $J=0$、$K=0$

设触发器的初始状态为 0 态,当 $CP=1$ 时,主触发器 FF1 的状态保持不变;当 CP 从 1 下跳为 0 时,从触发器 FF2 也保持原态不变为 0。若触发器初始状态为 1 态时,也可以分析得出保持原态不变的结论。可见,当 $J=0$、$K=0$ 时,JK 触发器具有保持功能。

(4) $J=1$、$K=1$

设触发器的初始状态为 0 态,G_2 门被 Q 端的低电平封锁,当时钟脉冲来到后($CP=1$),仅 G_1 门输出为低电平,主触发器发生翻转为 1 态;当 CP 从 1 下跳为 0 时,从触发器 FF2 也翻转为 1 态。同理,若触发器初始状态为 1 态时,G_1 门被 $\overline{Q}$ 端的低电平封锁,当 $CP=1$ 时,仅 G_2 门输出为低电平,主触发器发生翻转为 0 态;当 CP 从 1 下跳为 0 时,从触发器 FF2 也翻转为 0 态。可见,JK 触发器在 $J=1$、$K=1$ 的情况下,每来一个时钟脉冲它就翻转一次,即 $Q_{n+1}=\overline{Q_n}$,因此具有计数功能。

从以上分析可知,当 CP 为 1 时,主触发器 FF1 打开,其状态由 J、K 决定,接收信号并暂存,从触发器 FF2 保持状态不变;当 CP 从 1 到 0 时,主触发器 FF1 封锁,其状态保持状态不变,从触发器 FF2 的状态取决于主触发器,并保持主、从状态一致。因此,触发器的翻转分两步动作,这也是脉冲触发方式的特点。

主从型 JK 触发器逻辑状态表如表 9-3 所列。

表 9-3 JK 触发器的逻辑状态表

输入			输出		功能
CP	J	K	Q_n	Q_{n+1}	
⎍↓	0	0	0	0	保持
			1	1	
⎍↓	0	1	0	0	置 0
			1	0	
⎍↓	1	0	0	1	置 1
			1	1	
⎍↓	1	1	0	1	计数
			1	0	

由 JK 触发器的逻辑状态表可以求出其特性方程为

$$Q_{n+1} = \overline{J}\,\overline{K}Q_n + J\overline{K}\,\overline{Q_n} + J\overline{K}Q_n + JK\overline{Q_n}$$
$$= J\overline{Q_n}(K+\overline{K}) + \overline{K}Q_n(J+\overline{J})$$
$$= J\overline{Q_n} + \overline{K}Q_n$$

2. 集成 JK 触发器

常用的集成 JK 触发器有 74LS76、74HC112 双 JK 触发器等。它们功能一样,但引脚排列不同。74LS76 芯片的外形及引脚分布图如图 9-4 所示。

(a) 外形图

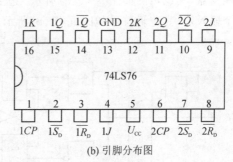
(b) 引脚分布图

图 9-4 74LS76 芯片的外形及引脚分布图

该芯片由两个脉冲触发的 JK 触发器构成,其功能如表 9-4 所列。

表 9-4 74LS76 芯片 JK 触发器的功能表

输入					输出	
$\overline{S_D}$	$\overline{R_D}$	CP	J	K	Q_{n+1}	$\overline{Q_{n+1}}$
L	H	×	×	×	H	L
H	L	×	×	×	L	H
L	L	×	×	×	Φ	Φ
H	H	⊓↓	L	L	Q_n	$\overline{Q_n}$
H	H	⊓↓	L	H	L	H
H	H	⊓↓	H	L	H	L
H	H	⊓↓	H	H	触发	触发
H	H	H	×	×	Q_n	$\overline{Q_n}$

上表中，CP 为时钟信号，"H"表示高电平 1，"L"表示低电平 0，"Φ"表示输出状态不定，"×"表示任意状态，Q_n 为原来的状态，即稳态输入条件前的状态。$\overline{Q_n}$ 为 Q_n 的补码(逻辑的非态)，Q_{n+1} 为新的状态(在时钟和输入控制下触发器的状态)。$\overline{R_D}$ 和 $\overline{S_D}$ 是直接置 0 和置 1 端，低电平有效。当 $\overline{R_D}$ 和 $\overline{S_D}$ 都是高电平时，遇到时钟的下降沿时输出翻转一次，也即 $Q_{n+1} = \overline{Q_n}$。当 $\overline{R_D}$ 和 $\overline{S_D}$ 都是低电平时，输出状态不定，应该避免。

9.1.3 D 触发器

1. 电平触发的 D 触发器

电平触发的 D 触发器(门控 D 锁存器)是在 RS 触发器的基础上由两个输入转换成单输入信号的触发器，其逻辑图如图 9-5(a)所示。虚线框内为 RS 触发器，把两个输入端通过非门变成一个输入端，其逻辑符号如图 9-5(b)所示。

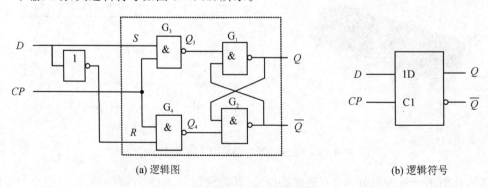

(a) 逻辑图　　　　　　　　　　　　(b) 逻辑符号

图 9-5　电平触发的 D 触发器

由逻辑图可知，只有当 $CP=1$ 时，触发器输出状态才能由 D 端的输入状态来决定。与

RS 触发器的触发方式一样是电平触发方式。

当 $CP=1$ 时,其逻辑关系分析如下:

① 若 $D=1$,此时与非门 G_3 和 G_4 的输入端分别为 1 和 0,相应 RS 触发器的 $S=1$、$R=0$,易知 $Q=1$、$\bar{Q}=0$。

② 若 $D=0$,此时与非门 G_3 和 G_4 的输入端分别为 0 和 1,相应 RS 触发器的 $S=0$、$R=1$,易知 $Q=0$、$\bar{Q}=1$。

根据分析可知其逻辑状态表如表 9-5 所列。

表 9-5　D 触发器逻辑状态表

输 入		输 出		功 能
CP	D	Q_n	Q_{n+1}	
0	×	0	0	保持
0	×	1	1	
1	0	0	0	置 0
1	0	1	0	
1	1	0	1	置 1
1	1	1	1	

从逻辑状态表可以写出 Q_{n+1} 的逻辑式,即 D 触发器的特性方程为

$$Q_{n+1}=D$$

2. 边沿触发的 D 触发器

以上所述的触发器都为电平触发方式,在 $CP=1$ 期间,输出状态随着输入的变化发生多次翻转,这样就降低了触发器的抗干扰能力。为了提高可靠性,增强抗干扰能力,就产生了边沿触发方式。边沿触发器的次态仅取决于 CP 的边沿(上升沿或下降沿)到达时输入信号的状态,而与边沿时刻以前或以后的输入状态无关。边沿触发器的结构常见的有 TTL 维持阻塞型触发器、CMOS 传输门边沿触发器和利用门电路传输延迟时间的边沿触发器等。

下面介绍应用较多的维持阻塞型 D 触发器,其由 6 个与非门组成,其中,G_1、G_2、G_3、G_4 构成带置位和复位的 RS 触发器,G_5、G_6 构成数据输入电路。D 是输入信号,CP 是时钟脉冲,其逻辑图和逻辑符号如图 9-6 所示。

① 若 $D=0$,当时钟脉冲来到之前(即 $CP=0$)时,Q_3、Q_4、Q_6 均为 1,G_5 因输入端全 1 而输出 Q_5 为 0。这时触发器的状态不变。

当时钟脉冲从 0 跳变到 1(即 $CP=1$)时,G_6、G_5、G_3 的输出保持原状态不变,而 G_4 因输入端全 1 则输出由 1 变为 0($Q_4=0$)。这个负脉冲一方面使 G_1、G_2 构成的 RS 锁存器的输出置 0($Q=0$),同时反馈到 G_6 的输入端使在 $CP=1$ 期间不论 D 如何变化,触发器保持 0 态不变,这条反馈线称为置 0 维持线;同时 G_6 输出端的低电平 $Q_6=0$ 反馈到 G_5 的输入端,保证 $Q_5=0$,从而使 Q_3 保持 1,禁止输出置 1,这条从 G_6 的输出反馈到 G_5 的输入的反馈线称为置 1 阻塞线。

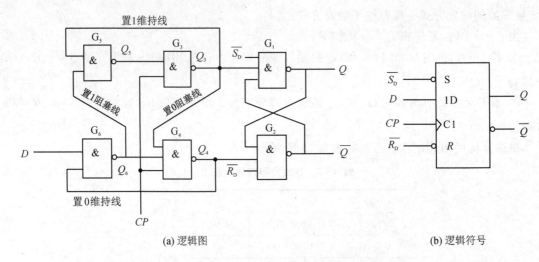

图 9-6 维持阻塞型 D 触发器

② 若 $D=1$,当 $CP=0$ 时,Q_3、Q_4 为 1,Q_6 为 0,Q_5 为 1,这时触发器的状态不变。

当时钟脉冲从 0 跳变到 1(即 $CP=1$)时,G_3 的输出由 1 变为 0($Q_3=0$),这个负脉冲一方面使 G_1、G_2 构成的 RS 锁存器的输出置 1($Q=1$),同时反馈到 G_5 的输入端,使在 $CP=1$ 期间不论 D 如何变化,触发器保持 1 态不变,这条反馈线称为置 1 维持线;同时 G_3 的输出端的低电平 $Q_3=0$ 反馈到 G_4 的输入端,保证 $Q_4=1$,禁止输出置 0,这条从 G_3 的输出反馈到 G_4 的输入的反馈线称为置 0 阻塞线。

$\overline{R_D}$ 和 $\overline{S_D}$ 是直接置 0 和置 1 端,为低电平有效,不需要经过时钟脉冲的控制就可以对 RS 触发器置 0 和置 1。

如图 9-6(b)所示的逻辑符号中,在 CP 输入端处框内的">"表示触发器为边沿触发方式,而且是上升沿触发。如果 CP 输入端加画小圆圈,则为下降沿触发。边沿触发器的逻辑符号对比如图 9-7 所示。

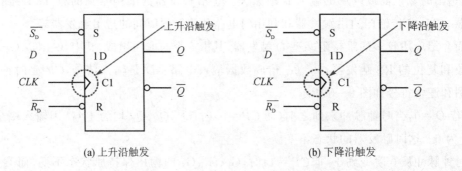

图 9-7 边沿触发器的逻辑符号对比

上升沿触发的 D 触发器逻辑状态表如表 9-6 所列。

表 9-6　上升沿触发的 D 触发器逻辑状态表

输入		输出	
CP	D	Q_n	Q_{n+1}
↑	0	0	0
↑	0	1	0
↑	1	0	1
↑	1	1	1

上表中，CP 列中的"↑"表示为上升沿触发方式；如果是下降沿触发，则表中 CP 列中用"↓"表示。

3. 集成 D 触发器

常用的集成 D 触发器为 74LS74 双上升沿 D 触发器。芯片的外形及引脚图如图 9-8 所示。芯片由两个上升沿 D 触发器构成，其功能如表 9-7 所列。

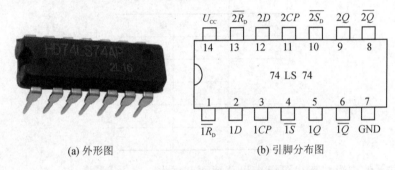

(a) 外形图　　　　　　　　　(b) 引脚分布图

图 9-8　74LS74 芯片的外形及引脚分布图

表 9-7　74LS74 芯片 D 触发器的功能表

输入				输出	
$\overline{S_D}$	$\overline{R_D}$	CP	D	Q_{n+1}	$\overline{Q_{n+1}}$
L	H	×	×	H	L
H	L	×	×	L	H
L	L	×	×	Φ	Φ
H	H	↑	H	H	L

上表中，"H"表示高电平 1，"L"表示低电平 0，"Φ"表示输出状态不定，"×"表示任意状态。Q_n 为原来的状态，即稳态输入条件前的状态，$\overline{Q_n}$ 为 Q_n 的补码（逻辑的非态），Q_{n+1} 为新的状态（在时钟和输入控制下触发器的状态）。$\overline{R_D}$ 和 $\overline{S_D}$ 是直接置 0 和置 1 端，低电平有效。当 $\overline{R_D}$ 和 $\overline{S_D}$ 都是高电平时，遇到时钟的下降沿时输出翻转一次，也即 $Q_{n+1}=D$。当 $\overline{R_D}$ 和 $\overline{S_D}$ 都是低电平时，输出状态不定，应该避免。

9.1.4 T触发器

该触发器由 CP 时钟脉冲控制,当控制信号为 1 时,输出翻转;当控制信号为 0 时,输出保持不变。如果把这个控制信号用 T 表示,也就是当 $T=0$ 时能保持状态不变,当 $T=1$ 时一定翻转,把具有这种功能的触发器称为 T 触发器。T 触发器逻辑符号如图 9-9 所示。

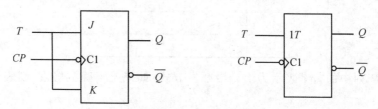

图 9-9 T 触发器的逻辑符号图

T 触发器的逻辑状态表如表 9-8 所列。

表 9-8 T 触发器的逻辑状态表

输	入	输	出
T		Q_n	Q_{n+1}
0		0	0
0		1	1
1		0	1
1		1	0

由 T 触发器的逻辑状态表可以求出其特性方程为

$$Q_{n+1} = T\overline{Q_n} + \overline{T}Q_n$$

9.1.5 触发器之间的转换

在双稳态触发器中,除了 RS 触发器和 JK 触发器外,根据实际需要还可以将某种逻辑功能的触发器经过变化(改接或附加一些门电路),转换为另一种逻辑功能的触发器。

1. 将 JK 触发器转换为 D 触发器

通过对 JK 触发器和 D 触发器的状态表进行比较,JK 触发器和 D 触发器都具有置 0 和置 1 功能。当 $D=1$(即 $J=1$、$K=0$)时,在 CP 的下降沿触发器翻转或保持为 1 态;当 $D=0$(即 $J=0$、$K=1$)时,在 CP 的下降沿触发器翻转或保持为 0 态。根据特性分析,可以对 JK 触发器做一定变化,将输入端 D 取非与 K 相连,将其改变为 D 触发器,如图 9-10 所示。其中,CP 脉冲为下降沿触发,$\overline{R}_D$ 和 $\overline{S}_D$ 仍是预置端,低电平有效。

2. 将 JK 触发器转换为 T 触发器

如图 9-11 所示,令 JK 触发器的 $J=K$,则可得到 T 触发器。当 $T=0$ 时,时钟脉冲 CP 作用后触发器状态不变;当 $T=1$ 时,触发器具有计数逻辑功能。因此,可以对 JK 触发器做一定变化,将 J、K 端连在一起,可将其改变为 T 触发器。其中,CP 脉冲为下降沿触发,$\overline{R}_D$ 和

$\overline{S}_D$ 仍是预置端，低电平有效。

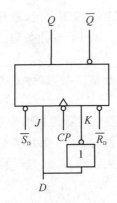 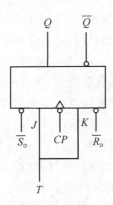

图 9-10　JK 触发器转换为 D 触发器　　　图 9-11　JK 触发器转换为 T 触发器

9.2　寄存器

寄存器是用来暂时存放参与运算的数据和运算结果的逻辑部件，因此寄存器的功能是存储二进制代码，是由具有存储功能的触发器组合起来构成的。一个触发器可以存储 1 位二进制代码，因此存放 n 位二进制代码的寄存器需用 n 个触发器来构成。常用的有 4 位、8 位、16 位等寄存器。

寄存器按逻辑功能分为数码寄存器和移位寄存器两种。

9.2.1　数码寄存器

数码寄存器具有寄存数码和清除数码的功能，通常由 RS 触发器或 D 触发器构成。它是在时钟 CP 脉冲控制下，将数据存入对应的触发器。

图 9-12 所示为由下降沿触发的 D 触发器构成的 4 位数码寄存器。$D_0 \sim D_3$ 为数码输入端，$Q_0 \sim Q_3$ 为数码输出端，$\overline{R}_D$ 是清零端，CP 是时钟脉冲输入端。电平触发或上升沿触发的 D 触发器也可以构成寄存器，不同的是时钟控制的方式不同。一般来说，CP 时钟信号也可以用 CLK 表示。

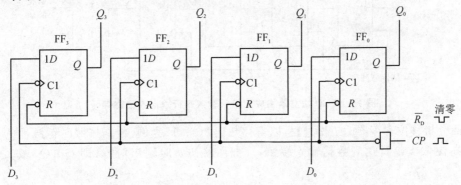

图 9-12　4 位数码寄存器

当 $\overline{R}_D=0$ 时，通过异步输入端 $\overline{R}_D$ 将 4 个 D 触发器复位到 0 状态，实现异步清零功能。当 $\overline{R}_D=1$，且时钟脉冲 CP 由 0 跳变到 1 时，经过非门后时钟变成下降沿，触发 D 触发器，则加在并行数码输入端的数码就会立即被送进寄存器中，使输出端并行输出数码，从而完成接收寄存数码的功能。

上述寄存器接收数据时，所有的数码都是同时输入并行输出的，这种方式称为并行输入、并行输出方式。需要注意的是在寄存数据前先清零。

例如，寄存二进制数（$D_3 \sim D_0$）1011，通过清零端 $\overline{R}_D$ 使触发器的输出为 0，当 $CP=0$ 时，经过非门后加到触发器的时钟为 1，由于触发器为下降沿触发，这时触发器不工作；当时钟脉冲 CP 由 0 跳变到 1 时，经过非门后时钟变成下降沿，触发 D 触发器，这时数据 1011 输入到 $D_3 \sim D_0$，因为 D 触发器的输出端 $Q_{n+1}=D$，所以 $Q_3 \sim Q_0$ 为 1011；当时钟脉冲 CP 再由 1 跳变到 0 时，由于加到触发器的时钟为上升沿，所以触发器不工作，输出保持不变，从而实现了数据的寄存。

上述寄存器为 4 位数码寄存器，同样可以寄存 5 位、8 位、12 位等，把寄存器存储数据的位数称为寄存器的存储容量，寄存器的存储容量由触发器的个数来决定。

9.2.2 移位寄存器

移位寄存器的功能不仅能够寄存代码，还可以对代码进行移位。移位寄存器存放数码的方式有并行和串行两种。并行方式就是数码同时从各个对应位输入寄存器中；串行方式就是数码从一个输入端逐位输入寄存器中。寄存器取出数码的方式也有并行和串行两种。并行方式就是各个对应位数码在输出端上同时输出；串行方式就是被取出的数码在一个输出端逐位输出。因此，寄存器存取数码方式有串行输入串行输出、串行输入并行输出、并行输入并行输出和并行输入串行输出 4 种。

1. 串行输入串行输出移位寄存器

串行输入/串行输出是指每次通过一条线路输送和接收一位数据，一次传送一位。

图 9-13 所示为由 5 个上升沿触发 D 触发器构成的 5 位寄存器。数据输入和输出通过一根传输线传输，属于串行输入/串行输出模式。

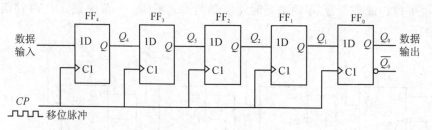

图 9-13 D 触发器构成的串行输入串行输出 5 位寄存器

下面分析移位寄存器的工作过程，以寄存数码"10111"为例，数据按照时钟脉冲的节拍从低位到高位依次串行送到数据输入端 D_i。寄存器初始时输出清零，即 Q_0、Q_1、Q_2、Q_3、Q_4 置 0。

首先最低位 1（最右一位）加载到数据输入线上，当第一个脉冲上升沿到来时，使得 FF_4 的 $Q_4=1$，其他输出状态保持 0 不变。

当第二个脉冲上升沿到来时,次低位 1 已加载到数据输入线上,使得 FF_4 的 $Q_4=1$,FF_3 的 $Q_3=1$,其他输出状态保持 0 不变。

当第三个脉冲上升沿到来时,中间位 1 已加载到数据输入线上,使得 $Q_4=1$,$Q_3=1$,$Q_2=1$,其他输出状态保持 0 不变。

当第四个脉冲上升沿到来时,次高位 0 已加载到数据输入线上,使得 $Q_4=0$,$Q_3=1$,$Q_2=1$,$Q_1=1$,FF_0 的输出 $Q_0=0$ 保持不变。

当第五个脉冲上升沿到来时,最高位 1 已加载到数据输入线上,使得 $Q_4=1$,$Q_3=0$,$Q_2=1$,$Q_1=1$,$Q_0=1$。

经过 5 个脉冲后寄存器存有数码 $Q_4Q_3Q_2Q_1Q_0=10111$,其工作过程波形图如图 9-14 所示。

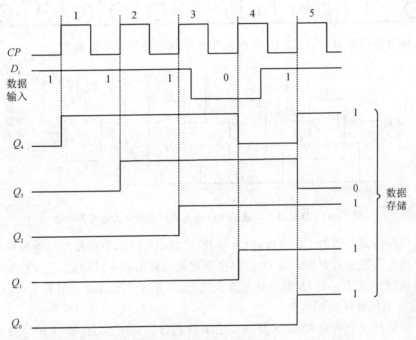

图 9-14 串行输入串行输出 5 位寄存器工作过程波形图

以上 5 个脉冲完成了数据串行进入寄存器。如果要得到寄存器输出的数据,就需要将数据串行移出,从 Q_0 输出,因此时钟信号继续控制。当第 6 个脉冲上升沿到来时,次低位 1 出现 Q_4 输出;当第 7 个脉冲上升沿到来时,后面一位的 1 出现 Q_4 输出,依次类推,经过 10 个脉冲后,输入数据全部移出。寄存器数据的移位如表 9-9 所列。

2. 串行输入并行输出移位寄存器

串行输入/并行输出是指数据串行输入寄存器,数据位的输出是以并行的方式同时从每一级触发器输出。

图 9-15 所示为由 4 个上升沿触发 D 触发器构成的串行输入并行输出的 4 位右移寄存器。

表 9-9 寄存器数据移位表

输入		现态					次态				
D_i	CP	$Q_{4(n)}$	$Q_{3(n)}$	$Q_{2(n)}$	$Q_{1(n)}$	$Q_{0(n)}$	$Q_{4(n+1)}$	$Q_{3(n+1)}$	$Q_{2(n+1)}$	$Q_{1(n+1)}$	$Q_{0(n+1)}$
1	↑	0	0	0	0	0	1	0	0	0	0
1	↑	1	0	0	0	0	1	1	0	0	0
1	↑	1	1	0	0	0	1	1	1	0	0
0	↑	1	1	1	0	0	0	1	1	1	0
1	↑	0	1	1	1	0	1	0	1	1	1

通过上述分析可以看出,经过 10 个脉冲实现数据右移移位串行输出。

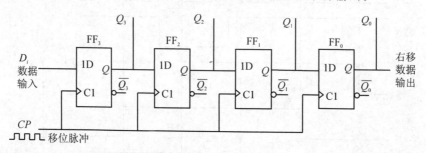

图 9-15 D 触发器构成的串行输入并行输出 4 位右移寄存器

下面分析移位寄存器的工作过程,以寄存数码"1001"为例,数据按照时钟脉冲的节拍从低位到高位依次串行送到数据输入端 D_i。寄存器初始时输出清零,即 Q_0、Q_1、Q_2、Q_3 置 0。

首先最低位 1(最右一位)加载到数据输入线上,当第 1 个脉冲上升沿到来时,使得 FF_3 的 $Q_3=1$,其他输出状态保持 0 不变。

当第 2 个脉冲上升沿到来时,次低位 0 已加载到数据输入线上,使得 FF_3 的 $Q_3=0$,FF_2 的 $Q_2=1$,其他输出状态保持 0 不变。

当第 3 个脉冲上升沿到来时,次高位 0 已加载到数据输入线上,使得 $Q_3=0$,$Q_2=0$,$Q_1=1$,其他输出状态保持 0 不变。

当第 4 个脉冲上升沿到来时,最高位 1 已加载到数据输入线上,使得 $Q_3=1$,$Q_2=0$,$Q_1=0$,$Q_0=1$。

当移位脉冲 CP 上升沿到来时,每个触发器的状态向右移动给下一个触发器,经过 4 个脉冲后,4 位数据寄存到各个触发器的输出端,如表 9-10 所列。与串行输入串行输出不同的是数据输出不用逐位取出,可以从 4 个触发器的 Q 端直接得到并行的数码输出。因此,称为串行输入并行输出方式。

常用的双向移位集成寄存器有 74LS194、74LS195 以及 8 位寄存器 74HC165 等。其中,74HC165 集成移位寄存器常用于数码管显示和键盘处理,下面主要介绍 74HC165 集成芯片的构成和使用。

第 9 章 时序逻辑电路

表 9-10 串行输入并行输出 4 位右移寄存器数据移位表

输入		现态				次态			
D_i	CP	$Q_{3(n)}$	$Q_{2(n)}$	$Q_{1(n)}$	$Q_{0(n)}$	$Q_{3(n+1)}$	$Q_{2(n+1)}$	$Q_{1(n+1)}$	$Q_{0(n+1)}$
1	↑	0	0	0	0	1	0	0	0
0	↑	0	0	0	0	0	1	0	0
0	↑	1	0	0	0	0	0	1	0
1	↑	1	1	1	0	1	0	0	1

74HC165 是一个 8 位串行或并行输入串行输出的移位寄存器。具有一个串行输入(DS 引脚)、8 个并行数据输入($D_0 \sim D_7$)和两个互补的串行输出(Q_7 和 $\overline{Q_7}$),芯片外形和引脚分布图如图 9-16 所示,引脚功能表如表 9-11 所列。

(a) 外形图

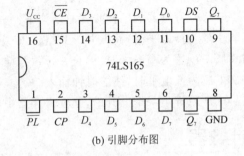

(b) 引脚分布图

图 9-16 74HC165 芯片外形和引脚分布图

表 9-11 74HC165 芯片引脚功能表

符 号	引 脚	功 能
$\overline{PL}$	1	异步并行读取端(低电平有效) asynchronous parallel load input (active LOW)
CP	2	时钟输入端 clock input (LOW-to-HIGH edge-triggered)
$D_0 \sim D_7$	11~14,3~6	并行数据输入 parallel data inputs
$\overline{Q_7}$	7	互补输出端 complementary output from the last stage
GND	8	地 ground 0V
Q_7	9	串行输出 serial output from the last stage

续表 9-11

符 号	引 脚	功 能
DS	10	串行输入 serial data inputs
$\overline{CE}$	15	时钟使能端（低电平有效） clock enable input (active LOW)
U_{CC}	16	正电源 positive supply voltage

当 $\overline{PL}$ 引脚为低电平时，$D_0 \sim D_7$ 端的数据并行进入移位寄存器；当 $\overline{PL}$ 引脚为高电平时，数据从 DS 引脚串行进入寄存器。$\overline{CE}$ 为时钟控制端，当 $\overline{CE}$ 引脚为低电平时，数据在时钟 CP 上升沿时数据进行移位；当 $\overline{CE}$ 引脚为高电平时，时钟输入无效。

74HC165 的时钟输入是一个或门结构，允许其中一个输入端作为时钟输入。使能端 ($\overline{CE}$) 低电平有效。CP 和 $\overline{CE}$ 的引脚分配是独立的，并且在必要时为了布线的方便可以互换。只有在 CP 为高电平时，才允许 $\overline{CE}$ 低转高。

74HC165 移位寄存器的工作步骤总结如下：
① 引脚 $\overline{PL}$ 为低电平时，获取并行数据输入，数据移入移位寄存器。
② 将引脚 $\overline{PL}$ 置为高电平时，停止并行数据输入。
③ 引脚 $\overline{CE}$ 为低电平时，使能时钟输入。
④ 时钟 CP 每产生一个上升沿，移位寄存器中的数据从高位到低位依次移出到 Q_7。

9.3 计数器

计数器是由基本触发器构成的，是数字系统中用得较多的基本逻辑器件。它不仅能记录输入时钟脉冲的个数，还可以实现分频、定时、产生节拍脉冲和脉冲序列等。常用于计算机中的时序发生器、分频器、指令计数器等。

计数器的种类很多。按时钟脉冲输入方式的不同可分为同步计数器和异步计数器；按进位体制的不同可分为二进制计数器、十进制计数器和任意进制计数器；按计数过程中数字增减趋势的不同可分为加计数器、减计数器和可逆计数器。下面主要介绍二进制计数器和十进制计数器。

9.3.1 二进制计数器

二进制计数器是按二进制的计数规律累计脉冲个数，是构成其他进制计数器的基础。要构成 n 位二进制计数器，需用 n 个具有计数功能的触发器。要实现 4 位二进制加法计数器，则必须用 4 个触发器，采用不同的触发器可以设计出不同逻辑功能的电路。

1. 异步二进制计数器

在异步计数器中，各触发器的时钟信号不是同步的，触发器的翻转有先有后，因此称为异步计数器。

(1) 3位异步二进制计数器

图 9-17 所示为由 JK 触发器连接成 T 触发器形式构成的 3 位异步二进制加法计数器。

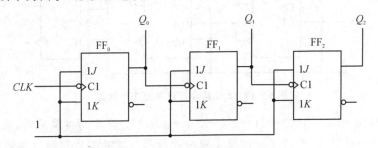

图 9-17 3 位异步二进制加法计数器

CLK 作为 FF_0 的输入脉冲，Q_0 作为 FF_1 的输入脉冲，Q_1 作为 FF_2 的输入脉冲，Q_0、Q_1、Q_2 作为输出。3 个触发器的脉冲不能同时触发，从而构成异步计数器。

工作过程分析如下：当第一个脉冲 CLK 的下降沿到来时，Q_0 翻转一次；Q_0 从 1 变成 0 时，Q_1 发生翻转；Q_1 从 1 变成 0 时，Q_2 发生翻转。也就是最低位触发器来一个脉冲就翻转一次，每个触发器由 1 变为 0 时，要产生进位信号，这个进位信号使相邻的高位触发器翻转。时钟信号和触发器输出的波形图如图 9-18 所示。

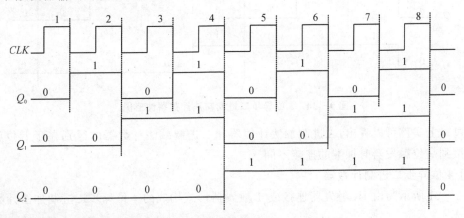

图 9-18 3 位异步二进制加法计数器波形图

从图中可看出，随着时钟的变化，3 位二进制计数器的输出呈现了 8 种不同的状态，即 000→001→010→011→100→101→110→111→000，经过 7 个时钟脉冲后，第 8 个脉冲下降沿到来时恢复到 000 状态，构成了 3 位异步加法计数器。

如果将上述计数器两个触发器之间的连接线进行改接，CLK 作为 FF_0 的输入脉冲，$\overline{Q_0}$ 作为 FF_1 的输入脉冲，$\overline{Q_1}$ 作为 FF_2 的输入脉冲，Q_0、Q_1、Q_2 作为输出。就构成了 3 位异步减法计数器，如图 9-19 所示。

FF_0 触发器时钟接 CLK，Q_0 在 CLK 的下降沿触发翻转；FF_1 触发器时钟接 $\overline{Q_0}$，因此 Q_1 在 $\overline{Q_0}$ 的下降沿（即 Q_0 的上升沿）触发翻转；FF_2 触发器时钟接 $\overline{Q_1}$，因此 Q_2 在 $\overline{Q_1}$ 的下降沿（即 Q_1 的上升沿）触发翻转。

从图 9-19 中可以看出，随着时钟的变化，3 位二进制计数器的输出呈现了 8 种不同的状

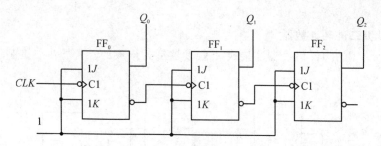

图 9-19 3 位异步二进制减法计数器

态,000→111→110→101→100→011→010→001→000,经过 7 个时钟脉冲后,第 8 个脉冲下降沿到来时恢复到 000 状态,构成了 3 位异步减法计数器。时钟信号和触发器输出的波形图如图 9-20 所示。

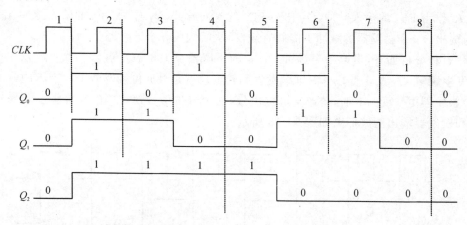

图 9-20 3 位异步二进制减法计数器波形图

通过以上实例可以看出,二进制加法计数器和二进制减法计数器的区别在于低位触发器输出端接到高位触发器时钟端的连接不同。

(2) 4 位异步二进制计数器

图 9-21 所示为由 JK 触发器连接成 T 触发器形式构成的 4 位异步二进制加法计数器。

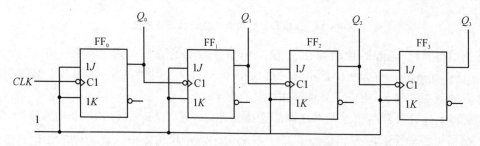

图 9-21 4 位异步二进制加法计数器

分析过程同 3 位异步二进制加法计数器类似。FF_0 触发器时钟接 CLK,Q_0 在 CLK 的下降沿触发翻转;FF_1 触发器时钟接 Q_0,因此 Q_1 在 Q_0 的下降沿触发翻转;FF_2 触发器时钟接 Q_1,因此 Q_2 在 Q_1 的下降沿触发翻转;FF_3 触发器时钟接 Q_2,因此 Q_3 在 Q_2 的下降沿触发翻转。时钟信号和触发器输出的波形图如图 9-22 所示。

第9章 时序逻辑电路

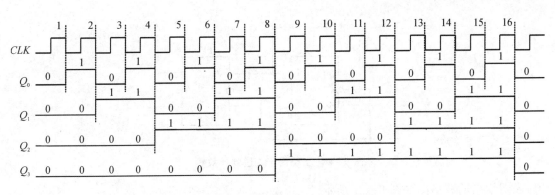

图 9-22 4位异步二进制加法计数器波形图

(3) 4位异步二进制加法计数器 74LS293

74LS293 是一个4位异步二进制加法计数器,其逻辑符号如图 9-23 所示,功能表如表 9-12 所列。74LS293 由一个二进制和一个八进制计数器组成,时钟端 CP_0 和 Q_A 组成二进制计数器,时钟端 CP_1 和 Q_D、Q_C、Q_B 组成八进制计数器,清除端 $R_{0(1)}$ 和 $R_{0(2)}$ 由两个计数器共同使用。

74LS293 各引脚功能为:12、13 脚为清零端 $R_{0(1)}$ 和 $R_{0(2)}$,高电平有效;10、11 脚为时钟端 CP_0 和 CP_1;9、5、4、8 脚为数据输出端 $Q_A \sim Q_D$。

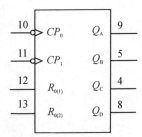

图 9-23 74LS293 逻辑符号

表 9-12 74LS293 功能表

输入				输出				功能
$R_{0(1)}$	$R_{0(2)}$	CP_0	CP_1	Q_D	Q_C	Q_B	Q_A	
1	1	×	×	0	0	0	0	清 0
00 或 01 或 10		CP↓	0	—	—	—	Q_A	二进制计数
		0	CP↓	Q_D	Q_C	Q_B		八进制计数
		CP↓	Q_A	Q_D	Q_B	Q_A	Q_A	十六进制计数
		Q_D	CP↓	Q_A	Q_B	Q_C	Q_D	十六进制计数

2. 同步二进制计数器

同步计数器是指时钟脉冲同时作用于各个触发器,每一个触发器的状态变换与计数脉冲同步,故称为同步计数器。由于每个触发器是同步翻转,因此同步计数器相对于异步计数器工作速度更快,但布线相对复杂。

(1) 2位同步二进制计数器

图 9-24 所示为由下降沿触发的 JK 触发器构成的2位同步二进制计数器,时钟 CLK 同时连接到 FF_0、FF_1 触发器的时钟端,FF_0 触发器的输出 Q_0 连接到 FF_1 输入 $J1$、$K1$。

在前面 JK 触发器的介绍中可知,当 $J=0$、$K=0$ 时,JK 触发器具有保持功能;当 $J=1$、$K=1$ 时,$Q_{n+1}=\overline{Q_n}$,时钟的下降沿触发翻转,具有计数功能。从图 9-24 可知,只有当 $Q_0=1$ 时,FF_1 在时钟的下降沿触发,输出 Q_1 翻转一次;当 $Q_0=0$ 时,Q_1 保持原来状态不变。时钟信号

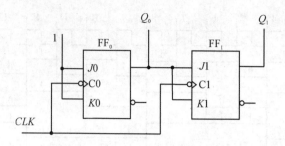

图 9-24　2 位同步二进制计数器

和触发器输出的波形图如图 9-25 所示。

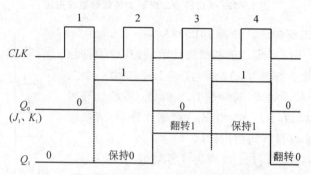

图 9-25　2 位同步二进制计数器波形图

从图中可以看出,随着时钟的变化,2 位二进制计数器的输出呈现了 4 种不同的状态,00→01→10→11→00,经过 3 个时钟脉冲后,第 4 个脉冲上升沿到来恢复到 00 状态。

(2) 3 位同步二进制计数器

图 9-26 所示为由 JK 触发器连接成 T 触发器形式构成的 3 位同步二进制计数器。

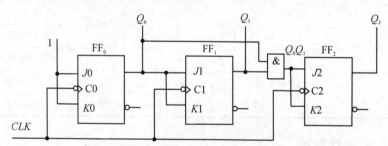

图 9-26　3 位同步二进制加法计数器

CLK 作为 3 个触发器的输入脉冲,Q_0 作为 FF_1 的输入信号,Q_1 与 Q_0 的与信号作为 FF_2 的输入信号,Q_0、Q_1、Q_2 作为输出。3 个触发器的输入脉冲同步构成 3 位同步计数器。

从图 9-26 可看出,随着时钟的变化,3 位二进制计数器的输出呈现了 8 种不同的状态,000→001→010→011→100→101→110→111→000,经过 7 个时钟脉冲后,第 8 个脉冲下降沿到来时恢复到 000 状态,构成了 3 位同步加法计数器。

(3) 4 位同步二进制加法计数器 74LS161

74LS161 是 TTL 型 4 位二进制加法计数器集成电路,74HC161 是 CMOS 型集成电路,两者功能相同。74LS161 的外形和引脚分布如图 9-27 所示。

第9章 时序逻辑电路

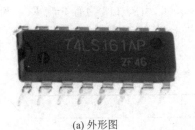
(a) 外形图

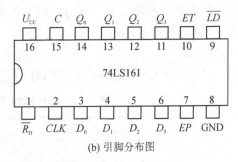
(b) 引脚分布图

图 9-27　74LS161 芯片的外形及引脚分布图

74LS161 与 74LS160 的功能表相同，不同的是 74LS160 是十进制计数器，也就是说它的计数范围是从 0000~1001，计数到 9 之后下一个时钟就回到 0；74LS161 是十六进制计数器，它的计数范围是从 0000~1111，然后回到 0。

74LS161 的主要功能如下：

① 异步清零功能：当 $\overline{R_D}=0$ 时，不论有无时钟脉冲 CLK 和其他信号输入，计数器都被清零，即 $Q_0 \sim Q_3$ 都为 0。

② 同步并行置数功能：当 $\overline{R_D}=1$、$\overline{LD}=0$ 时，在输入时钟脉冲 CLK 上升沿的作用下，并行输入的数据 $D_0 \sim D_3$ 被置入计数器，即 $Q_0 \sim Q_3 = D_0 \sim D_3$。

③ 计数功能：当 $\overline{LD} = \overline{R_D} = EP = ET = 1$，且 CLK 端输入计数脉冲时，计数器进行二进制加法计数。

④ 保持功能：当 $\overline{LD} = \overline{R_D} = 1$ 时，且 EP 和 ET 中有一个为 0 时，则计数器保持原来状态不变。

9.3.2　十进制计数器

用 4 位二进制数表示 1 位十进制数的计数器称为十进制计数器。十进制计数器是在二进制计数器的基础上得出的，采用 8421 编码方式，取 4 位二进制数前面的 0000~1001 来表示十进制的 0~9 共 10 个数码。

1. 异步十进制计数器 74LS290

74LS290 是一个异步十进制计数器，其外形和引脚分布如图 9-28 所示。

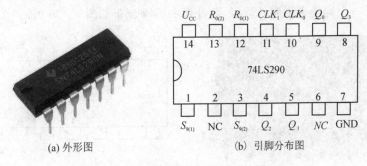

(a) 外形图　　　　　　(b) 引脚分布图

图 9-28　74LS290 芯片的外形及引脚分布图

74LS290 芯片是由下降沿触发的 JK 触发器和外围门电路构成。引脚 12、13 为清零端 $R_{0(1)}$ 和 $R_{0(2)}$，当同时为高电平时，输出 $Q_3Q_2Q_1Q_0=0000$；引脚 1、3 为置 9 端 $R_{9(1)}$ 和 $R_{9(2)}$，当同时为高电平时，输出 $Q_3Q_2Q_1Q_0=1001$，对应十进制数 9；引脚 10、11 为时钟端 CLK_0 和 CLK_1；引脚 9、5、4、8 为数据输出端 Q_0、Q_1、Q_2、Q_3。74LS290 的功能表如表 9-13 所列。

表 9-13　74LS290 芯片的功能表

$R_{0(1)}$	$R_{0(2)}$	$S_{9(1)}$	$S_{9(2)}$	输出			
1	1	0	×	0	0	0	0
1	1	×	0	0	0	0	0
×	×	1	1	1	0	0	1
×	0	×	0	计数			
0	×	×	0	计数			
×	0	0	×	计数			
0	×	×	0	计数			

74LS290 芯片共有两个时钟输入端 CLK_0 和 CLK_1，这样使用起来更为灵活。如果时钟信号从 CLK_0 输入，则 Q_0 为输出端，构成二进制计数器；如果时钟信号从 CLK_1 输入，则 $Q_3Q_2Q_1$ 为输出端，构成五进制计数器；如果时钟信号从 CLK_0 输入，Q_0 连接到 CLK_1，则 $Q_3Q_2Q_1Q_0$ 为输出端，构成十进制计数器。因此，又将 74LS290 芯片称为二-五-十进制计数器。74LS290 芯片构成十进制的逻辑图如图 9-29 所示。

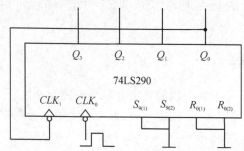

图 9-29　74LS290 芯片构成十进制计数器逻辑图

2. 同步十进制计数器 74LS160

74LS160 是一个同步十进制计数器，其外形和引脚分布如图 9-30 所示。

(a) 外形图

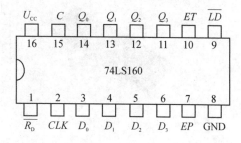
(b) 引脚分布图

图 9-30　74LS160 芯片的外形及引脚分布图

74LS160 芯片也是由 JK 触发器和外围门电路构成。引脚 1($\overline{R}_D$)为异步置零端,低电平有效;引脚 9($\overline{LD}$)为预置数控制端,$D_0 \sim D_3$ 为数据输入端;EP、ET 为工作状态控制端,C 为进位端。74LS160 芯片的逻辑符号如图 9-31 所示,其功能表如表 9-14 所列。

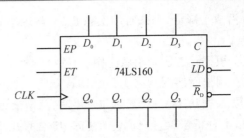

图 9-31　74LS160 芯片的逻辑符号

74LS160 芯片构成十进制的逻辑图如图 9-32 所示。

表 9-14　74LS160 芯片的功能表

输入									输出			
$\overline{R}_D$	$\overline{LD}$	EP	ET	CLK	D_3	D_2	D_1	D_0	Q_3	Q_2	Q_1	Q_0
0	×	×	×	×	×	×	×	×	0	0	0	0
1	0	×	×	↑	d_3	d_2	d_1	d_0	d_3	d_2	d_1	d_0
1	1	1	1	↑	×	×	×	×	计数			
1	1	0	×	×	×	×	×	×	保持			
1	1	×	0	×	×	×	×	×	保持			

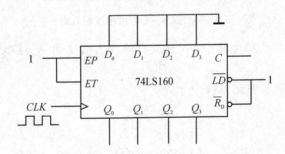

图 9-32　74LS160 芯片构成十进制计数器逻辑图

9.4　时序逻辑电路的分析与设计

9.4.1　时序逻辑电路的分析

分析时序逻辑电路就是根据已知的逻辑图求出电路所实现的功能。具体分析步骤如下:

① 首先分析电路的组成,并根据已知逻辑图写出方程,包括存储电路的驱动方程(触发输入信号表达式)、输出方程(输出信号表达式,若没有输出信号可不写)和时钟脉冲方程(触发器时钟信号表达式)。

② 列出状态方程,就是将驱动方程带入触发器的特性方程(状态方程实际上就是触发器的次态 Q_{n+1} 方程)。

③ 列出逻辑状态表,方法为:根据触发器的状态方程,求出对应的每一次 CP 脉冲有效沿

(上升沿或下降沿)到来时的次态 Q_{n+1} 与现态 Q_n 的取值对应关系,并将这种关系列成逻辑状态表。

④ 根据状态表画出状态图。

⑤ 画出时序图。

⑥ 根据状态表、状态图和时序图,总结出该时序电路的逻辑功能。

以上分析步骤可根据需要选择其中的几步或全部,主要目的是能够分析出电路的逻辑功能。

同步时序电路的分析方法一般就是通过电路分析写出电路的输出方程、驱动方程和状态方程,由此就能够得到电路的逻辑功能。

同步时序电路的分析步骤:分析电路,写出每个触发器的驱动方程→将驱动方程代入触发器的特性方程,得到状态方程→根据逻辑图写出电路的输出方程→分析逻辑功能。

【例 9-1】 试分析图 9-33 所示时序逻辑电路的逻辑功能。

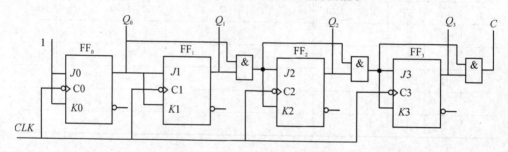

图 9-33 例 9-1 的时序逻辑电路

【解】 在本例的时序逻辑电路中,JK 触发器的输入端 J 和 K 连接到一起构成了 T 触发器。分析步骤如下:

(1) 写出每个触发器的驱动方程为

$$FF_0 : T_0 = 1$$
$$FF_1 : T_1 = Q_0$$
$$FF_2 : T_3 = Q_1 Q_0$$
$$FF_3 : T_4 = Q_2 Q_1 Q_0$$

(2) 将驱动方程代入 T 触发器的特性方程 $Q_{n+1} = T\overline{Q_n} + \overline{T}Q_n$,得到电路的状态方程为

$$Q_{0(n+1)} = \overline{Q_{0(n)}}$$
$$Q_{1(n+1)} = Q_{0(n)}\overline{Q_{1(n)}} + \overline{Q_{0(n)}}Q_{1(n)}$$
$$Q_{2(n+1)} = Q_{1(n)}Q_{0(n)}\overline{Q_{2(n)}} + \overline{Q_{1(n)}Q_{0(n)}}Q_{2(n)}$$
$$Q_{3(n+1)} = Q_{2(n)}Q_{1(n)}Q_{0(n)}\overline{Q_{3(n)}} + \overline{Q_{2(n)}Q_{1(n)}Q_{0(n)}}Q_{3(n)}$$

(3) 电路的输出方程为

$$C = Q_3 Q_2 Q_1 Q_0$$

根据以上方程可以列出电路的状态转换表,如表 9-15 所列。

表 9-15 例 9-1 时序逻辑电路的状态表

时钟顺序	Q_3	Q_2	Q_1	Q_0	C	十进制数
0	0	0	0	0	0	0
1	0	0	0	1	0	1
2	0	0	1	0	0	2
3	0	0	1	1	0	3
4	0	1	0	0	0	4
5	0	1	0	1	0	5
6	0	1	1	0	0	6
7	0	1	1	1	0	7
8	1	0	0	0	0	8
9	1	0	0	1	0	9
10	1	0	1	0	0	10
11	1	0	1	1	0	11
12	1	1	0	0	0	12
13	1	1	0	1	0	13
14	1	1	1	0	0	14
15	1	1	1	1	1	15
16	0	0	0	0	0	0

为了更直观形象地显示时序电路的逻辑功能,可以用状态转换图的形式表示状态的变化。在状态转换图中用圆圈表示电路的各个状态,以箭头表示状态转换的方向,箭头旁注明了状态转换前的输入变量取值和输出值。通常将输入变量取值写在斜线以上,将输出写在斜线以下,本例中的输出为 C,状态变换图如图 9-34 所示。

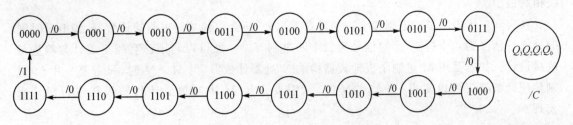

图 9-34 例 9-1 时序逻辑电路的状态变换图

通过逻辑状态表(状态变换图)可以看出,本时序逻辑电路的功能为经过 16 个脉冲,电路的状态循环变化一次,输出端 C 输出一个高电平。因此,本电路构成十六进制计数器,C 的输出为进位脉冲。

如果输入时钟信号 CLK 的频率为 f_0,则触发器的输出 Q_0、Q_1、Q_2、Q_3 的频率分别为 $\frac{1}{2}f_0$、$\frac{1}{4}f_0$、$\frac{1}{8}f_0$、$\frac{1}{16}f_0$。因此,该时序逻辑电路还具有分频的功能,也称为分频器。

在数字电路的实验或者计算机的模拟中,希望看出在不同时段各个输入/输出端口的状态,便于检查电路的逻辑功能,于是可以将状态表的内容转化成时间波形的形式。这种在时钟信号和输入信号作用下,电路的状态和输出状态随时间变化的波形图称为时序图。例9-1的时序图如图9-35所示。

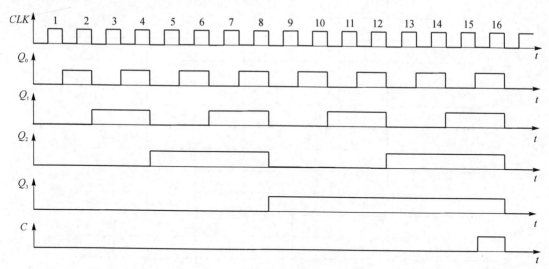

图9-35 例9-1时序逻辑电路的时序图

通过以上分析可知,状态转换表、状态转换图、时序图是描述时序逻辑电路的描述方法,能够清楚地描述电路的逻辑功能。

9.4.2 时序逻辑电路的设计

时序逻辑电路的设计就是根据具体的功能要求,设计实现这一逻辑功能的过程。下面以任意进制计数器的设计为例进行介绍。设计标准遵循原则为:使用的集成电路数目最少,且连线相对最少。

在实际应用中除了二进制和十进制计数器以外,还会用到其他进制的计数器,如电子时钟的分或秒信号为六十进制,小时信号为二十四进制等。一般可以利用已有的集成计数器进行改接设计。如若要用 M 进制集成计数器构成 N 进制计数器,当 $M>N$ 时,只需要一片 M 进制集成计数器就可以实现;当 $M<N$ 时,就需要多片 M 进制集成计数器级联进行设计来实现。

设计任意进制计数器一般有反馈清零法和反馈置数法。反馈清零法是指利用集成计数器的清零端,当计数器达到所需状态时强制性输出为零,使计数器从零开始重新计数;反馈置数法适用于集成计数器存在置数端的情况,设计思路是当计数器达到所需状态时,利用集成计数器的置数端强制性对其置数,使计数器从被置数的状态开始重新计数。

1. 反馈清零法

【例9-2】 试利用集成计数器74LS290设计八进制计数器。

【解】 74LS290是异步十进制计数器,而八进制计数器需要输出状态从0111直接跳转到0000,而没有后续的1000、1001状态。

八进制计数器的状态转换图如图9-36所示。

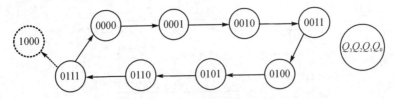

图9-36 八进制计数器状态转换图

计数器从0000开始计数,当第8个计数脉冲后,计数器即将变为1000状态,这时需要计数器回到0000状态,74LS290集成电路有两个清零端$R_{0(1)}$和$R_{0(2)}$,这时把1000状态的高电平端(Q_3)接到清零端$R_{0(1)}$和$R_{0(2)}$,因此计数器被强制清零回到初始状态0000,并开始新一轮重新计数,其逻辑图如图9-37所示。

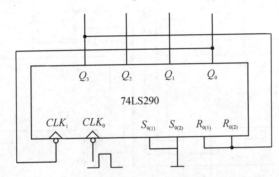

图9-37 反馈清零法设计八进制计数器的逻辑图

状态1000为暂态,在出现的瞬间就被强制清回到0000状态,不能显示出来。因此,计数状态为0000~0111这8个状态,则这种设计是八进制计数器。

【例9-3】 试用一片集成计数器74LS160设计一个七进制计数器。

【解】 74LS160是同步十进制计数器,令$EP=ET=1$、$\overline{LD}=1$时,计数器处于计数状态。

计数器从0000开始计数,当第7个计数脉冲后,计数器即将变为0111状态,引脚1($\overline{R_D}$)为异步清零端,低电平有效;如果把0111状态高电平的输出端经过门电路连接至$\overline{R_D}$,由于清零端$\overline{R_D}=\overline{Q_2Q_1Q_0}=0$,所以计数器被强制清零回到初始状态0000,并开始新一轮重新计数。状态0111在出现的瞬间就被强制清回到0000状态,不能显示出来。因此,计数状态为0000~0110这7个状态,则这种设计是七进制计数器,其逻辑图如图9-38所示。

【例9-4】 试用两片74LS290设计一个二十四进制计数器。

【解】 一片74LS290可以构成十进制计数器,它最大可计10个脉冲,要实现二十四进制计数器,就需要计24个脉冲,而两片74LS290级联最大可以计100个脉冲,满足要求。两片74LS290级联就是把个位的最高位Q_3与十位的CLK_0端连接起来。

计数器从0000 0000开始计数,当第10个计数脉冲后,低位计数器向高位计数器发送1个进位脉冲,本位归0。当第24个计数脉冲后,有0000 0000~0010 0100共25个状态。将最后一个状态反馈清零,使得$R_{0(1)}=R_{0(2)}=1$,计数器就会被强制清零回到0000 0000状态,而最后一个状态0010 0100为暂态,不显示,其逻辑图如图9-39所示。

计数器显示0000 0000~0010 0011共24个状态,从而实现了二十四进制计数器的设计。

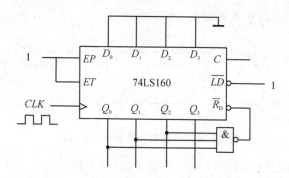

图 9-38 反馈清零法设计七进制计数器的逻辑图

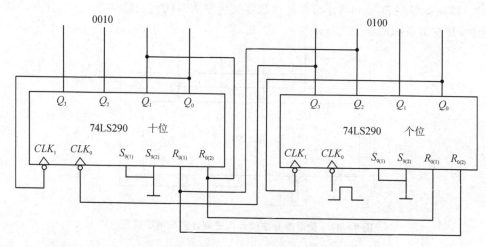

图 9-39 反馈清零法设计二十四进制计数器的逻辑图

2. 反馈置数法

【**例 9-5**】 试用一片 74LS160 设计一个七进制计数器(反馈置数法)。

【**解**】 74LS160 芯片的引脚 9($\overline{LD}$)为同步预置数控制端,当它为低电平时,输出转换为 $D_0 \sim D_3$ 为数据输入。

令 $EP=ET=1,\overline{R_D}=1$ 时,计数器处于计数状态。计数器从 0000 开始计数,当第 6 个计数脉冲后,计数器即将变为 0110 状态,令置数端 $\overline{LD}=\overline{Q_2 Q_1}=0$,所以计数器处于置数状态,当再来一个计数脉冲时置数开始,0000 被强制性送到 $Q_3 \sim Q_0$ 端,计数器开始从 0000 进入新一轮重新计数。状态 0110 是在下一个时钟脉冲出现后才会消失,可以显示出来,因此计数状态为 0000~0110,从而实现了七进制计数器的设计,其逻辑图如图 9-40 所示。

【**例 9-6**】 试用两片 74LS160 构成一个二十四进制计数器(反馈置数法)。

【**解**】 74LS160 是同步十进制加法计数器,它最大可以计 10 个脉冲,要实现二十四进制计数器,就需要计 24 个脉冲,所以采用两片 74LS160 级联可以实现,其逻辑图如图 9-41 所示。

级联通过个位的进位端 C 与十位的 EP 和 ET 端连接来实现。令两片 74LS160 的 $\overline{R_D}=1$,个位的 $EP=ET=1$,使计数器处于计数状态。计数器从 0000 0000 开始计数,当第 10 个计数脉冲后,低位计数器向高位计数器发送 1 个进位脉冲,本位归 0。当第 23 个计数脉冲后,计数

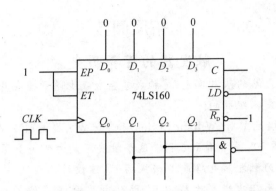

图 9-40 反馈置数法设计七进制计数器的逻辑图

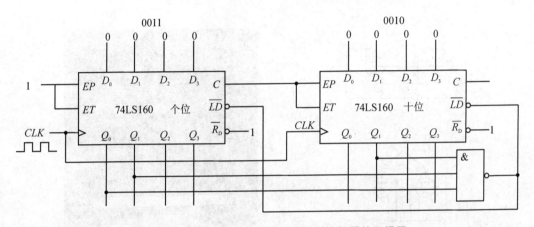

图 9-41 反馈置数法设计二十四进制计数器的逻辑图

器变为 0010 0011 状态,令十位置数端 $\overline{LD} = \overline{Q_1} = 0$,且个位置数端 $\overline{LD} = \overline{Q_1 Q_0} = 0$,则计数器处于置数状态,当再来一个计数脉冲时置数开始,0000 被强制性送到两片 $Q_3 \sim Q_0$ 端,计数器开始从 0000 进入新一轮重新计数。状态 0010 0011 是在下一个时钟脉冲出现后才会消失,可以显示出来,因此计数状态为 0000 0000~0010 0011,从而实现了二十四进制计数器的设计。

*拓展阅读

触发器的百年历史

触发器是时序逻辑电路的基本单元,是构成复杂数字电路的重要基石,可以说复杂的数字电路都是由一个个的触发器组成的。

1918年,威廉姆·埃克尔斯(Wiliam Eccles)和F·W·乔丹(F·W·Jordan)共同发明了第一台电子触发器(见图1),并申请了专利。这个触发器是由两个有源元件(真空管)组成的,这种早期的触发器被称为触发器电路或多谐振荡器,该设计用于1943年英国Colossus密码破译计算机(见图2)。第二次世界大战以后,晶体管取代了真空管成为了触发器中的核心元件。

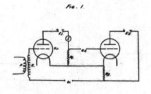

图1 第一台电子触发器原理图

图2 英国Colossus密码破译计算机

1953年,Eldred Nelson创造了术语JK来纪念集成电路的发明者Jack·Kilby,JK表示的实际意义是两个输入都打开时会改变状态的触发器。其他如SR、D、T触发器的名字都是由菲斯特创造的。

1957年,晶闸管被发明后,随之出现了晶闸管触发器。这种晶闸管触发器全部由分立器件组成。由于分立器件分散性大,其参数容易受环境温度等变化的影响而漂移,导致这种晶闸管触发器系统结构及配线都比较复杂,而可靠性又相对较差,使用非常不方便。

从20世纪70年代至今,世界上电力电子技术发达的国家不断推出模拟集成触发器,使晶闸管的控制变为一块控制板,使用极为方便,大大弥补了分立器件构成晶闸管的缺点。

随着微型计算机技术的发展,人们能够方便地应用微单片机技术来制作触发器,从而提高了晶闸管触发器的控制精度,使用更加方便。随着科技的进一步发展,触发器的未来甚至可能实现单片智能化。

可以看到,触发器沿着电子技术发展的路径,创造了自己光辉的一百年。

第9章 时序逻辑电路

习 题

一、填空题

1. 组合逻辑电路的基本单元是_____，时序逻辑电路的基本单元是_____。
2. n 个触发器最多存储_____位二进制数。
3. JK 触发器的特性方程是_____，D 触发器的特性方程是_____。
4. JK 触发器的功能包括_____、_____、_____、_____4种。
5. 时序逻辑电路的输出信号不仅与_____状态有关，而且还与电路的_____状态有关。
6. 时序逻辑电路按其状态改变是否受同一时钟信号控制，可将其分为_____和_____两类。
7. 寄存器存放或取出数码的方式有_____和_____两种。
8. 移位寄存器既能_____数据，又能完成_____功能。
9. 要构成 n 位二进制计数器，需用_____个具有计数功能的触发器，最大计数为_____。
10. 构成任意进制计数器一般有_____和_____两种方法。

二、选择题

1. 可控 RS 触发器正常工作时，在 $R=0$、$S=1$ 的情况下，触发器具有（　　）功能。
   A. 置0　　　　　　　B. 置1　　　　　　　C. 保持
2. JK 触发器正常工作时，在 $J=1$、$K=1$ 的情况下，触发器具有（　　）功能。
   A. 置0　　　　　　　B. 保持　　　　　　　C. 计数
3. 要实现 $Q_{n+1}=Q_n$，JK 触发器的 J、K 取值应为（　　）。
   A. $J=0$、$K=0$　　　B. $J=0$、$K=1$　　　C. $J=1$、$K=1$
4. 如习题图1所示的触发器具有（　　）功能。
   A. 置1　　　　　　　B. 保持　　　　　　　C. 计数

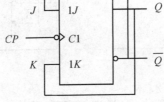

习题图1

5. 如习题图2所示触发器，设初始状态为0，其中 J 悬空（$J=1$），则输出 Q 的波形为（　　）。
6. 设移位寄存器的初始状态 $Q_3Q_2Q_1Q_0$ 为 0000，串行输入数码 $D_1=1011$，按照右移寄存器的移位方式，经过3个移位脉冲，寄存器中的数码 Q_3、Q_2、Q_1、Q_0 依次为（　　）。
   A. 1100　　　　　　　B. 0101　　　　　　　C. 0110
7. 设移位寄存器的初始状态 $Q_3Q_2Q_1Q_0$ 为 0000，串行输入数码 $D_1=1100$，按照左移寄存器的移位方式，经过3个移位脉冲，寄存器中的数码 Q_3、Q_2、Q_1、Q_0 依次为（　　）。

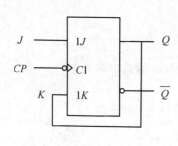
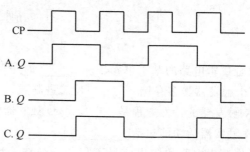

习题图2

A. 0110   B. 1010   C. 0101

8. 时序逻辑电路中一定会含有( )。

A. 组合逻辑电路   B. 触发器   C. 译码器

9. 在下列电路中,输出仅与该时刻输入有关的是( )。

A. 译码器   B. 触发器   C. 计数器

10. 如习题图3所示是( )计数器。

A. 五进制   B. 六进制   C. 七进制

11. 如习题图4所示是( )计数器。

A. 五进制   B. 六进制   C. 七进制

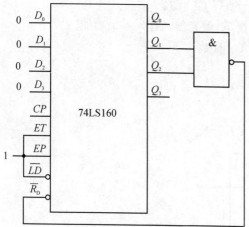

习题图3   习题图4

12. M 进制计数器状态转换特点是:设定初态后,每来( )个计数脉冲 CP,计数器重新回到初态。

A. $M-1$ B. M C. $M+1$

13. 如习题图5所示是( )计数器。

A. 五进制   B. 六进制   C. 七进制

三、分析设计题

1. $\overline{S}_D$ 和 $\overline{R}_D$ 两个输入端起什么作用?

2. 数码寄存器和移位寄存器有什么区别?

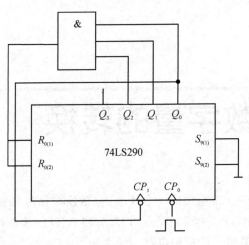

习题图 5

3. 同步时序电路与异步时序电路的区别有哪些？
4. 试用一片 74LS160 采用反馈异步清零法设计一个五进制计数器，要求计数从 0 到 4。
5. 试用一片 74LS290 采用异步清零法设计一个八进制计数器，要求计数从 0 到 7。
6. 试用 74LS161 型同步二进制计数器设计十二进制计数器：
(1) 用清零法。
(2) 用置数法。
7. 试用两片 74LS290 异步十进制计数器芯片设计一个六十进制计数器的电路，并画出电路图。

第 10 章
模拟量和数字量的转换

信号处理是数字技术中非常重要的一个环节,包括模拟信号转换为数字信号(A/D)和数字信号转换成模拟信号(D/A)。本章主要介绍 D/A 和 A/D 的转换原理、转换步骤,常用的集成 D/A 和 A/D 转换器及其常见的应用电路。

10.1 D/A 转换器

D/A 转换器(Digital to Analog Converter,DAC)又称为数模转换器,是将数字量转换成模拟量的器件。目前最常用的是权电阻网络 D/A 转换器、倒 T 型电阻网络 D/A 转换器和开关树型 D/A 转换器。

10.1.1 D/A 转换器转换原理

1. 权电阻网络 D/A 转换器

一个 n 位二进制数可以用 $D_n = d_{n-1}d_{n-2}\cdots d_1 d_0$ 表示,从最高位(Most Significant Bit, MSB)到最低位(Least Significant Bit, LSB)的权依次为 2^{n-1}、2^{n-2}、$\cdots$、2^1、2^0。

图 10-1 所示为 4 位权电阻网络 D/A 转换器,它由权电阻网络、电子模拟开关、求和运算放大器、基准电压 4 部分组成。运算放大器接成反相比例运算电路,其输出为模拟电压 U_o;模拟开关由输入的 4 位二进制数 d_3、d_2、d_1 和 d_0 控制。

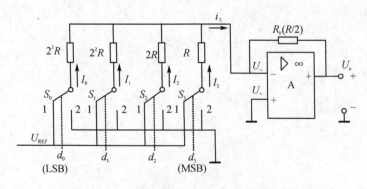

图 10-1 4 位权电阻网络 D/A 转换器原理图

在分析电路时,运算放大器可看成理想运算放大器,即 $U_+ \approx U_- = 0$,可得

$$I_3 = \frac{U_{\text{REF}}}{R}d_3$$

当 $d_3=1$ 时，模拟开关 S_3 接通到 1 状态，$I_3=\frac{U_{\text{REF}}}{R}$；当 $d_3=0$ 时，模拟开关 S_3 接通到 2 状态，$I_3=0$；

$$I_2 = \frac{U_{\text{REF}}}{2R}d_2$$

当 $d_2=1$ 时，模拟开关 S_2 接通到 1 状态，$I_2=\frac{U_{\text{REF}}}{2R}$；当 $d_2=0$ 时，模拟开关 S_2 接通到 2 状态，$I_2=0$；

$$I_1 = \frac{U_{\text{REF}}}{2^2 R}d_1$$

当 $d_1=1$ 时，模拟开关 S_1 接通到 1 状态，$I_1=\frac{U_{\text{REF}}}{2^2 R}$；当 $d_1=0$ 时，模拟开关 S_1 接通到 2 状态，$I_1=0$；

$$I_0 = \frac{U_{\text{REF}}}{2^3 R}d_0$$

当 $d_0=1$ 时，模拟开关 S_0 接通到 1 状态，$I_0=\frac{U_{\text{REF}}}{2^3 R}$；当 $d_0=0$ 时，模拟开关 S_0 接通到 2 状态，$I_0=0$。

利用节点电流定律可知

$$\begin{aligned} i_\Sigma &= I_3 + I_2 + I_1 + I_0 \\ &= \frac{U_{\text{REF}}}{R}d_3 + \frac{U_{\text{REF}}}{2R}d_2 + \frac{U_{\text{REF}}}{2^2 R}d_1 + \frac{U_{\text{REF}}}{2^3 R}d_0 \\ &= \frac{U_{\text{REF}}}{2^3 R}(2^3 d_3 + 2^2 d_2 + 2^1 d_1 + 2^0 d_0) \end{aligned}$$

集成运算放大器构成反向比例运算电路，$U_\text{o} = -R_F i_\Sigma$，又因 $R_F = 1/2R$，则

$$U_\text{o} = -\frac{U_{\text{REF}}}{2^4}(2^3 d_3 + 2^2 d_2 + 2^1 d_1 + 2^0 d_0)$$

由上式可以看出，输出的模拟电压与输入的数字量成正比，实现了数字信号到模拟信号的转换。

如果为 n 位二进制数，在 4 位的基础上增加电阻网络即可，则 n 位数对应的输出电压为

$$U_\text{o} = -\frac{U_{\text{REF}}}{2^n}(2^{n-1}d_{n-1} + 2^{n-2}d_{n-2} + \cdots + 2^2 d_2 + 2^1 d_1 + 2^0 d_0)$$

图 10-1 所示的 D/A 转换器电路简单易于理解，但是各电阻的阻值相差较大且要严格相差两倍，当输入的位数增加时问题更是突出。为了解决这个问题，研究出了倒 T 型电阻网络 D/A 转换器。

2. 倒 T 型电阻网络 D/A 转换器

4 位倒 T 型电阻网络 D/A 转换器的电路结构如图 10-2 所示。电路中的电阻只有 R、$2R$ 两种。根据理想运算放大器的性质（$U_- \approx 0$），模拟开关不管是接 1 还是接 2，都相当于接在零

电位上。

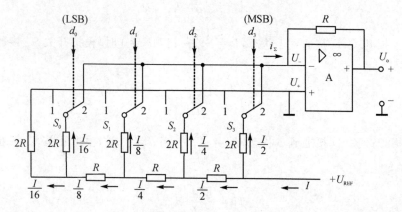

图 10-2 倒 T 型电阻网络 D/A 转换器原理图

根据图 10-2 所示的原理图,可得

$$I = \frac{U_{REF}}{R}$$

$$i_\Sigma = \frac{I}{2}d_3 + \frac{I}{4}d_2 + \frac{I}{8}d_1 + \frac{I}{16}d_0$$

集成运算放大器构成反向比例运算电路,$U_o = -Ri_\Sigma$,则

$$U_o = -\frac{U_{REF}}{2^4}(2^3 d_3 + 2^2 d_2 + 2^1 d_1 + 2^0 d_0)$$

由上式同样可以看出,输出的模拟电压与输入的数字量成正比,实现了数字信号到模拟信号的转换。

如果为 n 位二进制数,在 4 位的基础上增加电阻网络即可,则 n 位数对应的输出电压为

$$U_o = -\frac{U_{REF}}{2^n}(2^{n-1} d_{n-1} + 2^{n-2} d_{n-2} + \cdots + 2^2 d_2 + 2^1 d_1 + 2^0 d_0)$$

图 10-2 所示的 D/A 转换器电阻上始终有电流流过,转换速度高,而且只有两种阻值的电阻,克服了权电阻网络 D/A 转换器各电阻的阻值相差较大的缺点。

3. 开关树型 D/A 转换器

3 位二进制数的开关树型 D/A 转换器的电路结构图如图 10-3 所示,其开关网络接成树状,且电路中只有一种电阻。

开关 S_{00}、S_{01}、S_{10}、S_{11}、S_{20}、S_{21} 接通时为 1,断开时为 0,受输入的二进制代码 d_0、d_1、d_2 和 $\overline{d_0}$、$\overline{d_1}$、$\overline{d_2}$ 控制。

由图 10-3 所示的原理图,可得

$$U_o = \frac{U_{REF}}{2}d_2 + \frac{U_{REF}}{2^2}d_1 + \frac{U_{REF}}{2^3}d_0 = \frac{U_{REF}}{2^3}(2^2 d_2 + 2^1 d_1 + 2^0 d_0)$$

如果为 n 位二进制数,在 3 位的基础上增加电阻网络即可,则 n 位数对应的输出电压为:

$$U_o = \frac{U_{REF}}{2^n}(2^{n-1} d_{n-1} + 2^{n-2} d_{n-2} + \cdots + 2^2 d_2 + 2^1 d_1 + 2^0 d_0)$$

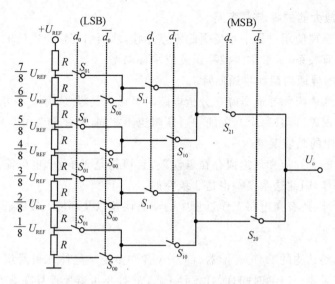

图 10-3 开关树型 D/A 转换器原理图

图 10-3 所示的 D/A 转换器电阻种类单一、输出端不取电流,而且对开关的导通内阻要求不高、转换速度快。其缺点是转换位数增加时,电阻开关器件的数量呈 2^n 增加。

10.1.2 D/A 转换器的主要技术指标

1. 分辨率

分辨率是指 D/A 转换器所能分辨出来的最小输出电压值(输入的数字代码只有最低有效位为 1,其余为 0)与最大输出电压值(输入的数字代码全部为 1)的比值,即

$$\frac{U_{\text{LSB}}}{U_{\text{MSB}}} = \frac{-U_{\text{REF}}}{2^n} \bigg/ \frac{-(2^{n-1})U_{\text{REF}}}{2^n} = \frac{1}{2^n - 1}$$

假如 8 位 D/A 转换器,则其分辨率为

$$\frac{1}{2^8 - 1} = \frac{1}{255} \approx 0.0039$$

分辨率表示 D/A 转换器在理论上能达到的精度。

2. 转换误差

D/A 转换器的各个环节在性能和参数上与理论值之间存在着误差,因此实际达到的转换数据与理论数据存在着误差。这个误差是一个综合性的指标,影响的因素很多,主要有以下几个方面:

(1) 基准电压 U_{REF} 的稳定度

根据 D/A 转换器转换成模拟电压的数值为

$$U_o = -\frac{U_{\text{REF}}}{2^n}(2^{n-1}d_{n-1} + 2^{n-2}d_{n-2} + \cdots + 2^2 d_2 + 2^1 d_1 + 2^0 d_0)$$

从上式可以看出,U_{REF} 的变化所引起的误差与输入的数字量的大小成正比,也称为比例系数误差。

(2) 集成运算放大器的零点漂移

集成运算放大器在使用过程中难免引起零点漂移,从而引起输出电压的误差,这个误差与输入数字的大小没有关系,一般称为漂移误差或平移误差。

(3) 模拟开关的导通内阻和导通压降

模拟开关的导通内阻和导通压降在分析电路时可认为是零,实际上不可能是零,其存在必定引起输出电压的误差,而且每个开关的导通压降也不相同,因此这个误差是非线性的。

(4) 电路中电阻的阻值误差

每个支路电阻的实际值和理论值存在着误差,且可能是正误差,也可能是负误差,对输出电压的影响也不一样,因此这个误差也是非线性的。

除了上述因素外,还有在电路工作过程中的动态误差以及环境温度对转换精度的影响等。

3. 转换速度

无论哪一种电路结构的 D/A 转换器,都包含有许多由半导体三极管组成的开关元件,其开关状态的转换都需要一定的时间;而且各种 D/A 转换不可避免地存在着寄生电容,其充、放电也需要一定的时间才能完成;此外,运算放大器输入端电压发生跳变时,输出端的电压必须经过一段时间才能稳定地建立起来。所有这些因素都限制了 D/A 转换器的转换速度。通常从输入的数字量发生突变开始,到输出电压进入与稳态值相差 $\pm\frac{1}{2}LSB$ 范围以内的这段时间,称为建立时间,用 t_{set} 表示,如图 10-4 所示。

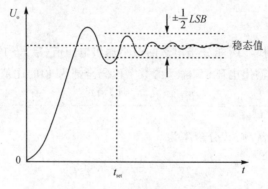

图 10-4 D/A 转换器的建立时间

建立时间是 D/A 转换速率快慢的一个重要参数。很显然,建立时间越长,转换速率越低。不同型号 DAC 的建立时间一般从几个毫秒到几个微秒。若输出形式是电流,DAC 的建立时间很短;若输出形式是电压,DAC 的建立时间主要是输出运算放大器所需要的响应时间。

10.1.3 D/A 转换器的典型应用

1. 集成 D/A 转换器 DAC0832 功能介绍

(1) DAC0832 的结构组成

DAC0832 是 8 位的 D/A 转换集成芯片,转换速度很快,电流建立时间为 1 μs,与单片机一起使用时,D/A 转换过程无需延时等待。它由 8 位输入寄存器、8 位 D/A 寄存器和 8 位 D/

A 转换器及转换控制电路构成,其原理方框图如图 10-5 所示。由于其片内有输入寄存器,因此可以直接与单片机接口连接。

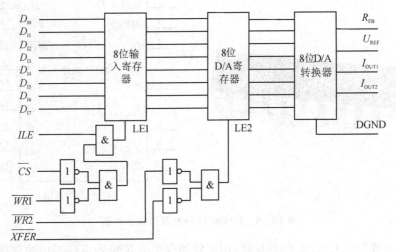

图 10-5 DAC0832 原理方框图

集成电路内有两级输入锁存器,第一级锁存器为 8 位输入寄存器,它的锁存信号为 ILE;第二级锁存器为 8 位 D/A 寄存器,它的锁存信号为传输控制信号 $\overline{XFER}$,根据对 DAC0832 的输入寄存器和 D/A 寄存器不同的控制方法,DAC0832 有 3 种工作方式:

1) 单缓冲方式

单缓冲方式是控制输入寄存器和 D/A 寄存器同时接收数据,或者只用输入寄存器而把 D/A 寄存器接成直通方式。此方式适用于只有一路模拟量输出或几路模拟量异步输出的情形。

2) 双缓冲方式

双缓冲方式是先使输入寄存器接收数据,再控制输入寄存器的输出数据到 D/A 寄存器,即分两次锁存输入信号。此方式适用于多个 D/A 转换同步输出的情形。

3) 直通方式

直通方式是数据不经过两级锁存器锁存,即 $\overline{WR1}$、$\overline{WR2}$、$\overline{XFER}$、$\overline{CS}$ 均接地,ILE 接高电平。此方式适用于连续反馈控制线路。在使用时,必须通过另加 I/O 接口与 CPU 连接,以匹配 CPU 与 D/A 转换。

(2) DAC0832 的引脚分布及功能

DAC0832 的外形及引脚分布图如图 10-6 所示。

DAC0832 的引脚功能说明如下:

$D_0 \sim D_7$:8 位数据输入端,D_0 是最低位,D_7 是最高位。

ILE:输入寄存器的锁存信号,高电平有效。

$\overline{CS}$:片选信号,即输入寄存器选择信号,低电平有效。与 ILE 共同作用,对 WR1 信号进行控制,低电平有效。

$\overline{WR1}$:写入控制信号 1,低电平有效,用于将数据总线的输入数据锁存于 8 位输入寄存器中。

$\overline{XFER}$:数据传送控制信号,低电平有效,对 WR2 信号进行控制。

(a) 外形图　　　　　　　　(b) 引脚分布图

图 10-6　DAC0832 外形及引脚分布图

$\overline{WR2}$：写入控制信号 2，低电平有效，用于将锁存于 8 位输入寄存器中的数据传送到 8 位 D/A 寄存器锁存起来。

U_{REF}：基准电源输入端，通过它将外加高精度的电压源接到 T 型电压网络，电压范围为 $-10\sim +10$ V。

R_{FB}：反馈电阻，是集成在片内的外接运算放大器的反馈电阻。

I_{OUT1}、I_{OUT2}：DAC 电流输出端。电流 I_{OUT1} 与 I_{OUT2} 的和为常数，I_{OUT1}、I_{OUT2} 随 D/A 寄存器的内容线性变化。

U_{CC}：电源电压，其范围为 $+5\sim +15$ V。

AGND：模拟接地端。

DGND：数字接地端。

2. 集成 D/A 转换器 DAC0832 使用方法

(1) 单极性输出

单极性输出电路原理图如图 10-7 所示。由运算放大器进行电流到电压转换，使用内部反馈电阻。输出电压为

$$U_o = -\frac{D}{256}U_{REF}$$

其中，D 为 8 位二进制数对应的十进制数，$D=0\sim 255$。

(2) 双极性输出

双极性输出电路原理图如图 10-8 所示。如果在实际应用中要求输出为双极性，则采用此种输出形式。

图 10-8 中，$R_2=R_3=2R_1$，$U_o = 2U_{REF}\dfrac{D}{256} - U_{REF} = \left(\dfrac{2D}{256}-1\right)U_{REF}$，即当输入数字为 $0\sim 255$ 时，输出电压在 $-U_{REF}\sim +U_{REF}$ 范围变化。

3. 集成 D/A 转换器 DAC0832 的典型应用电路

以下按照 DAC0832 转换器工作在直通方式下设计电路。DAC0832 输出的是电流，因此

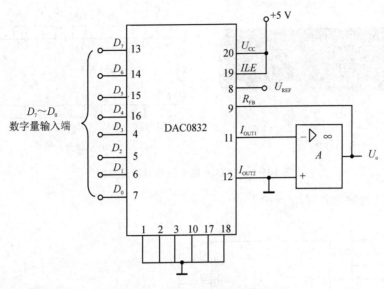

图 10-7　DAC0832 单极性输出

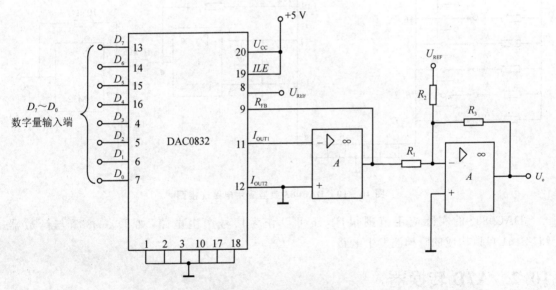

图 10-8　DAC0832 双极性输出

要获得模拟电压输出,即要转换为电压,则必须经过一个外接的运算放大器。外接的集成运算放大器采用集成 4 运放 LM324,它的内部包含 4 组形式完全相同的运算放大器,除电源共用外,4 组运放相互独立。集成 4 运放 LM324 的外形和引脚分布图如图 10-9 所示。

DAC0832 转换器的典型应用电路如图 10-10 所示。输入数据 $D_0 \sim D_7$ 通过开关 $K_0 \sim K_7$ 位置不同实现输入 0 或 1 的数据,运放 A_1 把电流输出转换成电压输出,运放 A_2 起到反相的作用。根据图 10-10 可知

$$U_o = \frac{D}{256} U_{REF}$$

当数字量的十进制数为 255 时,$U_o \approx U_{REF} = 5$ V;当数字量的十进制数为 128 时,$U_o = 2.5$ V;

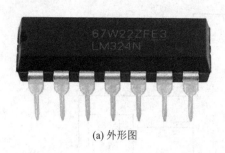
(a) 外形图

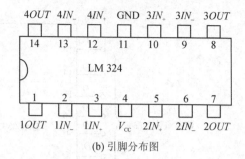
(b) 引脚分布图

图 10-9　LM324 的外形和引脚分布图

当数字量的十进制数为 0 时，$U_o = 0$ V。

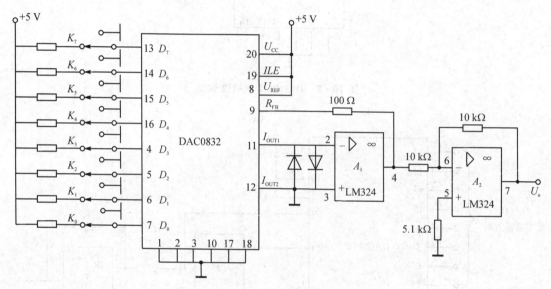

图 10-10　DAC083 典型应用电路连接图

DAC0832 的实际应用范围很广，还可以作为信号产生电路，如 DAC0832 与计数器 74LS161 可以构成的阶梯波发生电路。

10.2　A/D 转换器

A/D 转换器(Analog to Digital Converter，ADC)又称模数转换器，是将模拟量转换成数字量的器件。模拟量可以是电参量，如电压、电流等信号，也可以是非电量，如声、光、压力、温度等随时间连续变化的非电的物理量。非电量的模拟量可以通过适当的传感器(如光电传感器、压力传感器、温度传感器)转换成电信号。目前最常用的是逐次逼近式 A/D 转换器和双积分型 A/D 转换器。

10.2.1　A/D 转换原理

A/D 转换的目的是将模拟信号转换成数字信号。A/D 转换过程是通过采样、保持、量化和编码 4 个步骤完成的。

1. 采 样

采样又称为抽样或取样，是利用采样脉冲序列 $P(t)$ 从连续时间信号 $X(t)$ 中抽取一系列离散样值，使之成为采样信号 $X(nT_s)$ 的过程。其中，$n=0,1,2,\cdots$；T_s 称为采样间隔或采样周期；$f_s=1/T_s$ 称为采样频率。输入信号的采样过程如图 10-11 所示。

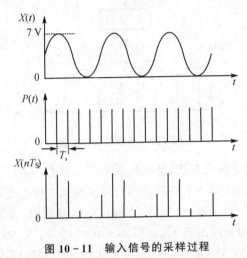

图 10-11 输入信号的采样过程

要比较准确地用采样信号表示模拟信号，如何来确定合适的采样频率呢？任何模拟信号进行谐波分析时，均可以表示为若干正弦信号之和。若谐波中最高频率为 $f_{i(max)}$，那么采样频率至少要大于输入信号的最高频率分量两倍以上，即 $f_s \geqslant 2f_{i(max)}$，$f_{i(max)}$ 称为奈奎斯特频率，这就是采样定理。

采样后的信号可能会含有超过奈奎斯特频率的谐波频率，因此需要滤波器进行滤波，通过低频滤波器滤波后可以消除一些假信号的重叠现象。

2. 保 持

由于后续的量化过程需要采样信号保持一定的时间 τ，也就是对于随时间变化的模拟输入信号，要求瞬时采样值在时间 τ 内保持不变，这样才能保证转换的正确性和转换精度，这个过程就是采样保持。经过采样保持，采样后的信号实际上是阶梯形的连续函数 $X_{s(t)}$，如图 10-12 所示。

3. 量化与编码

在数据的转换过程中，量化和编码同时实现。将模拟值转换成二进制数的过程称为量化和编码。

数字信号在时间和数值上的变化都是不连续的，任何一个数字量的大小都是以某个最小数量单位的整数倍来表示的。因此，在用数字量表示采样电压时，也必须把它转化成这个最小数量单位的整数倍。所规定的最小数量单位称为量化单位，用 Δ 表示。将量化的结果用二进制代码表示，称为编码。

输入的模拟电压通过采样保持后转换成阶梯波，其阶梯幅值仍然是连续可变的，所以不一定能被量化单位 Δ 整除，因而不可避免地会引起量化误差。对于一定的输入电压范围，输出的数字量的位数越高，Δ 就越小，因此量化误差也越小。而对于一定的输入电压范围、一定位

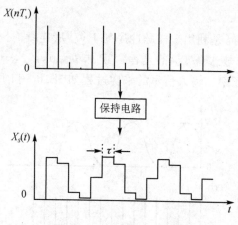

图 10-12 采样保持示意图

数的数字量输出,采用不同的量化方法,则量化误差的大小也不同。

量化的方法有两种,下面以 $0\sim1\text{ V}$ 的模拟信号转换成 3 位二进制代码为例进行介绍。

第一种量化方法:取 $\Delta=U_M/2^n=(1/2^3)\text{ V}=1/8\text{ V}$,并规定 0Δ 表示 $0\text{ V}<u_i<(1/8)\text{ V}$,对应输出的二进制代码为 000;$1\Delta$ 表示 $(1/8)\text{ V}<u_i<(2/8)\text{ V}$,对应输出的二进制代码为 001;依次类推,$7\Delta$ 表示 $(7/8)\text{ V}<u_i<1\text{ V}$,对应输出的二进制代码为 111,如图 10-13(a)所示。这种量化方法的最大量化误差为 Δ。

以图 10-11 所示的模拟正弦信号为例,输入信号的幅度变化范围为 $0\sim7\text{ V}$,用 3 位二进制数进行编码,将 $0\sim7\text{ V}$ 分为 8 份,每份为 0.875 V,所以将 $0\sim0.875$ 定为第一份,以 0 为基准,在 $0\sim0.875\text{ V}$ 范围内的电压都当成 0 V,用 000 编码;$0.875\sim1.75\text{ V}$ 为第二份,在 $0.875\sim1.75\text{ V}$ 范围内的电压用 001 编码;$1.75\sim2.625\text{ V}$ 为第三份,在 $1.75\sim2.625\text{ V}$ 范围内的电压用 010 编码;依次类推,$6.125\sim7\text{ V}$ 为第八份,在 $6.125\sim7\text{ V}$ 范围内的电压用 111 编码。

第二种量化方法:取 $\Delta=2U_M/(2^{n+1}-1)=(2/15)\text{ V}$,并规定 0Δ 表示 $0\text{ V}<u_i<(1/15)\text{ V}$,对应的输出二进制代码为 000;$1\Delta$ 表示 $(1/15)\text{ V}<u_i<(3/15)\text{ V}$,对应的输出二进制代码为 001;依次类推,$7\Delta$ 表示 $(13/15)\text{ V}<u_i<1\text{ V}$,对应的输出二进制代码为 111,如图 10-13(b)所示。显然,这种量化方法的最大量化误差为 $\Delta/2$。

两种量化方法的比较如图 10-13 所示。

10.2.2 逐次逼近式 A/D 转换器

逐次逼近式 A/D 转换器,就是取一个数字量进行 D/A 转换,得到一个对应的模拟电压,并将这个模拟电压与输入的模拟量进行比较。如果不相等,则改变所取输入的数字量,直到转换成的模拟量和待转换的模拟量相等,这个数字量就是最后转换的结果。

例如,待转换的电压为 5.5 V,D/A 转换的参考电压 U_{REF} 为 8 V,D/A 转换后的电压为

$$U_A=-\frac{U_{REF}}{2^4}(2^3 d_3+2^2 d_2+2^1 d_1+2^0 d_0)$$

逐次逼近式转换过程如表 10-1 所列。

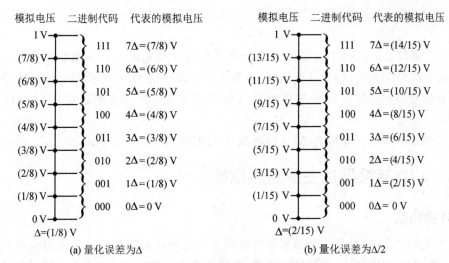

(a) 量化误差为Δ (b) 量化误差为Δ/2

图 10-13 两种量化方法的比较

表 10-1 逐次逼近式转换过程

顺序	d_3	d_2	d_1	d_0	U_A/V	比较判别	1的留否
1	1	0	0	0	4	$U_A<U_i$	留
2	1	1	0	0	6	$U_A>U_i$	去
3	1	0	1	0	5	$U_A<U_i$	留
4	1	0	0	1	5.5	$U_A=U_i$	留

通过上表转换过程可知,转换后的结果为1001。

逐次逼近式 A/D 转换器一般由顺序脉冲发生器、逐次逼近寄存器、D/A 转换器和电压比较器等组成。4 位逐次逼近式 A/D 转换器的结构框图如图 10-14 所示。

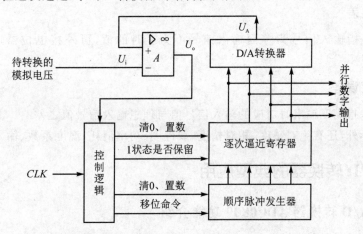

图 10-14 逐次逼近式 A/D 转换器结构框图

转换过程为:顺序脉冲发生器输出的顺序脉冲首先将逐次逼近寄存器的最高位置 1,经 D/A 转换器转换为相应的模拟电压 U_A 并送入比较器与待转换的输入电压 U_i 进行比较。若 $U_A>U_i$,则说明数字量太大,将最高位的 1 除去,同时将次高位置 1;若 $U_A<U_i$,则说明数字量

还不够大,应将该位的 1 保留,同时将下一次高位置 1,这样逐次比较下去,一直到最低位为止。

以 3 位二进制数码的逐次逼近式 A/D 转换器为例,3 位输出的 D/A 转换器完成一次转换需要 5 个时钟信号周期的时间;依此类推,如果是 4 位输出的 D/A 转换器完成一次转换则需要 6 个时钟信号周期的时间;n 位输出的 D/A 转换器完成一次转换则需要 $n+2$ 个时钟信号周期的时间。

常用的单片集成逐次逼近式 A/D 转换器有 ADC0809、ADC0804 等。

10.2.3　A/D 转换器的主要技术指标

1. 转换精度

单片集成的 A/D 转换器用分辨率和转换误差来描述转换精度。分辨率为输出二进制数的位数,位数越多,误差越小,转换精度越高,分辨能力也越强。转换误差为实际转换的数字量值和理论上的数字量值之间的差别,常由最低有效位的倍数给出。

2. 转换速率

转换速率是指完成一次从模拟量到数字量转换所需要的时间的倒数。积分型 A/D 转换器的转换时间为毫秒级,属低速;逐次比较型 A/D 转换器为微秒级,属中速;全并行/串并行型 A/D 转换器可达到纳秒级。

3. 量化误差

量化误差是由于 A/D 的有限分辨率而引起的误差,即有限分辨率 A/D 的阶梯状转移特性曲线与无限分辨率 A/D(理想 A/D)的转移特性曲线(直线)之间的最大偏差。通常是 1 个或半个最小数字量的模拟变化量,表示为 1LSB、(1/2)LSB。

4. 偏移误差

偏移误差是指输入信号为零而输出信号不为零时的值,可外接电位器进行调节,调至最小。

5. 满刻度误差

满刻度误差指满度输出时对应的输入信号值与理想输入信号值之差。

除上述指标外,还有绝对精度、相对精度、线性度、功率消耗、温度系数、输入模拟电压等。

10.2.4　A/D 转换器的典型应用

1. 集成 A/D 转换器 ADC0809 功能介绍

(1) ADC0809 的结构组成

ADC0809 是采用 CMOS 工艺制成的单片 8 位 8 通道逐次逼近式 A/D 转换器,内部逻辑结构如图 10-15 所示。

ADC0809 的内部逻辑结构主要由 3 部分组成:

① 模拟输入选择部分包括一个 8 路模拟开关、一个地址锁存译码电路。输入的 3 位通道

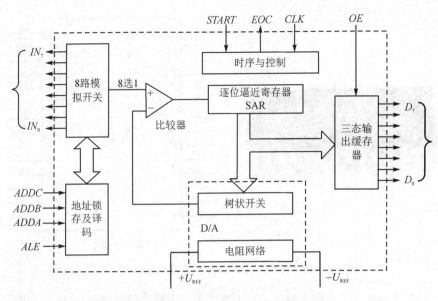

图 10-15　ADC0809 内部逻辑结构图

地址信号由锁存器锁存，经译码电路后控制模拟开关选择相应的模拟输入。

② 转换器部分主要包括比较器、8 位 A/D 转换器、逐次逼近寄存器 SAR、电阻网络以及控制逻辑电路等。

③ 输出部分包括一个 8 位三态输出缓冲器，可直接与 CPU 数据总线接口连接。

ADC0809 的基准电压由外部供给，分辨率为 8 位。内部的三态输出缓冲器由 OE 控制，当 OE 为高电平时，三态输出缓冲器打开，将转换结果取出；当 OE 为低电平时，三态输出缓冲器处于阻断状态，内部数据对外部的数据总线没有影响。在实际应用中，如果转换结束，要读取转换结果则只要在 OE 引脚上加一个正脉冲，ADC0809 就会将转换结果送到数据总线上。

ADC0809 通过引脚 $IN_0 \sim IN_7$ 输入 8 路模拟直流电压，ALE 将 3 位地址线 ADDC、ADDB、ADDA 进行锁存，然后由译码电路选通 8 路中的某一路进行 A/D 转换。地址译码与模拟输入通道的选通关系如表 10-2 所列。

表 10-2　ADC0809 地址译码与模拟输入通道选通关系表

被选模拟通道		IN_0	IN_1	IN_2	IN_3	IN_4	IN_5	IN_6	IN_7
地址译码	ADDC	0	0	0	0	1	1	1	1
	ADDB	0	0	1	1	0	0	1	1
	ADDA	0	1	0	1	0	1	0	1

在启动端（START）加启动脉冲（正脉冲），A/D 转换即开始工作。如果将启动端（START）与转换结束端（EOC）直接相连，则转换是连续的。在使用这种转换方式时，开始时应在外部加启动脉冲。

(2) ADC0809 的引脚分布及功能

ADC0809 的外形及引脚分布图如图 10-16 所示。

ADC0809 的引脚功能说明如下：

(a) 外形图　　　　　　　　　(b) 引脚分布图

图 10－16　ADC0809 外形及引脚图

$IN_0\sim IN_7$：8 路模拟信号输入端。ADC0809 要求输入模拟信号单极性，电压范围是 0～5 V，若信号太小需进行放大，而且输入的模拟量在转换过程中应该保持不变，如果模拟量变化太快，则需在输入前增加采样保持电路。

$ADDC$、$ADDB$、$ADDA$：模拟量选通地址输入端（由高位至低位）。

ALE：地址锁存允许输入信号，为上升沿触发。当给此引脚加正脉冲时，锁存 $ADDC$、$ADDB$、$ADDA$ 确定的模拟量选通地址，则来自相应通道的模拟量就可以被转换成数字量。

$START$：启动信号输入端，为上升沿触发。当给此引脚加正脉冲时，芯片内部逐次逼近寄存器 STR 复位，在下降沿到达后开始 A/D 转换。

EOC：转换结束输出信号（转换结束标志），高电平有效。转换在进行中时，EOC 为低电平；转换结束，EOC 自动变为高电平，标志 A/D 转换已结束。

OE：输入允许信号，高电平有效。当 $OE=1$ 时，将三态输出缓存器中的数据输出到数据总线上。

$CLOCK$：时钟信号输入端，外接时钟脉冲为 10～1 280 kHz，一般可选 640 kHz。

U_{CC}：+5 V 单电源供电。

U_{REF+}、U_{REF-}：基准电压的正极和负极。一般 U_{REF+} 接 +5 V 电源，U_{REF-} 接地。两个参考电压的选择必须满足

$$0 \leqslant U_{REF-} \leqslant U_{REF+} \leqslant U_{CC}$$

$$\frac{U_{REF+}+U_{REF-}}{2}=\frac{1}{2}U_{CC}$$

$D_7\sim D_0$：数字信号输出端。D_7 为最高有效位，D_0 为最低有效位。

2. 集成 A/D 转换器 ADC0809 的典型应用电路

ADC0809 的典型应用电路如图 10－17 所示。模拟通道选通地址端 $ADDC$、$ADDB$、$ADDA$ 通过转换开关和限流电阻（1 kΩ）接电源或地，来选择不同的输入通道。+5 V 电压经过电阻分压后连接到 $IN_0\sim IN_7$ 这 8 路模拟信号输入端；启动转换脉冲必须使用消除抖动以后的单脉冲信号，以保证模拟通道地址的稳定性和转换启动时机正确。

第 10 章 模拟量和数字量的转换

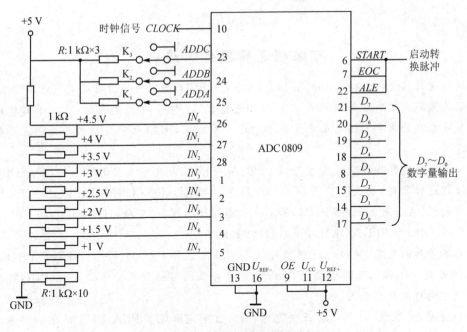

图 10-17 ADC0809 电路连接图

ADC0809 输入的模拟电压 U_I 转换成数字量 N 的公式为

$$N = \frac{U_I - U_{REF-}}{U_{REF+} - U_{REF-}} \times 2^8$$

在本电路中如果选择地址 $ADDC$、$ADDB$、$ADDA$ 为 011,则选择通道 IN_3,输入电压为 2.5 V,又因 U_{REF+} 接 +5 V 电源,U_{REF-} 接地,则转换成的数字量为

$$N = \frac{U_I - U_{REF-}}{U_{REF+} - U_{REF-}} \times 2^8 = \frac{2.5}{5} \times 2^8 = 128 = (10000000)_2 = (80)_H$$

本电路模拟量转换成数字量的理论值数据表如表 10-3 所列。

表 10-3 模拟量转换成数字量的理论值数据表

通道	输入值	通道地址			输出的理论值								十六进制
		ADDC	ADDB	ADDA	D_7	D_6	D_5	D_4	D_3	D_2	D_1	D_0	
IN_0	4.5 V	0	0	0	1	1	1	0	0	1	1	0	E6
IN_1	4 V	0	0	1	1	1	0	0	1	1	0	0	CC
IN_2	3.5 V	0	1	0	1	0	1	1	0	0	1	1	B3
IN_3	3 V	0	1	1	1	0	0	1	1	0	1	0	9A
IN_4	2.5 V	1	0	0	1	0	0	0	0	0	0	0	80
IN_5	2 V	1	0	1	0	1	1	0	0	1	1	0	66
IN_6	1.5 V	1	1	0	0	1	0	0	1	1	1	1	4F
IN_7	1 V	1	1	1	0	0	1	1	0	0	1	1	33

ADC0809 的数据输出端驱动能力有限,不能直接驱动显示设备(如发光二极管、数码管)等,可在数据输出端加反相器和 I/O 口驱动芯片,以提高输出驱动能力。

*拓展阅读

可编程逻辑器件家族史

可编程逻辑器件(Programmable Logic Device,PLD)是作为一种通用集成电路产生的,其逻辑功能是按照用户对器件编程来确定的。一般来说,PLD集成度很高,可以很好地满足设计一般数字系统的需要。随着微电子技术的进一步发展,PLD面对复杂数字系统也同样能够满足其需求。

可编程逻辑器件按照集成密度可以分为LDPLD(低密度可编程逻辑器件)和HDPLD(高密度可编程逻辑器件)两大类。其中,LDPLD包括:PROM(EPROM、E^2PROM)、PLA(可编程逻辑阵列)、PAL(可编程阵列逻辑)和GAL(通用阵列逻辑)阶段;HDPLD包括CPLD(复杂可编程逻辑器件)和FPGA(现场可编程门阵列)阶段。

随着半导体的发展,可编程逻辑器件最早的基础器件PROM、EPROM和E^2PROM诞生了。PROM是可编程只读存储器,EPROM是可擦除的可编程只读存储器,E^2PROM是电信号擦除的可编程只读存储器。

PLD是从20世纪70年代真正发展起来的,首先是出现了PLA,PLA的核心部分是由与阵列和或阵列构成的,而且它的与、或两个阵列都可以编程。

20世纪70年代末出现的PAL是由MMI公司率先推出的,这种可编程器件是在PROM和PLA的基础上发展起来的。PAL是由可编程的与阵列和固定的或阵列组成,通过对与阵列的编程,可以得到不同形式的逻辑函数。

1985年,在PAL器件的基础上发展起来了一种增强型器件——GAL,它是由LATTICE公司最先发明的,它不仅继承了PAL器件的与或阵列,而且结合了其他新技术和新工艺,使得该器件具有可擦除、可重新编程和可重新配置其结构等功能。

以上这几种器件是低密度可编程逻辑器件的发展路径。高密度可编程器件中的CPLD问世比FPGA更晚,先后有多家公司将其开发出来,比较典型的是Altera、Lattice和Xilinx这3大权威公司。它的设计思路仍然是沿用之前的,是在PAL、GAL结构上扩展改进而成的阵列型器件,同时大量增加寄存器和I/O引脚数量,改善了内部互连模式,这样的设计大幅度提高了集成密度。此外,它将许多逻辑块连同可编程的内部连线集成在单块芯片上,通过编程修改内部连线来改变器件的逻辑功能,与FPGA相比更适合于完成组合逻辑和各类算法。

1985年,Xilinx创始人之一Ross Freeman发明出FPGA(见图1),它是一种以数字电路为主的集成芯片,其内部架构没有继续沿用PLA的结构,而是开拓了一种新的设计理念——由若干独立的可编程模块组成。通过编程,可将这些模块连接成所需要的数字系统,实现现场的可编程功能,也就是说可以在系统工作的同时进行编程修改,与CPLD相比更适合于完成时序比较多或比较复杂的逻辑电路。FPGA在编程时需

图1　FPGA逻辑电路板

要使用verilog HDL、VHDL或Systemverilog语言,它的出现虽然比较晚,但是其功能非常强大,且发展速度惊人。

习 题

一、填空题

1. 模数转换器简称_____,数模转换器简称_____。
2. A/D 转换过程是通过_____、_____、_____和_____4 个步骤完成的。
3. 逐次逼近型 ADC 的数码位数越多误差越_____,但转换时间越_____。
4. 8 位 ADC 的输入信号最大值为 5 V,则转换器能区分出输入信号的最小电压为_____mV,转换精度为_____mV。

二、分析题

1. 已知 8 位 A/D 转换器的参考电压 $U_{REF} = -5$ V,输入模拟电压 $U_i = 3.8$ V,则输出数字量应为多少?
2. 若要求 A/D 转换的精度误差不大于 1 mV,则至少需要几位的 A/D 转换器?
3. 已知 8 位 A/D 转换器,基准电压为 5 V,若输入数字量为 10110110,则输出电压为多少 V?

电子技术实验

第 11 章

模拟电子技术实验

11.1 半导体器件的测试

11.1.1 基础性实验——器件的识别与测试

一、实验目的及预习要求

1. 实验目的

① 了解二极管、三极管的外形特点。
② 学会通过二极管和三极管的封装及型号标识判别其引脚的极性、类型、材料。
③ 掌握用数字万用表判别二极管和三极管的材料、类型以及引脚所对应电极的方法。

2. 预习要求

① 预习实验原理及说明。
② 复习二极管、三极管的结构特点及工作特性。

二、实验原理及说明

1. 数字式万用表检测二极管

根据普通二极管在正向导通时有一定的导通压降的特点,可以用数字万用表测试二极管的正/负电极、材料及好坏。

将数字万用表的量程开关置于二极管档,红表笔固定连接某个引脚,用黑表笔接触另一个引脚,然后再交换表笔测试,两次测试值一次小于 1 V,另一次则超量程,则说明二极管功能正常,且在测试值小于 1 V 时,红表笔所接触引脚为二极管的正极,黑表笔接触的引脚为负极。

若测得二极管的正向导通压降在 0.2~0.3 V 范围,则该二极管为锗材料制作;如果正向导通压降在 0.5~0.7 V 范围,则该二极管为硅材料制作。

如果两个表笔调换位置都显示"OPEN",说明开路;如果两个表笔调换位置电压都显示较小,说明短路。

数字万用表检测二极管示例如图 11-1 所示。

2. 数字万用表检测三极管

利用数字万用表不仅能判定晶体三极管电极、测量管子的电流放大倍数 hFE,还可判断管子的材料。

(1) 判定基极 B、材料及类型

将数字万用表的量程开关置于二极管档,红表笔固定连接某个引脚,用黑表笔依次接触另

注:数字万用表红表笔接二极管的正极,黑表笔接负极。
(a) 测正向导通压降

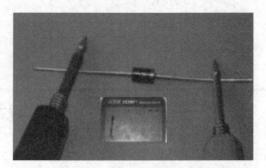
注:数字万用表黑表笔接二极管的正极,红表笔接负极。
(b) 测反向压降

图 11-1 数字万用表检测二极管示例

外两个引脚,如果两次显示均小于 1 V,则红表笔所接引脚为基极 B,该三极管为 NPN 型三极管;黑表笔固定连接某个引脚,用红表笔依次接触另外两个引脚,如果两次显示均小于 1 V,则黑表笔所接引脚为基极 B,该三极管为 PNP 型三极管。上述测试过程中测得小于 1 V 的电压如果在 0.2~0.3 V 范围,则该三极管为锗材料制作;如果电压在 0.5~0.7 V 范围,则该三极管为硅材料制作。

(2) 判定集电极 C 和发射极 E

用数字万用表二极管档测出三极管的基极 B 和类型后,将数字式万用表量程开关拨至 hFE 档,如果被测管是 NPN 型,则使用 NPN 插座,把基极 B 插入 B 孔,剩下两个引脚分别插入 C、E 孔。若测出的 hFE 值为几十至几百,则表明管子属于正常接法,放大能力较强,此时 C 孔插的是集电极 C,E 孔插的是发射极 E;若测出的 hFE 值为几至十几,则表明被测管的集电极和发射极插反了。或者对两个不同位置的 hFE 值进行比较,较大的一次则引脚分布与万用表插孔的位置相同。

数字万用表检测三极管示例如图 11-2 所示。

三、实验仪器及设备

本实验需要的实验设备及器材如表 11-1 所列。

表 11-1 实验设备及器材表

序 号	设备名称	型号与规格	数 量	备 注
1	数字万用表	VC980+	1	
2	二极管	1N60、1N4007	各 1	
3	三极管	9012、SA1015、S9013	各 1	

四、实验内容及步骤

1. 二极管的识别与测试

准备锗材料二极管(如 1N60)、硅材料二极管(如 1N4007)各 1 只。先观察其外形和型号标识,再用数字万用表的二极管档对其进行测试,将上述数据以及判别结果填入表 11-2 中。

第 11 章 模拟电子技术实验

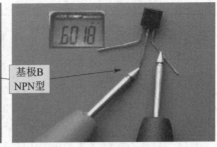

(a) 判定基极B、材料及类型

(b) 判定集电极C和发射极E

图 11-2 数字万用表检测三极管示例

表 11-2 二极管测试数据记录表

序 号	二极管的型号	负极标记	正向压降/V	反向压降/V	材 料
1					
2					

2. 三极管的识别与测试

先观察实验所使用的三极管的外型和型号标识,并粗略判断三极管的类型、材料以及引脚与基极 B、集电极 C、发射极 E 的对应关系。再用数字万用表准确判断三极管的类型、材料以及三个引脚所对应的电极,并将测量数据以及判断结论填入表 11-3 中。

表 11-3 三极管测量数据记录表格

序 号	三极管型号	PN 结正向压降/V	PN 结反向压降/V	hFE 值	封装、引脚编号及对应的电极	判别结果	
						材料	类型
1							

续表 11-3

序 号	三极管型号	PN结正向压降/V	PN结反向压降/V	hFE值	封装、引脚编号及对应的电极	判别结果	
						材料	类型
2					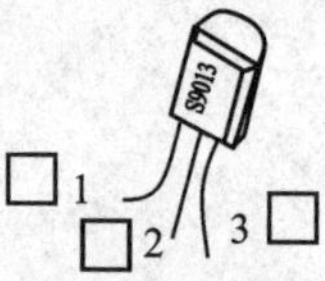 □1 □2 3 (S9013)		
3					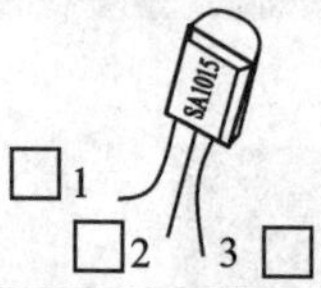 □1 □2 3 □ (SA1015)		

五、实验注意事项

① 用数字万用表进行测试时，当红表笔插入"VΩHz"插孔、黑表笔插入"COM"插孔时，表示红表笔接内电池的正极、黑表笔接内电池的负极，而模拟万用表正好相反，在使用时要特别注意。

② 在测量三极管的放大倍数时，应首先识别三极管是 NPN 型还是 PNP 型，然后按插座的标识，将三极管的发射极 E、基极 B、集电极 C 分别插入相应的孔位。

六、实验报告要求

① 将实验数据及判断结论整理成表格，誊写在实验报告上。

② 总结使用数字万用表判断二极管引脚与正、负极的对应关系，三极管引脚与 B、C、E 极的对应关系，二极管的材料，三极管的类型及材料的方法。

七、思考题

① 为什么用万用表欧姆挡可以判断二极管的引脚？
② 三极管的发射结与集电结在结构上与二极管有什么相似之处？

11.1.2 提高性实验——电路的搭接与测试

一、实验目的

① 了解二极管、三极管的特性。
② 学会利用面包板搭接简单电路。

二、实验原理及说明

1. 二极管应用电路

(1) 单向导电性

当二极管加上正向电压时，二极管导通；当二极管加上反向电压时，二极管截止。如图 11-3(a)所示，当节点 1 接 +5 V、节点 2 接负时，二极管 D_1 接正向电压导通，二极管 D_2 接反向电压截止，则 LED_1 亮；反之，当节点 2 接 +5 V、节点 1 接负时，二极管 D_2 接正向电压导通，二极管 D_1 接反向电压截止，则 LED_2 亮。

(2) 二极管优先导通

当多个二极管同时加上正向电压,且电压值不同时,二极管两端压差最大的优先导通,并使得其他二极管截止。如图 11-3(b)所示,3 个二极管所接电压都为正向电压,二极管 D_3 两端压差最大,则优先导通。当二极管 D_3 导通后,使得 D_1、D_2 两端的电压为反向电压而截止。

如果二极管为硅材料,则 $U_o = 12 - 0.7 = 11.3\ \text{V}$。

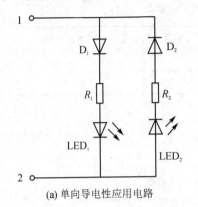 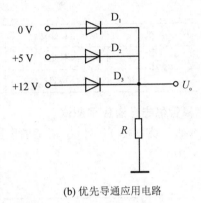

(a) 单向导电性应用电路　　　　　　　(b) 优先导通应用电路

图 11-3　二极管应用电路

2. 晶体三极管应用电路

晶体三极管的输出特性曲线可分为 3 个工作区:截止区、放大区和饱和区。晶体三极管除了放大作用外,当晶体管饱和时,$U_{CE} \approx 0$,发射极与集电极之间如同一个开关的接通,其间电阻很小;当晶体管截止时,$I_C \approx 0$,发射极与集电极之间如同一个开关的断开,其间电阻很大。

在如图 11-4 所示的电路中,三极管选 S9013,当输入电压 U_i 分别为 3 V、0.9 V 和 -1 V 时,晶体三极管分别处于饱和、放大和截止的工作状态。

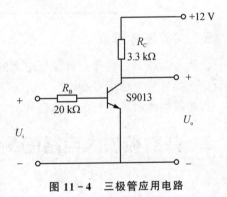

图 11-4　三极管应用电路

三、实验仪器及设备

本实验需要的实验设备及器材如表 11-4 所列。

表 11-4　实验设备及器材表

序　号	设备名称	型号与规格	数　量	备　注
1	数字万用表	VC980+	1	
2	直流稳压电源	SS2323	1	
3	面包板		1	
4	二极管	1N4007	3	
5	发光二极管	红色	2	
6	三极管	S9013	2	
7	电阻	330	2	
8	连接线		若干	

四、实验内容及步骤

1. 二极管单向导电性应用测试

在面包板上搭接图 11-3(a)所示的电路，然后接上直流稳压电源，电压调至 +5 V，观察发光二极管的亮灭状态。将上述数据以及判别结果填入表 11-5 中。

表 11-5 二极管测试数据记录表

序 号	直流稳压电压接法	发光二极管状态	结论及判别依据
1	正接(1接正极,2接负极)		
2	反接(2接正极,1接负极)		

2. 二极管优先导通应用测试

在面包板上搭接图 11-3(b)所示的电路，测量输出电压 U_o 的大小及二极管导通状态填入表 11-6 中。

表 11-6 二极管测试数据记录表

二极管	D1	D2	D3
导通或截止			
U_o			

五、实验注意事项

① 改接电路时要断开直流稳压电源的开关。
② 连接导线要稳固可靠。
③ 搭接电路时注意二极管的极性。

11.2 共射极放大电路的测试

11.2.1 基础性实验——共射极放大电路

一、实验目的及预习要求

1. 实验目的

① 了解放大电路静态工作点的调试方法。
② 掌握放大电路电压放大倍数的测量方法。
③ 掌握放大电路输入、输出电阻的测量方法。

2. 预习要求

① 复习电子技术基础中有关放大器的理论分析与设计方法以及性能指标的定义。
② 按电路所给参数进行相关理论值(如静态工作点、电压放大倍数、输出电阻等)的计算(计算时取三极管的 $\beta_1 = 100$，U_{BE} 取 0.7 V)，以便为实验提供参考。

二、实验原理及说明

1. 共射极放大电路静态工作点的调试

放大电路只有设置合适的静态工作点才能正常工作,若工作点不合适,则放大器就会产生饱和失真或截止失真。

静态工作点是指放大电路在没有自激、没有干扰、没有交流输入信号的条件下,电路处于直流的工作状态。静态工作点是通过晶体管的各极电流和各极对参考地的电压反映出来的。因此,静态工作点有两种表示法,即电流表示法(I_{BQ}、I_{CQ}、I_{EQ})和电压表示法(U_{CQ}、U_{BQ}、U_{EQ})。共射极放大电路的静态工作点的表示如图 11-5 所示。

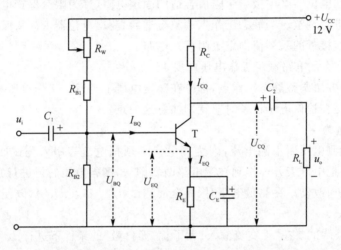

图 11-5 共射极放大电路静态工作点的表示

静态工作点的调试包括电路的调整和参数的测试。

(1) 调整的对象

改变电路中电阻的参数,就可以改变静态工作点的值。如果调整集电极回路的电阻 R_C,则会影响放大器的交流放大倍数;如果调整发射极回路的电阻 R_E,一方面由于它具有直流负反馈的作用(在接旁路电容的情况下),且通常阻值较小,所以可调范围较小,另一方面调整时会使静点的变化幅度较大,不易调整到所需的准确数值。因此,一般情况下不调整 R_C 和 R_E。如果改变上偏电阻 R_B 的值,则基极电流 I_B 发生改变,晶体管的 I_{CQ}、I_{EQ} 和 U_{CQ}、U_{BQ}、U_{EQ}(相对于参考地的直流电压)等也随之改变。因此,在调整工作点时,一般通过改变晶体管的基极上偏电阻 R_B 来实现改变 I_{BQ},即通过改变图 11-5 所示电路中的电位器 R_W 来实现。

(2) 测试的方法

测试静态工作点有两种方法,即电流测试法和电压测试法。

电流测试法就是通过测量集电极电流 I_{CQ} 来调整静态工作点的方法。采用这种方法时,必须在各级晶体管的集电极电路中串接直流毫安表进行观察测量(通常都不直接测 I_{BQ} 或 I_{EQ})。测试完毕后,要用导线或直接用焊锡将串接毫安表的缺口连通。由于电流表需要串联到电路中,这种方法不太方便,且易损伤电路中的元器件及印制电路板,所以在检修电子线路故障或进行实验时,通常采用测电压的方法来调整静态工作点。

电压测试法就是通过测电压来调整静态工作点的方法。

对于有 R_E 的电路,如图 11-5 所示,只要测量 U_E(发射极对参考地的电压),并利用公式

$U_E = I_E R_E \approx I_C R_E$，计算出 U_E，与正常值比较即可知道静态工作点合适与否，然后调节 R_W 使 I_C 满足要求。

对于无 R_E 的电路，则要测出 R_C 上的压降 U_{R_C}，计算出 I_C（$I_C = U_{R_C}/R_C$）与正常值进行比较，然后调节 R_W 使 I_C 满足要求。

（3）调整晶体管电路静态工作点时的注意事项

1）用电位器代替上偏电阻进行静点调整时，要加接保护电阻

在设计、安装、调试或检修电子线路的过程中，往往需要用电位器来代替基极上偏电阻，以便确定合适的 R_{B1} 或 R_B。此时，为防止因电位器阻值调得过小，使晶体管 be 结电流过大而损坏晶体管，通常要在电位器上串接一个阻值合适的固定电阻（称为限流保护电阻），然后在接入 R_{B1} 或 R_B 的位置进行调整。当静态工作点调整合适后，测出电位器 R_W 和保护电阻串联的总电阻值，再换成阻值接近的系列值固定电阻接入电路。

2）电源电压要满足电路额定工作电压的要求

不论采用何种方法调整静态工作点，都应在额定电压下进行。工作电压不正常，调整工作就不能进行，尤其是在检修电子设备时应特别注意这一点。

3）以电压测量为主

一般应尽可能测电压而不测电流，因为测电流必须把电流表串入测试回路中，十分不方便，而测电压，只要把电压表并连接到被测电路两端即可，测得电压后再进行必要的换算，无须对被测电路进行任何改动。在测量电压时，要全面测试（U_{EQ}、U_{CQ}、U_{BQ}），以便了解电路的工作状态。

4）静态工作点调试要在"无交流输入、无干扰、无自激"的条件下进行

放大器的静态工作点应该在没有输入信号的情况下调整和测试。没有输入信号不仅仅是指在输入端不接入信号源，还应防止外界的干扰信号进入放大器以及放大器本身产生自激振荡，尤其是在高增益的多级放大器中，初级输入幅度很小的信号就会使放大器末级工作在非线性状态，从而使工作点测试不准确。当然，若放大器已经自激，晶体管必然工作在非线性状态，在这种情况下测试静态工作点也没有意义。因此，应该在放大器的输出端加接示波器（置于高灵敏度档）进行监视。

5）考虑测量仪表的内阻对工作电路的影响

电压测量仪器的输入电阻 R_V 应远大于与其并联的电路的等效电阻 R_E，一般要满足 $R_V \geq (5 \sim 10) R_E$，否则将使测量结果产生很大的误差。因此，用电压法调整静态工作点应尽可能采用内阻较高的万用表（如数字万用表）的直流电压档或晶体管（真空管）直流电压表来测量，特别是测量输入电阻较高的输入级的 U_{BQ} 时更应十分重视。

2. 共射极放大电路动态测试

动态测试是在静态工作点合适的情况下，加入输入信号 u_i，测量电路的波形和参数。

（1）放大器电压放大倍数（增益）的测试

根据定义，放大器的电压放大倍数为

$$A_u = U_o / U_i$$

因此在输入信号正常放大时，即输出的波形 u_o 不失真时，测量出输出电压 u_o 和输入电压 u_i 的有效值（或峰值），通过公式计算电压放大倍数即可。

在测量时，应按如图 11-6 所示接好测试仪器，分别使各测试仪器和被测电路正常工作，

然后将信号发生器的信号频率调整到放大器的中频区范围内(通常选 $f_i=1\ \text{kHz}$),幅度调整到放大器所要求的输入电压 u_i(要用毫伏表进行测量),并用毫伏表测出电压 u_o 的值。

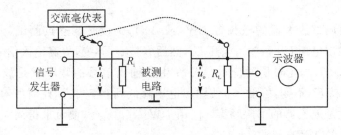

图 11-6　放大器增益的测试电路示意图

为了保证测试的准确度,测试时应注意如下几点:
① 严格按照测试条件(如电源电压、静态工作点、负载、工作频率等)进行测试。
② 要正确选择测量仪器,所用测量仪器的工作频率范围应大于被测放大器的工作频率范围,仪器的内阻应远大于被测放大器的输入、输出电阻。
③ 必须根据放大器的放大倍数合理选择输入信号的幅度。当放大倍数达几十至几千倍时,输入电压约为毫伏级。如果输入电压幅度过大,输出信号的幅度超出了放大器的线性工作区,必然引起输出波形严重失真,此时测得的放大倍数也无意义。

(2) 放大器幅频特性的测试

放大器幅频特性是指放大器的电压放大倍数 A_u 与输入信号频率 f_i 之间的关系曲线。要测试放大器的幅频特性,可用扫频法,也可用逐点测试法(简称点频法),下面介绍点频法。

点频法测试放大器的幅频特性,实际上就是测试放大器对于不同频率信号的电压放大倍数。因此,测量放大倍数的方法和线路连接情况完全适用于幅频特性的测试。为此,只要在测试放大倍数的基础上(即中频区放大倍数)改变信号发生器的频率(从低向高或从高向低变化),并注意保持各测试频率点信号发生器的输出电压幅度不变(即始终为中频区测试的输入电压 U_i),测出对应各测试频率点时放大器的输出电压 U_o,计算出相应的电压放大倍数;然后将测试结果逐点绘制在以对数坐标分度为横坐标(表示频率),以表示电压放大倍数 A_u 为纵坐标的平面坐标系上,并用圆滑曲线连接各点,便可得到如图 11-7 所示的放大器幅频特性曲线。

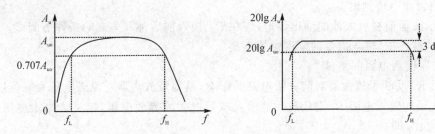

图 11-7　放大器的幅频特性曲线

测试中要注意以下几点:
① 在曲线变化比较明显(即转折处)的位置应多测几点,以便反映幅频特性的真实变化情况。

② 固定输入信号幅度不变且输出波形不失真是幅频特性测试中的基本要求。只有 U_i 保持不变，U_o 的变化规律才能反映 A_u 的变化规律，这样就为确定半功率点（或 -3 dB 频率点）提供了方便。

③ 如果只需要测试放大器的通频带 BW（或 Δf），则没必要逐点测试，采用三点法即可。即先测中频区的输出电压 U_o 和输入电压 U_i，然后保持 U_i 不变，提高输入信号的频率 f_i，使输出电压降低到 $0.707U_o$，此时所对应的信号发生器输出信号的频率就是放大器的上限频率 f_H；再按此方法保持 U_i 不变，降低 f_i，使输出电压降低到 $0.707U_o$，此时所对应的信号发生器输出信号的频率就是放大器的下限频率 f_L，由 $BW=f_H-f_L$，便可求得放大器的通频带。

(3) 放大器输出电阻的测试

放大器输出电阻 R_o 的大小反映了放大器带负载的能力。放大器的输出回路可以等效为一个理想的电源 U_{oC} 和输出电阻 R_o 相串联的电路，如图 11-8 所示。可见，输出电阻就是去掉负载从输出端向放大器看进去的等效电阻。通常采用电压换算法来测量。

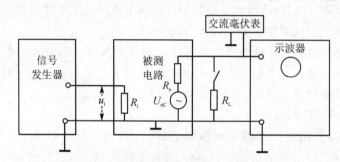

图 11-8 测试放大器输出电阻 R_o 的原理图

要测试 R_o 应首先在输入端加入一个幅度固定的测试信号，先不接入负载电阻 R_L，测放大器的输出电压 U_{oC}（开路电压），然后接入适当的负载电阻 R_L，再测出此时的输出电压 U_{oL}（带载电压）。于是输出电阻 R_o 的值为

$$R_o = [(U_{oC}/U_{oL}) - 1] \times R_L$$

在测试中应注意以下几点：

① R_L 过大或过小都将增大测量误差，应取 $R_L \approx R_o$ 为宜。也可用电位器来代替 R_L，调整电位器的阻值使 $U_{oL}=U_{oC}/2$，则 $R_o=R_W$，这就是输出电阻的半电压测量法，而电位器 W 的阻值可用万用表或电桥测出。

② 要用示波器监视放大器的输出波形，应在 R_L 接入前后都不失真的条件下测试。

③ 在测试过程中，输入信号的幅度保持不变。

(4) 放大器输入电阻的测试

输入电阻 R_i 反映了放大器对前一级电路的影响，是衡量放大器对输入电压衰减程度的重要指标。放大器的输入电阻 R_i 是从放大器输入端看进去的等效电阻，定义为输入电压 U_i 与输入电流 I_i 之比，即：

$$R_i = U_i/I_i$$

测量 R_i 的方法很多，有电桥法、替代法、换算法。下面介绍换算法。

换算法又称电压法或串联电阻法，测试电路如图 11-9 所示，即在信号发生器与放大器之间串入一个已知阻值的合适电阻 $R_串$，只要分别测出放大器的输入电压 U_i 和输入电流 I_i，则

$$R_i = U_i/I_i = U_i/(U_{R_串}/R_串) = (U_i/U_{R_串}) \times R_串$$

第 11 章 模拟电子技术实验

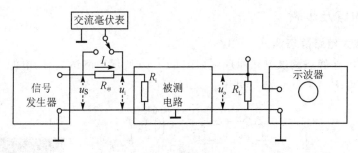

图 11 - 9　换算法测 R_i

但是,要直接用交流毫伏表或示波器测试 $R_串$ 两端的电压是困难的,因为 $R_串$ 两端都不接地使得测试仪器和放大器没有公共地线,干扰太大而不能准确测试。为此通常是先测出 U_s 和 U_i 来计算 $U_{R_串}$,再计算出 R_i,即

$$R_i = [U_i/(U_s - U_i)] \times R_串$$

采用换算法测试输入电阻是实验中常用的一种测试方法,但应注意以下几点:

① 由于 $R_串$ 两端没有接地点,而毫伏表测量时需要满足共地连接要求。因此,当测量 $R_串$ 两端的电压 $U_{R_串}$ 时,必须分别测量 $R_串$ 两端对地电压 U_s 和 U_i,根据 $U_{R_串} = U_s - U_i$ 求出 $U_{R_串}$。

② 在实际测量时,电阻 $R_串$ 的阻值不宜取得过大,否则容易引起干扰;也不宜过小,否则测量误差较大。通常取 $R_串$ 与 R_i 为同一数量级比较合适。

③ 在测试之前,毫伏表应该归零,U_s 和 U_i 最好用同一量程进行测量。

④ 输出端应接上负载电阻,并用示波器监视输出波形。要求在输出波形不失真的条件下进行测量,即不论断开或接入 $R_串$,波形都不能失真。

⑤ $R_串$ 只在测 R_i 时接入,进行其他参数测试时应去掉或将其短路。

如果被测电路的输入电阻很高(在数百千欧以上),根据上述方法在测试过程中需要串联较大的电阻,这样很容易引入干扰。此外,U_s 和 U_i 的测量也需要使用输入阻抗很高的电压测量仪表。因此,可以采用测量输出电压的方法来测量输入电阻,则 $R_串$ 阻值可以适当减小,不用与输入电阻 R_i 同一数量级。放大器输入电阻的测量方法可以推广到任何线性有源或无源二端网络输入电阻的测试过程中。

三、实验仪器及设备

该实验的实验设备及器材如表 11 - 7 所列。仪器型号仅供参考,只要测试功能符合要求即可。

表 11 - 7　实验设备及器材表

序　号	设备名称	型号与规格	数量	备　注
1	低频信号发生器	SA3912A	1	
2	直流稳压电源	SS2323	1	
3	示波器	TDS1012	1	
4	数字万用表	VC980+	1	
5	双输入交流毫伏表	SM1030	1	
6	电压放大器实验板		1	
7	连接线		若干	

四、实验内容及步骤

1. 共射极放大电路静态调试

共射极放大电路静态调试电路原理图如图 11-10 所示。测试内容：电源电压为 12 V，调整电位器 R_W 使得 $I_C = 1$ mA，测量电压 U_{BQ}、U_{CQ}、U_{EQ}。

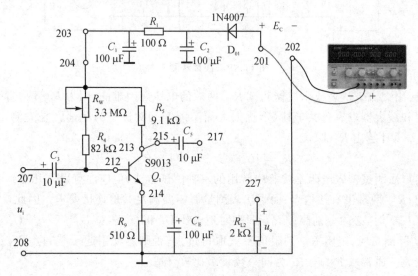

图 11-10 共射极放大电路静态调试电路原理图

测试步骤如下：

① 直流稳压电源按极性接入，直流稳压电源的正极接 201 节点，负极接 202 节点，如图 11-10 所示。

② 按图 11-10 所示连接 203 和 204 节点，按下直流稳压电源的"OUTPUT"键，调节直流稳压电源，用数字万用表测量 203 或 204 节点之间对地的电压值，微调稳压电源的输出，保证 203 和 204 节点之间的输出电压约为 12 V。

③ 用数字万用表测量三极管 E 极、B 极、C 极的电压值，即图 11-10 中对应 214、212、215 节点对地的电压值并进行记录。

④ 测量完成后，按下直流稳压电源的"OUTPUT"键，关闭输出，并将测量结果记录在表 11-8 中。

表 11-8 静态测试数据

电源电压	U_{BQ}	U_{CQ}	U_{EQ}	I_{CQ}	U_{CEQ}

2. 共射极放大电路动态调试

测试内容：测量放大电路的放大倍数和输出、输入电阻。动态测试是在静态的基础上，因此测试之前须保证静态工作点在线性放大区域。

(1) 电压放大倍数的测量

电压放大倍数是衡量放大电路对输入信号放大能力的性能指标。测量中通常把电压放大倍数定义为输出电压与输入电压的比值，即

$$A_u = U_o / U_i$$

电路连接如图11-11所示,测试步骤如下:

① 按照上述静态工作点的调试步骤,接入直流稳压电源。

② 接入负载,即217与227节点连接到一起。

③ 按照图11-11所示接入信号发生器和示波器。示波器连接到负载电阻两侧测量输出波形,同时测量输入电压u_i和输出电压u_o。

④ 输入信号为正弦交流信号,频率在中频区(如1 kHz),幅度在输出波形不失真的情况下尽可能的大并尽量取整数。接通仪表电源,示波器正常显示波形,波形不失真。

⑤ 读取输入电压U_i和输出电压U_o的数据并记录到表11-9中。

⑥ 实验完毕后关闭仪器电源。

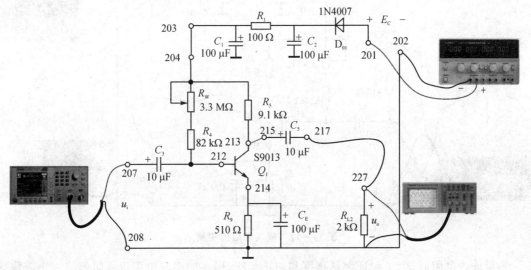

图11-11 电压放大倍数的测量

(2) 输出电阻的测量

测试步骤如下:

① 按照上述测量放大倍数的方法测出接入负载时的电压U_{oL}并记录到表11-9中。

② 断开负载R_L,即断开217与227节点的连线,测量开路电压U_{oC}并记录到表11-9中。

③ 按照公式计算出输出电阻R_o。

④ 实验完毕后关闭仪器电源。

表11-9 电压放大器动态参数记录表

测试条件	工作电压为$E_{C1}=12$ V,$R_L=2$ kΩ			
测试指标	放大倍数A_u		输出电阻R_o	
	U_i	U_o	U_{oL}	U_{oC}
测试数据				
计算结果				

(3) 输入电阻的测量

电路连接如图11-12所示,测试步骤如下:

① 保持上述参数测量时的静态工作点不变。
② 保持负载接入,即 217 与 227 节点连接到一起。
③ 按照图 11-12 所示,接入信号发生器、示波器、交流毫伏表。示波器连接到负载电阻两侧测量输出波形;交流毫伏表可同时测量信号源的电压 u_s 和输入电压 u_i,若交流毫伏表只有一路测量通道,可依次测量。
④ 输入合适的正弦交流信号,在输出波形不失真的情况下进行测量。
⑤ 读取信号源的电压 u_s 和输入电压 u_i 的数据并记录。
⑥ 实验完毕后关闭仪器电源。

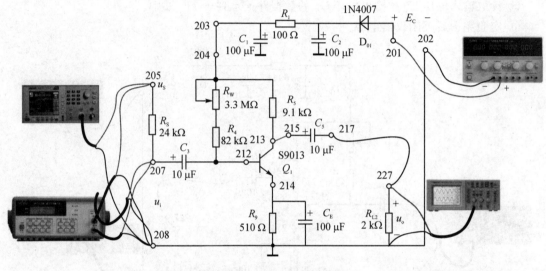

图 11-12　输入电阻的测量

测量输入电阻时,为了保证测量精度和防止干扰,引入的串联电阻 $R_{串}$ 阻值的大小与输入电阻 R_i 在同一数量级。

五、实验注意事项

① 测量仪器要遵循共地连接。
② 信号源的输出端严禁短路,直流稳压电源按极性接入。
③ 输入正弦交流信号的频率和幅度要合适,以保证输出不失真。
④ 负载电阻 R_L 只有在测量 U_{oC} 时断开。
⑤ 在动态参数的测量过程中始终利用示波器监测输出波形,以保证波形不失真。

六、实验报告要求

① 列表整理实验测试数据(包括测试条件、测试项目、测试量、计算公式、计算结果等)、测试结果,并和理论计算值进行比较。
② 定性分析产生误差的原因。

七、思考题

① 如何准确地测试三极管基极对地的电压?
② 如何将测量放大器输出电阻的方法推广到测量信号发生器的输出电阻中去?试画出

测试原理框图,并简述测试操作步骤。

11.2.2 提高性实验——两级阻容耦合放大电路

一、实验目的

① 了解两级阻容耦合放大电路的结构特点。
② 掌握两级阻容耦合放大电路的调试。

二、实验原理及说明

两级阻容耦合放大电路由两个单级放大电路级联构成,电路结构虽然更加复杂,但是电路的原理分析与单级放大电路基本一致。

实验电路图如图 11-13 所示。

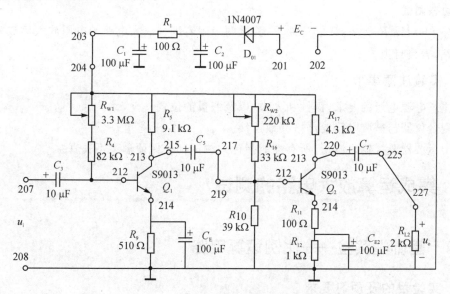

图 11-13 两级阻容耦合放大器电路原理图

在放大器的前后两级中,基极偏置电路分别连接有滑动变阻器 R_{W1} 和 R_{W2},测试静态工作点时需要通过调整这两个滑动变阻器改变基极电流,从而达到静态工作点的要求。

测试多级放大器的方法与单级放大器类似,但在多级放大器的测量中,需要注意的是总电压放大倍数等于级联条件下单级放大倍数的乘积,即

$$A_u = A_{u1} \cdot A_{u2} \cdot A_{u3} \cdot \cdots \cdot A_{un}$$

而不等于独立的各单级放大器的放大倍数的乘积(即 $A_{u总} \neq A_{u1单} \cdot A_{u2单} \cdot \cdots \cdot A_{un单}$)。这是因为在级联后,前一级放大器的负载成为后一级放大器的输入电阻。

三、实验仪器及设备

本实验需要的实验设备及器材如表 11-7 所列。

四、实验内容及步骤

1. 电路的连接

① 本实验板的电源电压输入插孔为 E_C 两侧的"+""-"插孔,通过由 D_{01} 构成的电源反

接保护电路和 C_1、C_2、R_1 构成电源退耦电路,将 E_{C1} 上下两端的插孔(203 和 204 节点)用短路线连接便可给由三极管 Q_1 和 Q_2 构成的电压放大器供电。因此,放大器的实际工作电压应是 E_{C1} 两端的插孔(通过短路线相连)与地之间的电压,应在 203 或 204 节点与地之间测量放大器的工作电压。按实验电路供电极性要求接入稳压电源,并调到额定工作电压($E_{C1}=+12\text{ V}$)。

② 由 207 和 208 节点之间输入信号,并将 213 与 215 节点相连、217 与 219 节点相连、225 与 227 节点连接。

2. 检查放大器有无干扰或自激

3. 静态调试

按照静态工作点调整的要求,通过调整滑动变阻器 R_{W1} 和 R_{W2},先将 U_{E1} 调为 $+0.5\text{ V}$、U_{E2} 调为 $+1.5\text{ V}$,然后用直流万用表的直流电压档测出各级晶体管的 E、B、C 极分别对地的电压值,列表记录测量数据,并计算 I_{CQ1} 和 I_{CQ2},且与理论计算值进行比较。

4. 动态调试

在 $f_i=1\text{ kHz}$、$R_L=2\text{ k}\Omega$ 的条件下,测试两级阻容耦合放大电路的电压放大倍数 A_u 和输出电阻 R_o,表格自拟。

五、实验注意事项

① 注意电源电压的要求,极性和大小,以及测量的位置。
② 测量仪器与被测电路要严格共地连接。
③ 用示波器监视输出波形,所有性能指标的测试都要保证输出不失真。

11.3 集成运算放大电路的测试

11.3.1 基础性实验——比例运算电路

一、实验目的及预习要求

1. 实验目的

① 掌握集成运算放大器的正确使用方法。
② 掌握集成运算放大器中反相比例运算电路设计和参数测试的方法。
③ 掌握集成运算放大器中同相比例运算电路设计和参数测试的方法。
④ 验证比例运算电路输入与输出的关系。

2. 预习要求

复习集成运算放大器基本应用电路的组成、工作原理、理论计算公式,以及输入、输出(波形及数值)间的关系。

二、实验原理及说明

1. 反相比例运算电路

反相比例运算电路是最基本的单元电路,如图 11-14 所示。
反相比例运算电路的闭环电压增益为

$$A_{uf}=U_o/U_i=-R_F/R_1$$

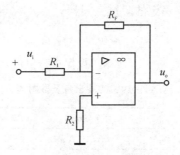

图 11-14 反相比例放大器的原理图

输入电阻为
$$R_i \approx R_1$$
输出电阻为
$$R_o \approx 0$$
平衡电阻为
$$R_2 = R_1 /\!/ R_F$$

反馈电阻 R_F 的阻值不能太大，否则会产生较大的噪声及直流漂移，一般为几十千欧至几百千欧。R_1 的取值应远大于信号源的内阻。若 $R_F = R_1$，则电路称为倒相器，可作为信号的极性转换电路。

2. 同相比例运算电路

同相比例运算电路也是最基本的单元电路，如图 11-15 所示。

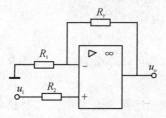

图 11-15 同相比例放大器的原理图

同相比例运算电路的闭环电压增益为
$$A_{uf} = U_o/U_i = 1 + R_F/R_1$$
输入电阻为
$$R_i \approx R_{id} /\!/ R_{ic} \approx R_{id}$$

式中，R_{id} 为运放本身的差模输入电阻，其值一般在几百千欧至几兆欧之间；R_{ic} 为运放的共模输入电阻，其值一般为数百兆欧。输出电阻为
$$R_o \approx 0$$
平衡电阻为
$$R_2 = R_1 /\!/ R_F$$

同相比例运算电路具有高输入阻抗、低输出阻抗的特点，广泛用于信号处理电路的前置放大级。若 $R_F \approx 0$、$R_1 = \infty$（开路）时，则电路称为电压跟随器。与由晶体管构成的电压跟随器（射极输出器）相比，由集成运放组成的电压跟随器输入电阻更高，几乎不从信号源吸取电流；输出

电阻更低,可以作为电压源,是较理想的阻抗变换器。

三、实验仪器及设备

该实验的实验设备及器材如表 11-10 所列。仪器型号仅供参考,只要测试功能符合要求即可。

表 11-10 实验设备及器材表

序 号	设备名称	型号与规格	数 量	备 注
1	低频信号发生器	SA3912A	1	
2	直流稳压电源	SS2323	1	
3	示波器	TDS1012	1	
4	数字万用表	VC980+	1	
5	双输入交流毫伏表	SM1030	1	
6	实验板(面包板)		1	若使用面包板需配备电阻若干
7	集成运算放大器	μA741	1	
8	连接线		若干	

四、实验内容及步骤

1. 反相比例运算电路的测试

测试内容:用 μA741 实现 $u_o = -2u_i$ 的运算关系,其中,$U_i = 1\text{ V}$,$f = 1\text{ kHz}$,$R_F = 20\text{ k}\Omega$,确定电路中 R_1 和 R_2 的电阻值,并进行实验验证。

测试步骤如下:

(1) 参数的计算

因为 $u_o = -2u_i$,$R_F = 20\text{ k}\Omega$,则可计算出 $R_1 = 10\text{ k}\Omega$,$R_2 = R_1 // R_F \approx 6.8\text{ k}\Omega$。

(2) 电路的搭接

在进行电路搭接前,需要对集成运算放大器 μA741 有比较清晰的了解。

μA741 是高性能、内补偿运算放大器,其功耗低,无需外部频率补偿,具有短路保护和失调电压调零能力,是一款使用比较广泛的集成运算放大器。

本实验采用的 μA741 为 8 引脚双列直插式集成电路,外形及引脚功能如图 11-16 所示。当集成运算放大器文字型号标识正放时,左下角为 1 引脚,或者芯片的半圆豁口下侧对应的为 1 引脚,逆时针方向依次为从 1 到 8 引脚。

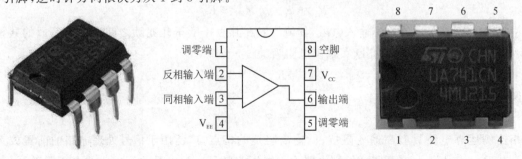

(a) 外形图　　　　　　　　　　　(b) 引脚功能图

图 11-16 集成运算放大器 μA741 的外形及引脚功能图

按照图 11-17 所示的电路进行搭接,在元器件搭接完毕后,接入仪器。

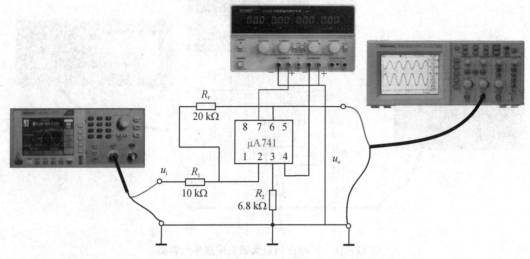

图 11-17　反相比例放大器测试搭接示意图

（3）参数的测试

参数的测试包括输入电压和输出电压有效值的测试以及波形测试。

按照实验内容要求接入输入信号,并在保证输出波形不失真的情况下,用交流毫伏表测量输入电压和输出电压有效值并记录,根据示波器显示的波形进行波形绘制。数据记录表格如表 11-11 所列。

表 11-11　反相和同相比例运算电路测试数据记录表

电　路	运算公式	电阻选取值	U_i	U_o	A_{uf}	相位关系
反相比例运算电路						
同相比例运算电路						

2. 同相比例运算电路的测试

测试内容:用 μA741 实现 $u_o=2u_i$ 的运算关系,其中 $U_i=0.5\ \text{V}$,$f=1\ \text{kHz}$,$R_1=10\ \text{k}\Omega$,确定电路中 R_2 和 R_F 的电阻值,并进行实验验证。

测试步骤如下:

（1）参数的计算

因为 $u_o=2u_i$,$R_1=10\ \text{k}\Omega$,可计算出 $R_F=10\ \text{k}\Omega$,$R_2=R_1//R_F=10\ \text{k}\Omega$。

（2）电路的搭接

按照图 11-18 所示的电路进行搭接,在元器件搭接完毕后,接入仪器。

（3）参数的测试

按照实验内容要求接入输入信号,并在保证输出波形不失真的情况下,用交流毫伏表测量输入电压和输出电压有效值并记录,根据示波器显示的波形进行波形绘制。数据记录表格如表 11-11 所列。

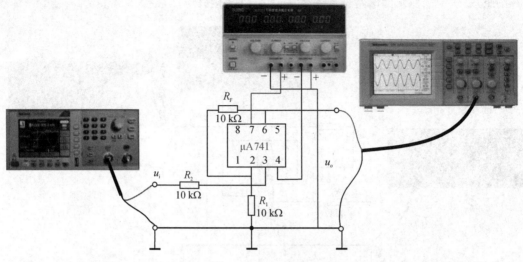

图 11-18 同相比例放大器测试搭接示意图

五、实验注意事项

① 在使用集成运放芯片搭接电路时,应注意引脚的排列和顺序。
② μA741 为双电源供电,在连接直流电源时切记正负极性不能接反,以防烧毁芯片。
③ 在测试时,测量仪器要遵循共地连接原则。

六、实验报告要求

① 画出实验电路并标明元件参数的取值,列表整理实验测试数据、绘制输入和输出波形。
② 电路中平衡电阻的作用是什么?

七、思考题

① 如何测试反相比例运算电路的输入电阻?它与放大器输入电阻的测试有什么不同?
② 如何将双电源供电的集成运放改成单电源供电?原则是什么?实现的方法有哪些?

11.3.2 提高性实验——加法运算电路

一、实验目的

① 掌握集成运算放大器求和运算电路设计和参数测试的方法。
② 验证求和运算电路输入与输出的关系。

二、实验原理及说明

反相加法运算电路的原理图如图 11-19 所示。
从原理分析可知,输出信号与输入信号的关系为

$$u_o = -\left(\frac{R_F}{R_1}u_{i1} + \frac{R_F}{R_2}u_{i2}\right)$$

由上式可知,输出信号实现了两个输入信号的加法,其中,负号表示反相加法器。平衡电阻为

$$R_3 = R_1 \ // \ R_2 \ // \ R_F$$

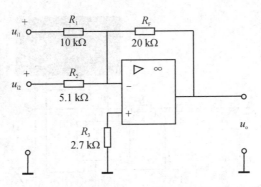

图 11-19 反相加法运算电路的原理图

三、实验仪器及设备

本实验需要的实验设备及器材如表 11-10 所列。

四、实验内容及步骤

测试内容：用集成运放设计加法电路，满足关系式

$$u_o = -(2u_{i1} + 4u_{i2})$$

其中，$U_{i1}=0.1$ V，$U_{i2}=0.2$ V，$f=1$ kHz，$R_F=20$ kΩ，确定电路的其他参数并用实验验证。

测试步骤如下：

(1) 参数的计算

因为 $u_o = -\left(\dfrac{R_F}{R_1}u_{i1} + \dfrac{R_F}{R_2}u_{i2}\right)$，设计要求 $u_o = -(2u_{i1} + 4u_{i2})$，将 $R_F=20$ kΩ 代入，可得 $R_1=10$ kΩ，$R_2=5$ kΩ（取标称值 5.1 kΩ），$R_3=R_1 // R_2 // R_F \approx 2.7$ kΩ。

(2) 电路的搭接

加法运算电路涉及两路输入信号，为保证输入信号相位相同，采用电阻分压法实现。可以利用电位器进行分压（见图 11-20(a)），通过调节电位器的中间抽头来改变电压大小的分配；也可以根据所需电压信号的比例合理选择固定电阻器进行分压（见图 11-20(b)）。无论采用哪种分压方式，电阻的阻值通常在几十欧到几百欧之间，不能太大。

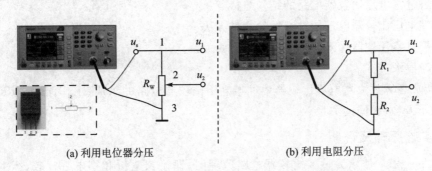

(a) 利用电位器分压　　　　　　(b) 利用电阻分压

图 11-20 产生两路同相位信号的连接示意图

按照图 11-21 所示的电路进行搭接，元器件搭接完毕后，接入仪器。

(3) 参数的测试

按照实验内容要求接入输入信号，并保证输出波形不失真的情况下，用交流毫伏表测量输

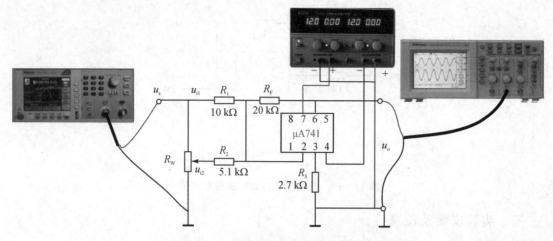

图 11-21 加法运算电路测试搭接示意图

入电压和输出电压有效值并记录,数据记录表格自拟,根据示波器显示的波形进行波形绘制。幅度大小可利用示波器的 MEASURE 测量功能或交流毫伏表进行测量。

五、实验注意事项

① 通过信号发生器的同一路信号输出端,取得 u_{i1} 和 u_{i2} 所要求的电压值。
② 在测试时,测量仪器要遵循共地连接原则。

11.4 电压比较器电路的测试

11.4.1 基础性实验——过零比较器

一、实验目的及预习要求

1. 实验目的

① 了解过零电压比较器电路的结构与特点。
② 掌握电压比较器电压传输特性的测试方法。
③ 掌握过零比较器输入与输出信号之间的关系。

2. 预习要求

复习集成运算放大器电压比较器中过零电压比较器电路的组成、工作原理,以及输入、输出信号(波形及数值)间的关系。

二、实验原理及说明

如图 11-22(a)所示为过零比较器电路原理图,即输入电压和零电平比较,当 $u_i < 0$ 时,$u_o = +U_{o(sat)}$;当 $u_i > 0$ 时,$u_o = -U_{o(sat)}$。如图 11-22(b)所示是电压比较器的电压传输特性。

如果输入信号为正弦波电压 u_i,则 u_o 为矩形波电压,如图 11-23 所示。输出电压的幅值在 $+U_{o(sat)}$ 与 $-U_{o(sat)}$ 之间变化。

如果需要输出电压的幅度可以控制,可以在输出端增加稳压管进行稳压,则输出电压的幅

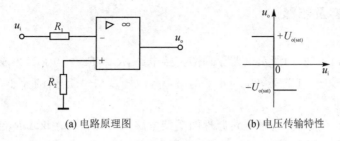

(a) 电路原理图　　　　　　　　　(b) 电压传输特性

图 11 - 22　过零比较器

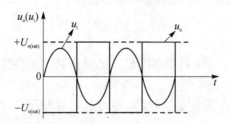

图 11 - 23　过零比较器将正弦波电压变换为矩形波电压

值在 $-U_Z$ 与 $+U_Z$ 之间变化。电路原理图及输入输出电压波形图如图 11 - 24 所示。

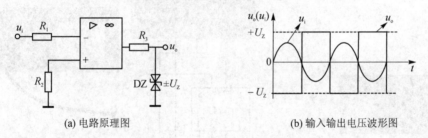

(a) 电路原理图　　　　　　　　　(b) 输入输出电压波形图

图 11 - 24　限幅过零比较器

在图 11 - 24(a)中，DZ 为双向稳压管，用来限制输出电压的幅度，电阻 R_3 为限流电阻，起到保护稳压管的作用。如果需要输出电压的幅度为 ±6 V，则可以选择合适的稳压管进行稳压。

三、实验仪器及设备

该实验的实验设备及器材如表 11 - 12 所列。仪器型号仅供参考，只要测试功能符合要求即可。

表 11 - 12　实验设备及器材表

序　号	设备名称	型号与规格	数　量	备　注
1	低频信号发生器	SA3912A	1	
2	直流稳压电源	SS2323	1	
3	示波器	TDS1012	1	
4	数字万用表	VC980+	1	
6	集成运算放大器实验板（面包板）		1	若使用面包板时配备电阻、电容若干
7	集成运算放大器	μA741	1	
8	连接线		若干	

四、实验内容及步骤

1. 实验内容

① 按照如图 11-22(a)所示电路原理图搭接电路,$R_1=R_2=10\ \text{k}\Omega$,集成运放电源电压为 $\pm 12\ \text{V}$,当接入信号 $f=1\ \text{kHz}$,$U_{PP}=6\ \text{V}$ 时,测量 $+U_{o(sat)}$ 与 $-U_{o(sat)}$ 的大小,并观察对比比较器的输入、输出波形。

② 按照如图 11-24(a)所示电路原理图搭接电路,$R_1=R_2=10\ \text{k}\Omega$,$R_3=9.1\ \text{k}\Omega$,稳压二极管采用 5 V,集成运放电源电压为 $\pm 9\ \text{V}$,当接入信号 $f=1\ \text{kHz}$,$U_{PP}=6\ \text{V}$ 时,测量 $+U_Z$ 与 $-U_Z$ 的大小,并观察对比电压比较器的输入、输出波形。

2. 实验步骤

(1) 过零比较器的测试

按照如图 11-22(a)所示的电路原理图进行电路搭接。元器件搭接完毕后,接入仪器,其连接示意图如图 11-25 所示。

通过示波器观察输入、输出波形,幅度大小可利用示波器的 MEASURE 测量功能进行测量。

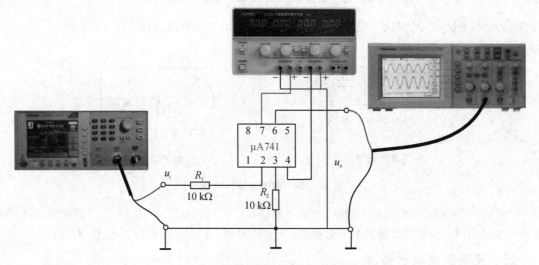

图 11-25 过零电压比较器测试连接示意图

(2) 限幅过零比较器的测试

按照如图 11-24(a)所示的电路原理图进行电路搭接。元器件搭接完毕后,接入仪器。

通过示波器观察输入、输出波形,幅度大小可利用示波器的 MEASURE 测量功能进行测量。

五、实验注意事项

① 注意集成运放电源的要求,一般采用双电源供电。

② 在测试时,测量仪器要遵循共地连接原则。

六、实验报告要求

① 画出实验电路并标明元件参数的取值,并整理实验测试数据。

② 定量描绘输入输出电压的波形。

③ 描绘电压传输特性曲线。

七、思考题

① 电压比较器电路和运算电路在结构上有什么不同点？
② 限幅过零电压比较器的稳压管和限流电阻如何选择？

11.4.2 提高性实验——单限比较器

一、实验目的

① 掌握电压比较器中单限比较器电路设计和参数测试的方法。
② 验证单限比较器输入与输出的关系。

二、实验原理及说明

单限比较器是在过零比较器的基础上，将参考电压 U_R 通过电阻 R_2 也接在集成运放的同相输入端而得到的。单限比较器就是输入电压与参考电压 U_R 相比较，当 $u_i < U_R$ 时，$u_o = +U_{o(sat)}$；当 $u_i > U_R$ 时，$u_o = -U_{o(sat)}$。当输出端采用稳压管稳压时，就构成限幅单限比较器，其电路原理图如图 11-26(a)所示。当输入电压信号为正弦波时，输出与输入电压信号的对应关系如图 11-26(b)所示。当 $u_i < U_R$ 时，$u_o = +U_Z$；当 $u_i > U_R$ 时，$u_o = -U_Z$。

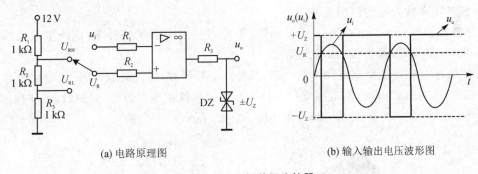

(a) 电路原理图 (b) 输入输出电压波形图

图 11-26 限幅单限比较器

三、实验仪器及设备

本实验需要的实验设备及器材如表 11-12 所列。

四、实验内容及步骤

1. 实验内容

按照如图 11-24(a)所示电路原理图搭接电路，$R_1 = R_2 = 10\ \text{k}\Omega$，$R_3 = 9.1\ \text{k}\Omega$，稳压二极管采用 5 V，集成运放电源电压为 ±9 V。当接入信号 $f = 1\ \text{kHz}$，$U_{PP} = 6\ \text{V}$ 时，U_R 采用如图 11-26(a)所示电路中的分压电路提供，当 U_R 分别为 U_{RH} 和 U_{RL} 时，观察比较器的输入、输出波形，并测量 $+U_Z$ 与 $-U_Z$ 的大小。

2. 实验步骤

(1) 电路的搭接

按照如图 11-24(a)所示的电路原理图进行电路搭接。元器件搭接完毕后，接入仪器。

(2) 限幅单限比较器的测试

当 U_R 分别取 U_{RH} 和 U_{RL} 时,观察比较器的输入、输出波形,并测量 $+U_Z$ 与 $-U_Z$ 的数值,记录表格自拟。

五、实验注意事项

① 注意集成运放电源的要求,一般采用双电源供电。
② 在测试时,测量仪器要遵循共地连接原则。

11.5 集成功率放大电路的测试

11.5.1 基础性实验——集成功率放大器电路的测试(增益固定)

一、实验目的

① 了解集成功率放大器的工作原理及应用。
② 熟悉和掌握集成功率放大器主要性能指标的测试原理及方法。

二、实验原理及说明

1. 集成功率放大器的应用电路

功率放大器(power amplifier),简称功放,是指在给定失真度条件下,能产生最大功率输出以驱动某一负载(如扬声器)的放大器。

LM386 是一种通用型集成功率放大器,其特点是频带宽(可达几百千赫)、功耗低(常温下为 660 mW)、适用的电源电压范围宽(4~16 V),因而广泛用于收音机、对讲机、方波和正弦波发生器等。LM386 的外形图及引脚分布如图 11-27 所示。

(a) 外形图

(b) 引脚分布图

图 11-27 LM386 的外形图及引脚分布图

由 LM386 构成的典型应用电路如图 11-28 所示。
外围元件的功能如下:

① C_1 为输入电容,用于隔直和滤波。
② 7 脚的旁路电容 C_2 起滤除噪声的作用。在工作稳定后,该管脚电压值约等于电源电压的一半。增大电容 C_2 的电容值,可减缓直流基准电压的上升、下降速度,有效抑制噪声。
③ R_1、C_3 构成相位补偿电路,以消除自激振荡并改善高频时的负载特性。
④ 输出电容 C_4 是输出耦合电容。首先起到隔断直流电压的作用,以保护扬声器,因为直

第 11 章 模拟电子技术实验

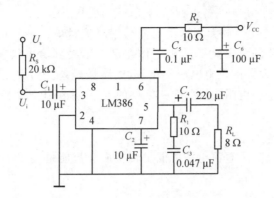

图 11-28 LM386 的典型应用电路

流电压过大有可能会损坏扬声器线圈;其次与扬声器负载构成了一阶高通滤波器。减小 C_4 的电容值,可使噪声能量冲击的幅度变小、宽度变窄,但是太低会使截止频率提高。

⑤ R_2、C_5、C_6 用于滤掉电源中的交流分量。

2. 功率放大器的性能指标的测试

功率放大器的性能指标很多,从应用的角度考虑,主要性能指标包括输出功率、功率增益、整机效率、输入阻抗、频率响应、静态损耗和失真度等。本实验重点进行输出功率、功率增益和整机效率的测试。

(1) 输出功率的测试

功率放大器在额定工作电压下,输出信号的失真度小于某一数值时负载上得到的功率称为功率放大器的输出功率。对功率放大器而言,要求输出功率越大越好。

本实验的输出功率主要进行音频功率的测量。测量的基本方法是通过测量已知负载电阻 R_L 上的电压 U_{oL},再通过换算得到功率值。

如果已知负载的电阻值为 R_L,测得其两端的电压为 U_{oL},则负载上得到的功率(输出功率)为

$$P_{oL} = U_{oL}^2 / R_L$$

(2) 功率放大倍数(增益)的测试

功率放大倍数是指功率放大器的输出功率与输入功率之比,即

$$A_P = P_{oL} / P_i$$

功率放大倍数用分贝表示时,则称为功率增益,即

$$A_P = 10\lg(P_{oL}/P_i) \text{ dB}$$

可见,只要测得 P_{oL} 和 P_i,即可计算 A_P。P_{oL} 为负载上得到的输出功率,其测试方法前面已经介绍过,不再赘述。输入功率 P_i 可采用间接法测量,测量方法与测量电压放大器输入电阻的方法类似,在放大器的输入端串接一个已知阻值的电阻 R_S(见图 11-28 中的 R_S),然后分别测出 U_S 和 U_i,便可计算 I_i,则

$$P_i = U_i \times I_i = U_i \times (U_{R_S}/R_S) = U_i \times [(U_S - U_i)/R_S]$$

(3) 效率的测试

功率放大器的效率是指负载上得到的交流输出功率 P_{oL} 和输出该功率时所消耗的电源功率(或电源所供给的直流功率) P_{DC} 之比,即

$$\eta = (P_{oL}/P_{DC}) \times 100\%$$

式中,$P_{DC}=V_{CC}I_{DC}$,I_{DC}是功率放大器输出交流功率时流过电源的总电流。如果采用串接电流表的方法测量电源支路的总电流I_{DC},则工作在最大不失真输出状态时会使输出波形出现平顶失真,同时使功率放大器的供电电压变化,造成测量误差。为避免这种情况出现,一般预先在电源支路中串接一个小电阻(见图11-28中的R_2),并在其上并接一个电解电容,然后测量其上的压降U_{R_2},则

$$I_{DC} = U_{R_2}/R_2$$

功率放大器的效率反映了直流电源的能量转换成交流能量输出的程度,因此要求效率越高越好。

三、实验仪器及设备

该实验的实验设备及器材如表11-13所列。仪器型号仅供参考,只要测试功能符合要求即可。

表11-13 实验设备及器材表

序号	设备名称	型号与规格	数量	备注
1	低频信号发生器	SA3912A	1	
2	直流稳压电源	SS2323	1	
3	示波器	TDS1012	1	
4	数字万用表	VC980+	1	
5	双输入交流毫伏表	SM1030	1	
6	集成功率放大器实验板(面包板)		1	若使用面包板时配备电阻、电容若干
7	集成运算放大器	LM386	1	
8	连接线		若干	

四、实验内容及步骤

1. 实验内容

在$V_{CC}=6$ V(即集成块6脚对地电压),$R_L=8$ Ω,且输入$f=1$ kHz,幅度为0.5 V信号时,接入$R_S(=20$ kΩ)(即信号源输出电压U_s接在电阻R_S的上端)测试:

① 电路的输出功率P_{oL}。

② 电路的功率增益A_p和电压增益A_u。

③ 观察电路工作时流过电源的电流I_{DC}的波形(通过电阻R_2上的电压波形反映),并与输入、输出电压波形进行比较。

2. 实验步骤

(1) 电路的搭接

按照如图11-28所示的电路进行元器件搭接。搭接完毕后,接入仪器,其连接示意图如图11-29所示。

(2) 参数的测试

参数的测试按照实验原理所述的方法进行测试。信号源输出正弦交流信号,频率为

第11章 模拟电子技术实验

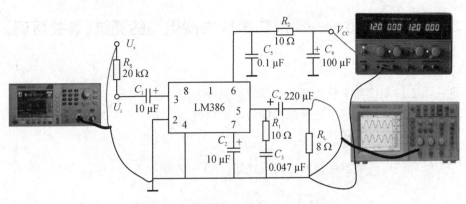

图 11-29 集成功放电路测试连接示意图

1 kHz,幅度为 0.5 V,示波器监测输出波形不失真,注意直流稳压电源要正确输出,记录输入电压的幅值 U_i 及输出电压的幅值 U_o,以及直流电压降 U_{R_2},记录数据并计算参数,同时填入如表 11-14 所列表格。

表 11-14 功率放大电路参数记录表

测试条件	工作电压为 $V_{CC}=6$ V,$R_L=8$ Ω,$R_S=20$ kΩ,$R_2=10$ Ω			
测试指标	输出功率 P_{oL}	功率放大倍数 A_p		效率
测试数据	U_{oL}	U_o	U_i	U_{R_2}
计算结果				

五、实验注意事项

① 参数测试必须在不失真的前提下进行。
② 在使用集成功放芯片搭接电路时,注意引脚的排列和顺序。
③ 在输入端串接的 R_S 不宜过大,因为功率放大器的输入电阻并不很大。
④ 保证测试仪器与被测电路共地连接。
⑤ 在测量时可始终串接 R_S,必须接入 R_L。
⑥ 在测正常工作流过电源的直流电流 I_{DC} 时,应在 R_2 两端并联直流电压表。

六、实验报告要求

① 画出实验电路并标明元件参数的取值。
② 列表整理实验数据,进行参数计算并与理论值比较。
③ 按时间对应关系描绘所测的波形,并标出相应的波形参数。

七、思考题

① 集成功率放大器构成的电路外围元器件的作用是什么?
② 集成功率放大电路输出功率的测试方法是什么?

11.5.2 提高性实验——集成功率放大器电路的测试(增益可调)

一、实验目的

① 进一步了解集成功率放大器的电压增益调整方法。
② 掌握集成功率放大器主要性能指标的测试原理及方法。

二、实验原理及说明

LM386 组成的电压增益可调的应用电路如图 11-30 所示。

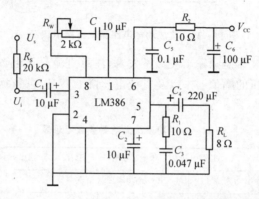

图 11-30 LM386 集成功率放大器电压增益可调应用电路

在 1 脚、8 脚间连接电位器 R_W 和电容 C,用以调整电路的放大倍数。当 1 脚、8 脚间开路时,电路的放大倍数为 20;当调整 1 脚、8 脚间的电位器 R_W 的阻值为 0(只接入电容)时,电路的放大倍数为 200。

三、实验仪器及设备

本实验需要的实验设备及器材如表 11-13 所列。

四、实验内容及步骤

1. 实验内容

在 $V_{CC}=6$ V(即集成块 6 脚对地电压),$R_L=8.2$ Ω,且 $f=1$ kHz 时,接入 R_S(=20 kΩ)(即信号源输出电压 U_s 接在电阻 R_S 的上端),调节 U_s 使功率放大器的输出达到最大不失真状态后,测试:

① 将 R_W 调节为 0 Ω 时,测出功率放大器在输出为最大不失真时的电压放大倍数 A_u。
② 将 R_W 调节为 2 kΩ 时,测出功率放大器在输出为最大不失真时的电压放大倍数 A_u。

2. 实验步骤

① 按照如图 11-30 所示的电路进行元器件搭接,元器件搭接完毕后,接入仪器。
② 调整 R_W 使 $R_W=0$ Ω,调节信号发生器的 U_s,使功率放大器的输出达到最大不失真状态,然后测试输入电压的幅值 U_i 及输出电压的幅值 U_{oL} 并记录。
③ 调整 R_W 使 $R_W=2$ kΩ,调节信号发生器的 U_s,使功率放大器的输出达到最大不失真状态,然后测试输入电压的幅值 U_i 及输出电压的幅值 U_{oL} 并记录,数据记录表格自拟。

五、实验注意事项

① 在进行最大不失真输出功率测试时要迅速调整和测试。在测得最大不失真输出电压及相关数据后，要立即减小输入信号幅度，不要让放大器长时间工作在最大不失真输出状态。
② 在测试过程中，为保证输出波形不失真，应用示波器监测输出波形。
③ 保证测试仪器与被测电路共地连接。
④ 在测量时可始终串接 R_S，必须接入 R_L。
⑤ 在测正常工作流过电源的直流电流 I_{DC} 时，应在 R_2 两端并联直流电压表测量。
⑥ 在调整输入信号 U_s 后，需监测 LM386 的电源电压，以保证电源电压保持 6 V 不变，调节直流稳压电源的输出，使其满足测试条件。

11.6 波形产生电路的测试

11.6.1 基础性实验——集成运放构成的 RC 桥式振荡器

一、实验目的

① 了解集成运放在振荡电路中的应用。
② 掌握集成运放构成 RC 振荡电路输出信号参数的测试方法。

二、实验原理及说明

集成运放构成的 RC 振荡电路如图 11-31 所示。

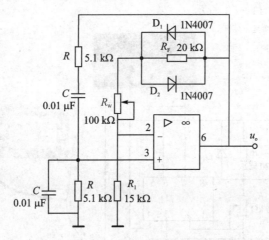

图 11-31 集成运放构成的 RC 振荡电路

放大电路构成同相比例运算电路，RC 串并联电路既是正反馈电路，又是选频电路。输出电压 U_o 经 RC 串并联电路分压后在 RC 并联电路上得出反馈电压 U_f，并加在运算放大器的同相输入端作为它的输入电压 U_i，利用二极管正向伏安特性的非线性来自动稳幅。振荡频率为

$$f_o = \frac{1}{2\pi RC}$$

调节 R_W 值，可满足振荡条件 $R_W + R_F \geqslant 2R_1$。

由集成运算放大器构成的 RC 振荡电路的振荡频率一般不超过 1 MHz。

三、实验仪器及设备

该实验的实验设备及器材如表 11-15 所列。仪器型号仅供参考,只要测试功能符合要求即可。

表 11-15 实验设备及器材

序 号	设备名称	型号与规格	数 量	备 注
1	直流稳压电源	SS2323	1	
2	示波器	TDS1012	1	
3	数字万用表	VC980+	1	
6	面包板		1	若使用面包板时配备电阻、电容若干
7	元器件	电阻、电容等	1	
8	连接线		若干	

四、实验内容及步骤

1. 实验内容

按照如图 11-31 所示的元器件参数搭接电路,调整电路使输出为稳定的不失真的正弦波,并测量输出波形的频率和幅值。

2. 实验步骤

① 按照如图 11-31 所示的元器件参数搭接电路。元器件搭接完毕后,接入稳压电源和示波器,连接示意图如图 11-32 所示。

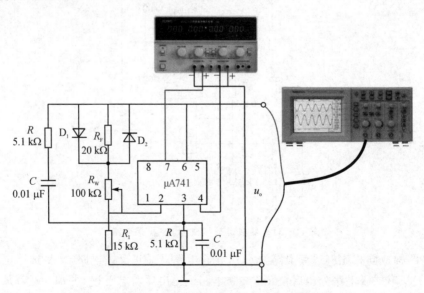

图 11-32 集成运放构成的 RC 振荡电路连接示意图

② 调整 R_W 使电路振荡,使输出为稳定的不失真的正弦波。

③ 调整示波器显示正常的正弦波,测出输出波形频率和幅值并记录。

五、实验注意事项

① 保证测试仪器与被测电路共地连接。
② 在测试过程中,保证输出波形稳定且不失真。
③ 在使用集成功放芯片搭接电路时,注意引脚的排列和顺序。

六、实验报告要求

① 画出实验电路并标明元件参数的取值。
② 列表整理实验数据,进行参数计算并与理论值比较。
③ 按时间对应关系描绘所测的波形,并标出相应的波形参数。

七、思考题

① 二极管 D_1、D_2 在电路中起什么作用?说明它们的工作原理。
② 若想改变图 11-31 所示实验电路的振荡频率,需要调整电路中哪些元件?
③ 分析电路调节幅度的原理,说明实验电路中调整哪个元件可以改变输出信号的幅值?

11.6.2 提高性实验——集成运放构成的方波-三角波发生器

一、实验目的

通过构建集成运算放大器组成的方波-三角波电路,熟悉集成运算放大器的非线性应用。

二、实验原理及说明

由施密特触发器和积分电路构成的方波-三角波产生电路,如图 11-33 所示。

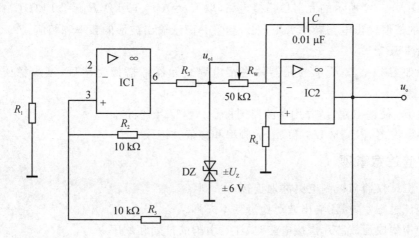

图 11-33 方波-三角波产生电路

运算放大器 IC1 与 R_1、R_2、R_3、R_5 及双向稳压二极管 DZ 组成一个施密特触发器,双向稳压二极管的作用是确定方波的输出幅度。施密特触发器的 u_i(被比信号)来自积分器的输出,并通过 R_5 反馈到 IC1 的同相输入端;施密特触发器的参考电压为"地",并通过 R_1 接到 IC1 的反相输入端,R_1 为平衡电阻。施密特触发器输出的 u_{o1} 高电平为 $+U_Z$,低电平为 $-U_Z$。

运算放大器 IC2 与 R_W、R_4、C 组成一个反相积分电路,输入信号为前级产生的方波,输出为上升速率和下降速率相等的三角波,波形关系如图 11 - 34 所示。

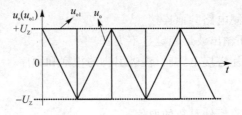

图 11 - 34 方波-三角波的对应关系

振荡频率为

$$f = \frac{R_2}{4R_5 R_w C}$$

输出方波的幅值为

$$U_{o1} = U_z$$

输出三角波的幅值为

$$U_o = \frac{R_5}{R_2} U_z$$

三、实验仪器及设备

本实验需要的实验设备及器材如表 11 - 15 所列。

四、实验内容及步骤

1. 实验内容

按照如图 11 - 33 所示的元器件搭接电路,取 $R_2 = R_5 = 10$ kΩ, $R_w = 50$ kΩ, $C = 0.01$ μF, 调整电位器的值使输出电路频率为 1 kHz,测量并记录输出波形的频率和幅值。

2. 实验步骤

① 按照如图 11 - 33 所示的元器件搭接电路。元器件搭接完毕后,接入稳压电源和示波器。

② 调整 R_P 使输出稳定,并用示波器测量 U_{o1} 和 U_o 的波形。

③ 调整示波器,以测量 U_{o1} 和 U_o 的频率和幅值并记录。

五、实验注意事项

① 保证测试仪器与被测电路共地连接。

② 在测试过程中,保证输出波形稳定且不失真。

③ 在使用集成运放芯片搭接电路时,注意引脚的排列和顺序。

第 12 章 数字电子技术实验

12.1 脉冲电路参数的测试

12.1.1 基础性实验——脉冲信号基本参数的测试

一、实验目的及预习要求

1. 实验目的
① 了解数字信号的波形特点。
② 掌握脉冲信号基本参数测试方法。

2. 预习要求
① 复习脉冲波形参数的定义。
② 熟悉脉冲波形参数的测试方法。

二、实验原理及说明

如图 12-1 所示为理想脉冲波形参数标示图,各参数含义如下:
① 脉冲幅度 U_m——脉冲信号变化的最大值。
② 高电平 U_{oH}——波形高电平电压。
③ 低电平 U_{oL}——波形低电平电压。
④ 脉冲周期 T——周期性脉冲信号重复出现的最小时间间隔。
⑤ 脉冲频率 f——单位时间的脉冲数,$f=1/T$。
⑥ 正脉冲宽度 t_p——脉冲持续时间。
⑦ 占空比 q——在一个周期内,脉冲持续的时间与总时间的比值,$q=t_p/T$。

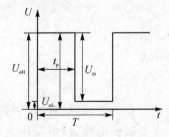

图 12-1 理想脉冲波形参数标示图

三、实验仪器及设备

本实验需要的实验设备及器材如表 12-1 所列。

表 12-1 实验设备及器材表

序 号	设备名称	型号与规格	数 量	备 注
1	实验箱		1	
2	示波器	TDS1012 数字存储示波器	1	

四、实验内容及步骤

用实验箱分别产生 10 Hz 和 100 Hz 的脉冲信号,用示波器观察波形并测试以下参数:脉冲波形的高电平 U_{oH}、低电平 U_{oL}、脉冲幅度 U_m、周期 T、频率 f、正脉宽度 t_p 及占空比 q。参数记录到表 12-2 中。

表 12-2 脉冲参数测试数据表

脉冲信号	U_{oH}	U_{oL}	U_m	t_p	T	f	q
10 Hz							
100 Hz							

五、实验注意事项

① 波形应尽量调整到占满整个屏幕再进行测试。
② 示波器的耦合方式选择"DC"耦合。
③ 在读数时,注意示波器探头的档位。

六、实验报告要求

按实验要求测试并记录脉冲波形参数测试数据。

七、思考题

① 本实验电路输出脉冲信号的高电平、低电平与哪些因素有关?
② 如何改变输出脉冲信号的幅度?

12.1.2 提高性实验——脉冲信号产生电路的设计与测试

一、实验目的

① 熟悉脉冲信号产生电路的应用。
② 掌握脉冲信号参数的测试方法。

二、实验原理及说明

在数字电路中,经常利用脉冲信号作为集成电路的时钟信号。时钟信号的产生电路有很多种类,如利用 555 定时器产生的多谐振荡电路、门电路构成的多谐振荡电路、石英晶体构成的振荡电路等。

门电路构成的多谐振荡电路如图 12-2 所示。

电容 C 的充电时间为

$$T_1 = RC\ln\frac{V_{DD}}{V_{DD}-V_{TH}}$$

根据电容放电过程,可以得到电容 C 放电时间为

$$T_2 = RC\ln\frac{V_{DD}}{V_{TH}}$$

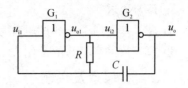

图 12-2 门电路构成多谐振荡电路

根据电路结构知,$V_{TH}=V_{DD}/2$,则电路的振荡周期为

$$T = T_1 + T_2 = RC\ln\frac{V_{DD} \cdot V_{DD}}{(V_{DD}-V_{TH})V_{TH}} = RC\ln 4 \approx 1.4RC$$

改变 R 或 C 都可改变振荡周期或频率。

三、实验仪器及设备

本实验需要的实验设备及器材如表 12-3 所列。

表 12-3 实验设备及器材表

序号	设备名称	型号与规格	数量	备注
1	实验箱或面包板		1	
2	示波器	TDS1012 数字存储示波器	1	
3	实验用元器件(套)		1	

四、实验内容及步骤

① 参照如图 12-2 所示电路搭接脉冲产生电路,合理选择元器件的值,设计实现频率 $f=100$ Hz,输出幅度为 5 V 的脉冲信号。

② 观察输出波形,并测试脉冲参数的高电平 U_{oH}、低电平 U_{oL}、周期 T、脉冲幅度 U_m、占空比 q 等,数据记录表格自拟。

五、实验注意事项

① 用光标测量参数时,要合理、充分利用屏幕的有效面积,波形尽量展开。

② 在测量脉冲信号时,必须使用示波器专用探头,不可使用普通的开路测试电缆。

③ 要使用与示波器匹配的探头测试线,且使用前要校正。

12.2 基本门电路的测试

12.2.1 基础性实验——基本门电路逻辑功能测试

一、实验目的及预习要求

1. 实验目的

① 掌握验证基本门电路逻辑功能的测试方法。

② 加深对逻辑电平及门电路功能的理解。

2. 预习要求
① 复习基本门电路的逻辑符号、逻辑功能,以及基本门电路的组合和变换。
② 预习数字实验箱的使用方法。

二、实验原理及说明

集成门电路主要分为 TTL 集成门电路和 CMOS 集成门电路。74 系列 CMOS 集成电路与 TTL 门电路常用性能参数比较如表 12-4 所列。

表 12-4 CMOS 集成门电路与 TTL 门电路性能参数比较表

参　数	CMOS 集成门电路		TTL 集成门电路	
	74HC 系列	74AC 系列	74 系列	74LS 系列
电源电压 $U_{DD}(V_{CC})$/V	3~18	3~18	4.75~5.25	4.75~5.25
单门功耗/mW	0.5	0.5	10	2
$U_{oH(min)}$/V	4.4	4.4	2.4	2.7
$U_{oL(max)}$/V	0.1	0.1	0.4	0.5
$U_{iH(min)}$/V	3.15	3.15	2	2
$U_{iL(max)}$/V	1.35	1.35	0.8	0.8
$I_{oH(max)}$/mA	-4	-24	-0.4	-0.4
$I_{oL(max)}$/mA	4	24	16	8
t_{pd}/ns	9	5.2	9	9.5

从表中可以看出,在使用过程中不同种类的集成门电路有所需的电源电压不同、传输延迟时间不同等区别。

常用的集成与非门电路有 74LS00(四-2 输入与非门)、74LS20(双 4 输入与非门)、CD4011(四-2 输入与非门)、CD4012(双 4 输入与非门)等。以下主要介绍集成或非门电路。

CD4001 是一个四-2 输入或非门集成电路,其逻辑表达式为:$Y = \overline{A+B}$,其外形及引脚分布如图 12-3 所示,其或非逻辑状态如表 12-5 所列。

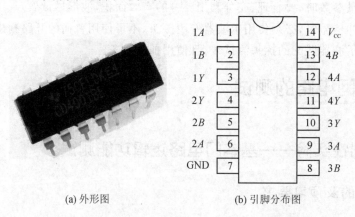

(a) 外形图　　　　　　(b) 引脚分布图

图 12-3 四-2 输入或非门 CD4001 外形及引脚分布图

表 12-5　CD4001 或非逻辑状态表

输　入		输　出
A	B	Y
0	0	1
0	1	0
1	0	0
1	1	0

三、实验仪器及设备

本实验需要的实验设备及器材如表 12-6 所列。

表 12-6　实验设备及器材表

序　号	设备名称	型号与规格	数　量	备　注
1	实验箱		1	
2	器件	74LS00、CD4001、CD4011	各1	
3	数字万用表		1	

四、实验内容及步骤

1. 实验内容

① 验证四-2 输入与非门 74LS00 或四-2 输入与非门 CD4011 的逻辑功能。74LS00 的电源电压采用 5 V，CD4011 的电源电压采用 12 V。测试并记录输出端高、低电平的电压值。

② 验证四-2 输入或非门 CD4001 的逻辑功能。CD4001 的电源电压采用 5 V，测试并记录输出端高、低电平的电压值。

2. 实验步骤

（1）与非门的功能验证

集成门电路芯片放置在实验箱数字实验区域，按照如图 12-4 所示搭接电路。在图 12-4 中，以 74LS00 集成门电路为例，CD4011 可参照此电路进行；右侧虚线框部分为实验箱提供。

在图 12-4 中，开关模块设有 8 个独立开关，开关打到 1 位置，连接+5 V 提供高电平；开关打到 2 位置，与地连接，提供低电平。LED 指示模块设有 8 路指示发光二极管，当输入端为高电平时，对应的发光二极管点亮。连接图以验证 CD4011 与非门电路为例，验证时也可以选择其他几个非门电路。

将输入端 2A 和 2B 接实验箱的拨码开关来控制（高电平为 1，低电平为 0），输出端接 LED 灯显示（亮为 1，暗为 0）。拨动开关 S0 和 S1，以选择不同的位置。

观察在不同的输入状态下输出灯的状态记录到表 12-7 中，并用数字万用表测试输出端灯电压的大小。

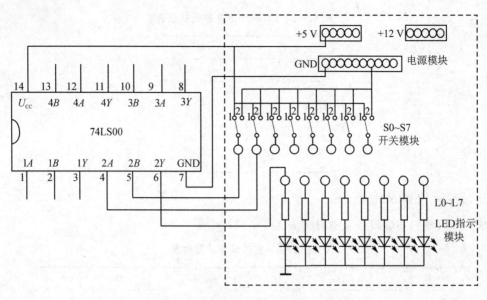

图 12-4 与非门的功能验证连接示意图

表 12-7 四-2 输入与非门 74LS00 测试数据表格

输	入	输	出
A	B	Y	U/V
0	0		
0	1		
1	0		
1	1		

（2）或非门 CD4001 的功能验证

连接步骤同与非门类似，先接 CD4001 芯片的电源和地，然后将输入端 A 和 B 接实验箱的拨码开关来控制（高电平为 1，低电平为 0），输出端接 LED 灯显示（亮为 1，暗为 0）。观察在不同的输入状态下输出灯的状态记录到表 12-8 中，并用数字万用表测试输出端灯电压的大小。

表 12-8 四-2 输入或非门 CD4001 测试数据表格

输	入	输	出
A	B	Y	U/V
0	0		
0	1		
1	0		
1	1		

五、实验注意事项

① 多余输入端的处理。

第12章 数字电子技术实验

- 与门、与非门电路多余输入端的处理方法：多余输入端与有用的输入端并联使用；多余输入端接高电平或通过串接限流电阻接高电平。
- 或门、或非门电路多余输入端的处理方法：多余输入端与有用的输入端并联使用；多余输入端接低电平或接地。

② 不同的门电路管脚排布不同。

③ 先接线，后上电；先断电，后拆线。

六、实验报告要求

按实验要求测试并记录测试数据。

七、思考题

门电路输入端引脚闲置如何处理？

12.2.2 提高性实验——基本门电路的应用

一、实验目的

① 利用基本门电路实现"与""或"和"非"的功能。

② 利用基本门电路设计实现逻辑函数。

二、实验原理及说明

1. 用与非门实现信号的"与""或"和"非"

（1）实现信号的"与"

由于 $A \cdot B = \overline{\overline{A \cdot B}}$，则用两个与非门就可以实现。

例如：用一个与非门实现使 $1A=A, 1B=B$，则输出 $1Y = \overline{A \cdot B}$；再用一个与非门取非即可实现使 $2A=1Y, 2B=1$（悬空即可），则输出 $2Y = \overline{\overline{A \cdot B}} = A \cdot B$。

（2）实现信号的"或"

由于 $A + B = \overline{\overline{A} \cdot \overline{B}}$，则用三个与非门就可以实现。

例如：使用一个与非门实现使 $1A=A, 1B=1$（悬空即可），则输出 $1Y = \overline{A}$；同理设计 $2Y = \overline{B}$；再用第三个与非门即可实现使 $3A = \overline{A}, 3B = \overline{B}$，则输出 $3Y = \overline{\overline{A} \cdot \overline{B}} = A + B$。

（3）实现信号的"非"

选取一个输入，按照（2）的方法，使 $1A=A, 1B=1$（悬空即可），则输出 $1Y = \overline{A}$，即 CD4011 实现了信号的"非"功能。

2. 用与非门设计实现逻辑函数

首先运用逻辑代数法化简函数，以得到需要的逻辑表达式；其次画出逻辑图，搭接电路实现相应功能。

例如：利用与非门电路实现 $Y = A\overline{B}C + AB\overline{C} + ABC$

首先进行函数化简，化简成与非门构成的逻辑式；其次由逻辑式画出逻辑图，逻辑图如图12-5所示。

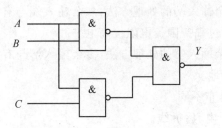

图 12-5 与非门设计实现逻辑函数

三、实验仪器及设备

本实验需要的实验设备及器材如表 12-6 所列。集成电路采用 CD4011 实现。

四、实验内容及步骤

1. 实验内容

① 利用四-2 输入与非门 CD4011 实现逻辑"与""或"和"非"。

② 利用四-2 输入与非门 CD4011 实现 $Y=A\bar{B}C+AB\bar{C}+ABC$ 的逻辑函数。

2. 实验步骤

(1) 用 CD4011 实现信号的"与"

按照逻辑表达式搭接电路,将输入端 A 和 B 接实验箱的拨码开关来控制(高电平为 1,低电平为 0),输出端接 LED 灯显示(亮为 1,暗为 0)。观察在不同的输入状态下输出灯的状态,并记录到表 12-9 中。

表 12-9 CD4011 实现信号的"与"测试数据表

输	入	输 出
A	B	Y
0	0	
0	1	
1	0	
1	1	

(2) 用 CD4011 实现信号的"或"

按照逻辑表达式搭接电路,将输入端 A 和 B 接实验箱的拨码开关来控制(高电平为 1,低电平为 0),输出端接 LED 灯显示(亮为 1,暗为 0)。观察在不同的输入状态下输出灯的状态,并记录到表 12-10 中。

表 12-10 CD4001 实现信号的"与"测试数据表

输	入	输 出
A	B	Y
0	0	
0	1	
1	0	
1	1	

(3) 用 CD4011 实现信号的"非"

按照逻辑表达式搭接电路,将输入端 A 和 B 接实验箱的拨码开关来控制(高电平为 1,低电平为 0),输出端接 LED 灯显示(亮为 1,暗为 0)。观察在不同的输入状态下输出灯的状态,并记录到表 12-11 中。

表 12-11 CD4011 实现信号的"非"测试数据表

输入		输出
A	B	Y
0	0	
0	1	
1	0	
1	1	

(4) 用 CD4011 实现 $Y=A\overline{B}C+AB\overline{C}+ABC$ 的逻辑函数

按照如图 12-5 所示的逻辑图搭接电路,将输入端 A、B 和 C 接实验箱的拨码开关来控制(高电平为 1,低电平为 0),输出端接 LED 灯显示(亮为 1,暗为 0)。

列出逻辑状态如表 12-12 所列,并验证结果的正确性。

表 12-12 本例逻辑状态表

输入			输出
A	B	C	Y
0	0	0	0
0	0	1	0
0	1	0	0
0	1	1	0
1	0	0	0
1	0	1	1
1	1	0	1
1	1	1	1

五、实验注意事项

① 闲置端按照不影响逻辑关系进行处理。

② 在电源接通时,不要移动或插拔数字集成电路,因为电流的冲击可能造成器件永久性损坏,也不允许带电改接电路。

12.3 集成译码器电路的测试

12.3.1 基础性实验——集成译码器功能测试

一、实验目的及预习要求

1. 实验目的

① 熟悉集成译码器的逻辑功能和特性。

② 验证常用集成译码器的逻辑功能。

2. 预习要求

① 复习 74LS138 的逻辑功能。

② 根据实验要求和所用器件构思实验思路,并画出实验电路,从理论上先行验证。

二、实验原理及说明

集成 3-8 线译码器 74LS138 芯片的外形和引脚分布如图 12-6 所示。

(a) 外形图　　　　　　　　　(b) 引脚分布图

图 12-6　74LS138 的外形及引脚分布图

集成 3-8 线译码器 74LS138 功能表如表 12-13 所列。3 位二进制代码输入端分别为 A、B、C;输出 8 个低电平有效信号,对应输出为 $\overline{Y}_0 \sim \overline{Y}_7$,低电平有效;$S_1$、$\overline{S}_2$ 和 $\overline{S}_3$ 为使能控制端。每个输出代表输入的一种组合,当 $ABC=000$ 时,$\overline{Y}_0=0$,其余输出为 1;当 $ABC=001$ 时,$\overline{Y}_1=0$,其余输出为 1;…;当 $ABC=111$ 时,$\overline{Y}_7=0$,其余输出为 1。

表 12-13　集成译码器 74LS138 的功能表

使 能			输 入			输 出							
S_1	$\overline{S}_2$	$\overline{S}_3$	A	B	C	$\overline{Y}_0$	$\overline{Y}_1$	$\overline{Y}_2$	$\overline{Y}_3$	$\overline{Y}_4$	$\overline{Y}_5$	$\overline{Y}_6$	$\overline{Y}_7$
0	×	×	×	×	×	1	1	1	1	1	1	1	1
×	1	×	×	×	×	1	1	1	1	1	1	1	1
×	×	1	×	×	×	1	1	1	1	1	1	1	1
1	0	0	0	0	0	0	1	1	1	1	1	1	1
1	0	0	0	0	1	1	0	1	1	1	1	1	1
1	0	0	0	1	0	1	1	0	1	1	1	1	1
1	0	0	0	1	1	1	1	1	0	1	1	1	1
1	0	0	1	0	0	1	1	1	1	0	1	1	1
1	0	0	1	0	1	1	1	1	1	1	0	1	1
1	0	0	1	1	0	1	1	1	1	1	1	0	1
1	0	0	1	1	1	1	1	1	1	1	1	1	0

三、实验仪器及设备

本实验需要的实验设备及器材如表 12-14 所列。

表 12-14 实验设备及器材表

序 号	设备名称	型号与规格	数 量	备 注
1	实验箱		1	
2	实验用电子器件	74LS138	1	

四、实验内容及步骤

1. 实验内容

验证 3-8 线译码器 74LS138 的功能,参见表 12-13 所列。

2. 实验步骤

① 集成门电路芯片放置在实验箱数字实验区域,按照如图 12-7 所示搭接电路,图中右侧虚线框部分为实验箱提供。其中,开关模块的 S0~S2 共 3 个开关连接到输入端 A、B、C,通过拨动开关改变 74LS138 的输入信号不同的状态。开关打到 1 位置,连接+5 V 提供高电平;开关打到 2 位置,与地连接,提供低电平。

8 路输出信号连接到 8 路指示发光二极管 L0~L7,当输出端为高电平时,对应的发光二极管点亮。

② 拨动开关 S0、S1 和 S2,选择不同的位置,观察输出端接 LED 灯显示(亮为 1,暗为 0)。将在不同的输入状态下输出灯的状态记录到表格中,表格自拟。

③ 通过拨动开关改变使能端 S_1、S_2、S_3 不同的状态,观察输出端的状态是否与功能表一致。

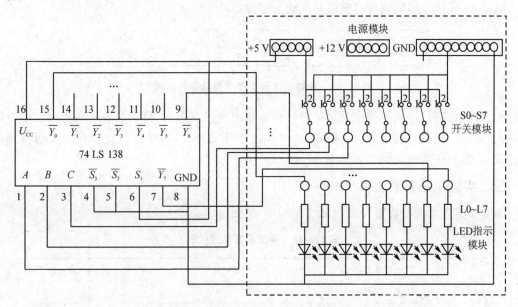

图 12-7 3-8 线译码器 74LS138 的功能验证连接示意图

五、实验注意事项

① 实验时要正确识别数字集成电路引脚顺序和功能。
② 74LS138 为 TTL 芯片,电源电压为 5 V±5%。

③ 先接线,后上电;先断电,后拆线。

六、实验报告要求

按实验要求测试并记录测试数据。

七、思考题

① 当有影响电路正常工作的冒险现象出现时,应怎样加以消除?
② 74LS138 的使能端起什么作用,级联时如何正确使用?

12.3.2 提高性实验——集成译码器的应用

一、实验目的

① 会用译码器设计实现逻辑函数。
② 掌握译码器的设计方法。

二、实验原理及说明

用一片集成 3-8 线译码器 74LS138 可以组成任何一个 3 变量输入的逻辑函数,任意一个输入 3 变量的逻辑函数都可以用一块 3-8 线译码器 74LS138 来实现。因为任意一个组合逻辑表达式都可以写成标准与或式的形式,即最小项之和的形式,而一片 3-8 线译码器 74LS138 的输出正好是 3 变量最小项的全部体现。两片 3-8 线译码器 74LS138 可以组成任何一个 4 变量输入的逻辑函数。

利用 3-8 线译码器设计实现逻辑函数的步骤如图 12-8 所示。

图 12-8 译码器设计实现逻辑函数的步骤

在设计电路时,通常先根据具体的设计任务要求列出状态表,将状态表转换为对应的逻辑函数式,将函数式进行变换,每个因子都变换成最小项的形式,最后根据化简或变换所得到的逻辑函数式,画出逻辑电路的连接图,完成设计。

三、实验仪器及设备

本实验需要的实验设备及器材如表 12-15 所列。

表 12-15 实验设备及器材表

序 号	设备名称	型号与规格	数 量	备 注
1	实验箱		1	
2	示波器	TDS1012 数字存储示波器	1	
3	实验用元器件	74LS138	1	

四、实验内容及步骤

用 74LS138(3-8 线译码器)和 74LS20(四输入端双与非门)实现下列逻辑函数或逻辑电

路功能,要求所用集成电路的模块数目最少,品种最少,集成块之间的连线最少。

① 试用译码器实现逻辑式 $Y = A\bar{B} + \bar{A}BC + AB\bar{C}$。

② 设计一个监视交通信号灯工作状态的电子电路,每一组信号灯由红、黄、绿 3 盏灯组成。在正常工作情况下,任何时刻点亮的状态只能是红、绿或黄当中的一种;而当出现其他 5 种点亮状态时,电路发生故障,要求逻辑电路发出故障信号,以提醒维护人员前去修理。黄、绿、红信号灯分别用 Y、G、R 表示,如图 12-9 所示。

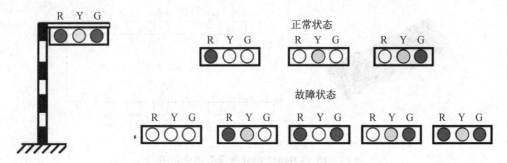

图 12-9 交通信号灯状态示意图

实验步骤:先独立进行电路设计;电路设计完成后,可先行仿真;仿真成功后,再在面包板上搭接实现。

五、实验注意事项

① 在实验箱上搭接好电路,检查无误之后再接通电源。

② 注意使能端的连接。

12.4 基本触发器的测试

12.4.1 基础性实验——基本触发器功能测试

一、实验目的及预习要求

1. 实验目的

① 熟悉基本触发器的逻辑功能和特性。

② 验证基本触发器的逻辑功能。

2. 预习要求

① 复习 JK 触发器、D 触发器和 RS 触发器的逻辑符号、逻辑功能。

② 预习数字实验箱的使用方法。

二、实验原理及说明

常用的集成触发器的种类很多,D 触发器有双上升沿 D 触发器 74LS74、双 D 触发器 CD4013 等,JK 触发器有 74LS76、74HC112 双 JK 触发器、CD4027 双 JK 触发器等,TTL 型集成 D 触发器有 74LS74,在本书第 9.1 节已经介绍,不再赘述,下面仅介绍两种 CMOS 集成触发器。

1. 双 JK 触发器 CD4027

CD4027 是包含了两个相互独立、互补对称的 JK 主从触发器的单片集成电路。每个触发器分别提供了 J、K、置位、复位、时钟输入以及经过缓冲的 Q 和 $\overline{Q}$ 输出信号。此器件可用作移位寄存器，且通过将 $\overline{Q}$ 输出连接到数据输入，可用作计数器和触发器。置位和复位与时钟无关，而分别由置位或复位线上的高电平完成。

双 JK 触发器 CD4027 外形及引脚分布如图 12-10 所示，其逻辑状态如表 12-16 所列。

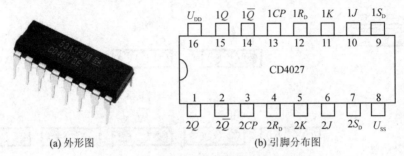

(a) 外形图　　　　　　　　(b) 引脚分布图

图 12-10　CD4027 的外形及引脚分布图

表 12-16　CD4027 触发器逻辑状态表

输入					输出	
S_D	R_D	CP	J	K	Q_{n+1}	$\overline{Q_{n+1}}$
H	L	×	×	×	H	L
L	H	×	×	×	L	H
H	H	×	×	×	H	L
L	L	↑	L	L	Q_n	$\overline{Q_n}$
L	L	↑	H	L	H	L
L	L	↑	L	H	L	H
L	L	↑	H	H	$\overline{Q_n}$	Q_n

2. 双 D 触发器 CD4013

CD4013 由两个相同的、相互独立的数据型触发器构成。每个触发器有独立的数据、置位、复位、时钟输入以及 Q 和 $\overline{Q}$ 输出。此器件可用作移位寄存器，且通过将 $\overline{Q}$ 输出连接到数据输入，可用作计数器和触发器。在时钟上升沿触发时，加在 D 输入端的逻辑电平传送到 Q 输出端。置位和复位与时钟无关，而分别由置位或复位线上的高电平完成。

双 D 触发器 CD4013 引脚分布如图 12-11 所示，其逻辑状态如表 12-17 所列。

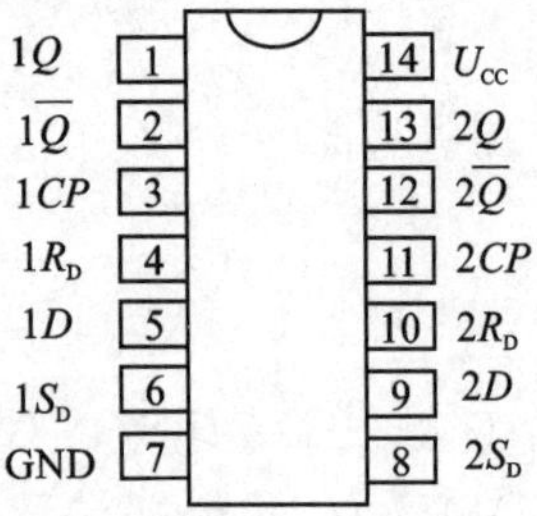

图 12-11　CD4013 引脚分布图

表 12-17　CD4013 触发器逻辑状态表

输入	输出		功　能
D	Q_n	Q_{n+1}	
0	0	0	置 0
0	1	0	置 0
1	0	1	置 1
1	1	1	置 1

三、实验仪器及设备

本实验需要的实验设备及器材如表 12-18 所列。

表 12-18 实验设备及器材表

序 号	设备名称	型号与规格	数 量	备 注
1	实验箱		1	
2	实验用电子器件	CD4013、CD4027	各 1	根据需求配备
3	示波器	TDS1012 数字存储示波器	1	

四、实验内容及步骤

1. 验证 JK 触发器的逻辑功能

JK 触发器可选择 74LS76 或者 CD4027。集成触发器芯片放置在实验箱数字实验区域，按照如图 12-12 所示搭接电路，以 CD4027 为例，如果用 74LS76 可参照设计连接，右侧虚线框部分为实验箱提供。

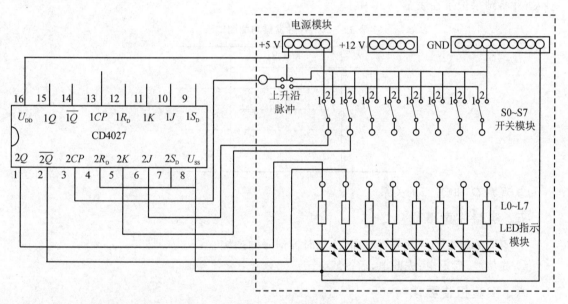

图 12-12 CD4027 的功能验证连接示意图

在图 12-12 中，开关模块的 S0、S1 连接到输入端 J、K，通过拨动开关改变 J、K 的输入信号不同的状态。开关打到 1 位置，连接 +5 V，提供高电平；开关打到 2 位置，与地连接，提供低电平。

按 JK 触发器功能测试表（见表 12-19）测试 J、K 与 Q 的关系，CP 上升沿触发（74LS76 为下降沿触发），并将结果记录在表 12-19 中。

表 12-19 JK 触发器功能测试表

输入		输出		功 能
J	K	Q_n	Q_{n+1}	
0	0	0		
		1		
0	1	0		
		1		
1	0	0		
		1		
1	1	0		
		1		

2. 验证 D 触发器的逻辑功能

D 触发器可选择 74LS74 或者 CD4013。集成触发器芯片放置在实验箱数字实验区域。

① 参照图 12-12 所示搭接电路，按 D 触发器功能测试表（见表 12-20）测试，CP 上升沿触发，并将结果记录在表 12-20 中。

表 12-20 D 触发器功能测试表

输入	输出		功 能
D	Q_n	Q_{n+1}	
0	0		
	1		
1	0		
	1		

② 观察 D 和 Q_{n+1} 的关系。

五、实验注意事项

① 不同的触发器触发方式不同，注意时钟信号的连接。
② 先接线，后上电；先断电，后拆线。

六、实验报告要求

按实验要求测试并记录测试数据。

七、思考题

① JK 触发器如何转换为 D 触发器？
② 用哪些方法可以确定触发器的 CP 脉冲是上升沿触发还是下降沿触发？

12.4.2 提高性实验——触发器的应用电路设计

一、实验目的

① 掌握利用触发器设计分频器的方法。
② 掌握利用触发器构成寄存器的方法。

二、实验原理及说明

1. 利用 D 触发器实现分频器

（1）实现二分频

将 D 触发器（上升沿触发）的输入端与输出 $\overline{Q}$ 连接到一起，在时钟的上升沿输出 Q 翻转一次，即 $Q^{n+1}=D$。

D 触发器设计实现二分频电路的电路图及波形图如图 12-13 所示。

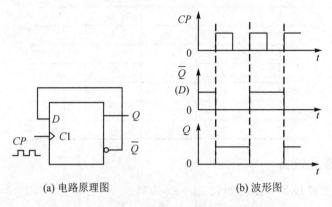

(a) 电路原理图　　　　　(b) 波形图

图 12-13　D 触发器构成二分频电路及波形图

（2）实现四分频

D 触发器设计实现四分频电路的电路示意图如图 12-14 所示。

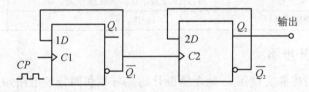

图 12-14　D 触发器构成四分频电路图

2. 利用 D 触发器构成环形寄存器

多个 D 触发器连接到一起可以构成环形寄存器，其电路示意图如图 12-15 所示。

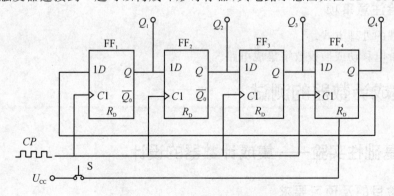

图 12-15　D 触发器构成环形寄存器

按一下开关 S，全部触发器清零。因此 FF_1 的 D 端输入信号为 1，当第一个时钟上升沿到来时,输出端为 0001;当第二个时钟上升沿到来时,输出端为 0011,依此类推,输出状态表如表 12-21 所列。

表 12-21 环形寄存器输出状态表

输入	输出			
CP	Q_1	Q_2	Q_3	Q_4
↑	1	0	0	0
↑	1	1	0	0
↑	1	1	1	0
↑	1	1	1	1
↑	0	1	1	1
↑	0	0	1	1
↑	0	0	0	1
↑	1	0	0	0
↑	1	1	0	0

三、实验仪器及设备

本实验需要的实验设备及器材如表 12-22 所列。

表 12-22 实验设备及器材表

序号	设备名称	型号与规格	数量	备注
1	实验箱		1	
2	示波器	TDS1012 数字存储示波器	1	
3	实验用元器件	CD4013	1	根据需求配备

四、实验内容及步骤

① 按实验电路搭接并实现用 D 触发器设计的二分频和四分频电路,并用示波器观察时钟信号 CP 和 Q_{n+1} 的关系。

② 设计实验电路,搭接并实现用 D 触发器设计的环形寄存器,输出连接 LED 灯,构成流水灯电路,观察实验现象并记录。

五、实验注意事项

① 闲置端的处理方式。

② 不要带电移动或插拔数字集成电路。

12.5 集成计数器的测试

12.5.1 基础性实验——集成计数器的设计

一、实验目的及预习要求

1. 实验目的

① 熟悉 74LS90 芯片的逻辑符号和逻辑功能。

② 掌握用 74LS90 芯片设计二、五、十进制计数器的方法。
③ 掌握用 74LS90 芯片设计 10 以内进制计数器的方法。

2. 预习要求

① 预习 74LS90 芯片的引脚图和功能表，表述二、五、十进制计数器设计思路。
② 根据实验要求和所用器件构思实验思路，并画出实验电路，从理论上先行验证。

二、实验原理及说明

1. 用 74LS90 实现十进制计数器

74LS90 是一个异步十进制加法计数器，其引脚分布如图 12-16 所示，其功能表如表 12-23 所列。

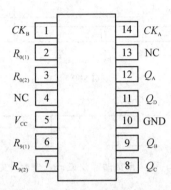

图 12-16 74LS90 引脚分布图

表 12-23 74LS90 功能表

复位输入				输出			
$R_{0(1)}$	$R_{0(2)}$	$R_{9(1)}$	$R_{9(2)}$	Q_D	Q_C	Q_B	Q_A
H	H	L	×	L	L	L	L
H	H	×	L	L	L	L	L
×	×	H	H	H	L	L	H
×	L	×	L	计数			
L	×	L	×	计数			
L	×	×	L	计数			
×	L	L	×	计数			

74LS90 芯片构成十进制计数器的逻辑图如图 12-17 所示。

2. 用 74LS90 实现八进制计数器

74LS90 可以构成十进制计数器，而八进制计数器需要输出状态从 0111 跳转到 0000，而没有后续的 1000、1001 状态。

计数器从 0000 开始计数，当来了第 8 个计数脉冲后，计数器即将变为 1000 状态时需要计数器回到 0000 状态，74LS90 集成电路有两个清零端 $R_{0(1)}$ 和 $R_{0(2)}$，这时把 1000 状态的高电平端 (Q_D) 接到清零端 $R_{0(1)}$ 和 $R_{0(2)}$，所以计数器被强制清零，回到初始状态 0000，并开始新一轮重新计数，其逻辑图如图 12-18 所示。

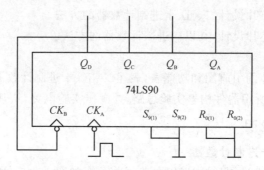

图 12-17　74LS290 芯片构成十进制计数器

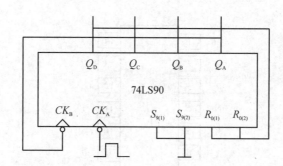

图 12-18　反馈清零法设计八进制计数器

状态 1000 在出现的瞬间就被强制清回 0000 状态,不能显示出来,因此计数状态为 0000～0111 这 8 个状态,这种设计称为八进制计数器。

图 12-18 所示为反馈清零法设计八进制计数器,十以内其他进制计数器按照八进制计数器设计的方法自行设计实现。

三、实验仪器及设备

本实验需要的实验设备及器材如表 12-24 所列。

表 12-24　实验设备及器材表

序号	设备名称	型号与规格	数量	备注
1	实验箱		1	
2	实验用电子器件	74LS90	1	
3	示波器	TDS1012 数字存储示波器	1	

四、实验内容及步骤

① 验证 74LS90 芯片功能,实现二、五、十进制计数器:由功能表分析,复位输入端 $R_{0(1)}$、$R_{0(2)}$、$R_{9(1)}$ 和 $R_{9(2)}$ 都接地。计数脉冲从 CK_A 输入,Q_A 输出——二进制;计数脉冲从 CK_B 输入,$Q_D Q_C Q_B$ 输出——五进制;计数脉冲从 CK_A 输入,且 CK_B 接 Q_A,$Q_D Q_C Q_B Q_A$ 输出——十进制。

② 按照电路图用 74LS90 搭接实验电路实现四、七、八进制计数器。

五、实验注意事项

① 实验时要正确识别数字集成电路引脚顺序和功能。

② 先接线,后上电;先断电,后拆线。

六、实验报告要求

① 画出二、五、十进制计数器的电路图。

② 画出四、七、八进制计数器的电路图。

③ 总结反馈清零法设计十以内进制计数器的方法。

七、思考题

反馈清零法和反馈置数法的相同点和不同点有哪些?

12.5.2 提高性实验——任意进制计数器的设计

一、实验目的

① 掌握任意进制计数器的设计和实现方法。

② 验证所设计的计数器的功能。

二、实验原理及说明

任意进制计数器的设计是利用已有的集成计数器进行改接设计而成。如若要用 M 进制集成计数器构成 N 进制计数器,当 $M>N$ 时,只需要一片 M 进制集成计数器设计反馈电路,即可达到设计的目的;当 $M<N$ 时,就需要多片 M 进制集成计数器级联进行设计来实现。因此,设计任意进制计数器需要级联和反馈两种方法。反馈有反馈清零法和反馈置数法。

反馈清零法就是利用集成计数器的清零端,当计数器达到所需状态时强制清零,以使计数器回到初始的 0 状态开始重新计数,并往复循环。通常有清零端的集成计数器可用反馈清零法实现任意进制计数器的设计。

第 12.5.1 节的实验中利用 74LS90 构成八进制计数器就是利用 74LS90 的清零端 $R_{0(1)}$、$R_{0(2)}$ 设计实现的。

例如:试用反馈清零法用两片 74LS90 构成一个二十四进制计数器。

一片 74LS90 可以构成十进制计数器,二十四进制大于十进制,因此需要两片 74LS90 级联构成一百进制计数器,两片 74LS90 级联就是把个位的最高位 Q_D 与十位的 CK_B 端连接起来。然后利用反馈清零实现二十四进制。

计数器从 0000 0000 开始计数,当来了 10 个计数脉冲后,低位计数器向高位计数器发送 1 个进位脉冲,本位归 0。当来了 24 个计数脉冲后,有 0000 0000～0010 0100 共 25 个状态。将最后一个状态反馈清零,使得 $R_{0(1)}=R_{0(2)}=1$,计数器就会被强制清零回到 0000 0000 状态,而最后一个状态 0010 0100 为暂态,不显示,如图 12-19 所示。

反馈置数法就是利用集成计数器的置数端,当计数器达到所需状态时强制性对其置数,以使计数器从被置数的状态开始重新计数。这种方法适合有置数端的集成计数器的电路设计。

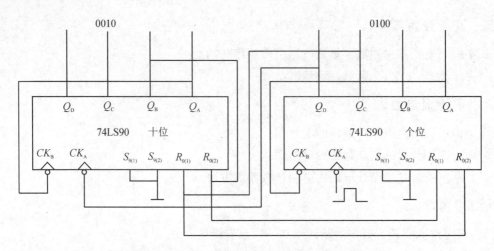

图 12-19 反馈清零法设计二十四进制计数器

例如：两片 74LS160 构成一个二十四进制计数器，可利用其反馈置数端进行设计。

三、实验仪器及设备

本实验需要的实验设备及器材如表 12-25 所列。

表 12-25 实验设备及器材表

序 号	设备名称	型号与规格	数 量	备 注
1	实验箱		1	
2	实验用元器件	74LS90	2	

四、实验内容及步骤

1. 实验内容

利用 74LS90 设计并实现二十四进制计数器，要求用数码管显示。

2. 实验步骤

集成门电路芯片放置在实验箱数字实验区域，按照如图 12-20 所示搭接电路，图中上部虚线框部分为实验箱提供。

五、实验注意事项

① 实验线路复杂，搭接电路时要耐心细致。
② 数码显示电路要严格按照高低位进行搭接，否则出现显示错误。
③ 线路连接时要按照一定的顺序，如电源→地→控制端→时钟输入→输出→级联→反馈等有序进行，防止出错。

第12章 数字电子技术实验

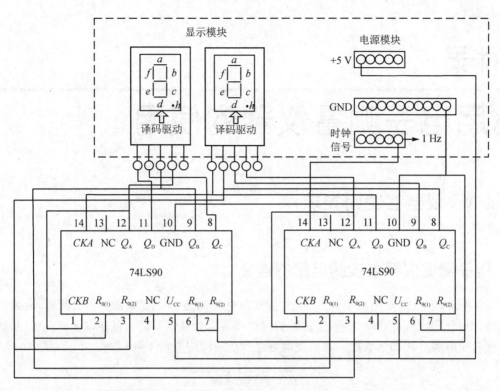

图12-20 二十四进制计数器连接示意图

附录

常用电子测量仪器的使用

附录A 仪器的使用要求

一、电子测量仪器与被测电路的连接

在实验和测量中,电子测量仪器、仪表与被测电路的连接一般如图 A-1 所示,通常由被测电路、激励信号源(有些电路,如振荡器的测试则不需加接信号源)、低频电子电压表、示波器和直流稳压电源等几部分组成。各组成部分之间的连接应遵循下列原则:

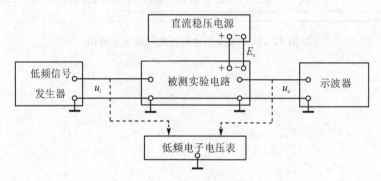

图 A-1 电子测量仪器与被测电路的连接示意图

1. 共地连接原则

所谓共地即是将所用仪器、仪表的接地端(即与仪器机壳连接的一端)与被测电路的接地端(电路的公共参考点,通常以"⊥"标示)相连接。"共地"的目的是防止干扰,保证测量精度,以及防止仪器或电路短路,从而造成损坏。

2. 按信号流程方向顺序放置原则

这样做是为了避免接线间的相互交叉而引起输入、输出信号的交链和反馈,从而造成新的干扰和自激。同时,按信号流程方向放置也可方便测试和检查。

3. 直流稳压电源按电路对极性的要求正确接入原则

电子电路通常都是由直流供电。由于电路所用器件的不同,对电源极性的要求也不同。在使用时,要判明被测电路对直流电源极性、电压大小的要求正确接入。一般情况下,直流稳压电源都是"浮地"接入被测电路的,即直流稳压电源的接地端(以"⊥"标示,与机壳相连)通常

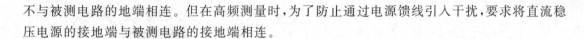

不与被测电路的地端相连。但在高频测量时,为了防止通过电源馈线引入干扰,要求将直流稳压电源的接地端与被测电路的接地端相连。

二、使用电子测量仪器的注意事项

电子测量仪器如果使用不当,容易发生人为损坏事故。下面所述的注意事项是在电子测量仪器的使用中共同遵循的,一些特殊的注意事项将在各类仪器中介绍。

1. 开机前的注意事项

① 开机通电前,应检查仪器设备的工作电压与供电交流电压是否相符,特别是对国外进口的仪器更应注意。

② 检查开关、旋钮、度盘、插孔、接线柱等部件是否有松动、滑脱等现象,以防造成开路或短路现象以及读数差错。

③ 仪器面板上的"增益""输出""辉度"等旋钮,应左旋到底,即旋到最小部位。"衰减""量程"选择开关应旋至最大档级,以防止可能出现的信号冲击和仪器过载。

2. 开机时的注意事项

① 开机预热。有"低压""高压"开关的应先开"低压",待预热 5~10 min 后,再开"高压"。只有单一电源开关的仪器,也应按仪器说明书要求预热,待仪器工作稳定后使用。

② 开机通电时应特别注意观察。眼看指示灯的亮、暗,指示电表的指示灯是否正常;耳听是否有异常声响,风扇转动是否正常;鼻闻是否有异常臭味等。一旦有异常立刻断电。

3. 使用时的注意事项

① 仪器的放置,特别是指针式仪器、仪表的放置应符合要求,以免引入误差。

② 调整旋钮、开关、度盘等用力要适当,缓慢调整,不可用力过猛。尽量避免不必要的旋动,以免影响仪器的使用寿命。

③ 消耗功率较大的仪器,应避免使用过程中切断电源。如必须切断时,需待仪器冷却后再切断电源。

④ 对信号源、电源应严禁输出端短路。

⑤ 信号源的输出端不可直接连接到有直流电压的电路部位上。若必须连接时,应选用适当电容器隔离。

⑥ 使用电子测量仪器进行测量时,应先连接"低电位"端(地线),后连接"高电位"端(如示波器探头);测试完毕则应先拆除"高电位"端,后拆除"低电位"端。

三、电子测量仪器与被测电路的连接实例

仪器的连接方法以共射极单管放大器电路为例。如图 A-2 所示为分压偏置式共发射极放大电路。

此电路参数的测量包括直流参数和交流参数。直流参数主要测量直流电压,通常利用万用表的电压挡测量即可。交流参数测量涉及的仪器种类较多,连接时遵循共地连接等原则。

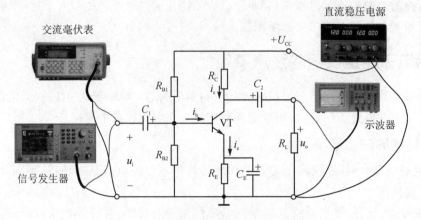

图 A-2 分压偏置式共发射极放大电路

附录 B 万用表的使用

万用表是万用电表的简称,是电子测量中一个必不可少的工具。万用表可测量电流、电压、电阻,有的还可测量三极管的放大倍数,以及频率、电容值、逻辑电位、分贝值等。万用表有很多种,现在最流行的有指针式和数字式万用表,它们各有优点。

一、指针式万用表原理与使用

对于电子初学者,建议使用指针式万用表,因为它对我们熟悉一些电子知识原理很有帮助。下面介绍一些指针式万用表的原理和使用方法。

1. 指针式万用表的原理

指针式万用表的外形如图 B-1 所示。它的基本原理是利用一只灵敏的磁电式直流电流表(微安表)做表头。当微小电流通过表头,就会有电流指示。但表头不能通过大电流,因此,必须在表头上并联或串联一些电阻进行分流或降压,从而测出电路中的电流、电压和电阻。

2. 指针式万用表的使用

指针式万用表在测量前应把万用表放置水平状态,并视其表针是否处于零点(指电流、电压刻度的零点),若不在,则应调整表头下方的"机械调零"旋钮使指针指向零点。然后根据被测项正确选择万用表上的档位和量程选择开关。如已知被测量的数量级,则选择与其相对应的数量级量程。如不知被测量值的数量级,则应从选择最大量程开始测量,当指针偏转角太小而无法精确读数时,再把量程减小。一般以指针偏转角不小于最大刻度的 30% 为合理量程。

(1) 电阻的测量

在测量电阻前,除进行机械调零之外还要进行短路调零。短路调零就是选择量程后将两个表笔搭在一起短路,使指针向右偏转,随即调整"短路调零"旋钮,使指针恰好指到"0"。然后将两根表笔分别接触被测电阻(或电路)两端,读出指针在欧姆刻度线(第一条线)上的读数,再乘以该档对应的量程数字,即为所测电阻的阻值。用指针式万用表测量普通电阻器的方法及步骤如图 B-2 所示。

附录　常用电子测量仪器的使用

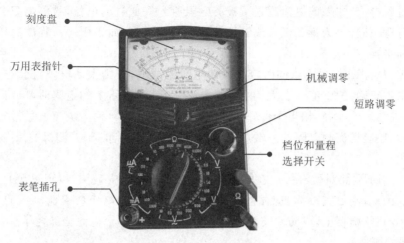

图 B-1　指针式万用表

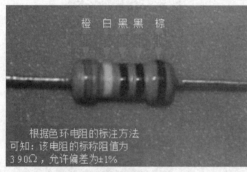

注：识读待测固定电阻器的标称阻值。

(a) 第1步

注：选择万用表倍率档(与识读数值相近)，并进行欧姆调零。

(b) 第2步

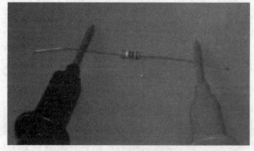

注：将红、黑表笔分别搭在待测电阻器的两引脚上。

(c) 第3步

注：识读测量值(刻度值乘以倍率值)
39×100Ω=390Ω

(d) 第4步

图 B-2　指针式万用表测量电阻器的方法及步骤

在测量电阻过程中需要注意以下几点：

① 每次换档(量程)，都应重新进行短路调零才能测准。

② 选择的量程要使指针在刻度线的中部或右部，这样读数比较清楚准确。

③ 由于量程档位不同，流过被测电阻上的电流大小也不同。量程档愈小，电流愈大，否则相反。如果用万用表的小量程欧姆档 R×1、R×10 去测量小电阻(如毫安表的内阻)，则被测

电阻上会流过大电流,如果该电流超过了被测电阻所允许通过的电流,被测电阻会烧毁,或把万用表指针打弯。同样,测量二极管或三极管的极间电阻时,如果用小量程欧姆档去测量,管子容易被极间击穿。

④ 测量较大电阻时,手不可同时接触被测电阻的两端,否则人体电阻就会与被测电阻并联使测量结果不正确,测试值会大大减小。另外,要测带电电路上的电阻时,应将电路的电源切断,否则不仅结果不准确(相当于再外接一个电压),还可能导致大电流通过微安表头,把表头烧坏。同时,还应把被测电阻的一端从电路上焊开再进行测量,不然测得的是电路在该两点的总电阻。

⑤ 使用完毕不要将量程开关放在欧姆档上。为了保护微安表头,以免下次开始测量时不慎烧坏表头。因此,测量完成后,应注意把量程开关拨在直流电压或交流电压的最大量程位置,千万不要放在欧姆档上,以防两支表笔万一短路时,将内部干电池全部耗尽。

(2) 电压的测量

在测量电压时,首先估计一下被测电压的大小,然后将量程转换开关拨至适当的直流量程档位或交流量程档位。如测量一块干电池的电压,将红表笔接干电池的"+"端,黑表笔接干电池"-"端,然后将档位打到适当量程的直流档,根据该档对应量程数字与标示直流电压符号刻度线上指针所指数字,来读出被测电压的大小,如图 B-3 所示。测量交流电压的方法与测量直流电压相似,所不同的是因交流电没有正、负之分,所以测量交流时,表笔也就不需分正、负。读数方法与上述的测量直流电压的读法一样,只是应看标有交流符号的刻度线上的指针所指数字。

指针式万用表在测量直流电压时,应注意被测点电压的极性,即把红表笔接电压高的一端,黑表笔接电压低的一端。如果不知被测电压的极性,可用试探

图 B-3 指针式万用表测量直流电压

方法试一试,如指针向右偏转,则可以进行测量;如指针向左偏转,则把红、黑表笔调换位置方可测量。

(3) 电流的测量

在测量电流时,要合理选择量程,可以先估计一下被测电流的大小,然后将转换开关拨至合适的 mA 量程或 μA 量程,并把万用表串接在电路中。如果不能确定大小,先从档位高的进行测量,如图 B-4 所示,一般指针偏转满度值 2/3 以上较准确,图 B-4 中所示测试电流,根据偏转情况应选择 10 mA 量程比较准确。同时观察标有直流符号的刻度线,如电流量程选在 10 mA 档,应把表面刻度线上满量程 10 mA 进行换算后读出相应的值。

用指针式万用表在测量电流时,如果不知被测电流的方向,可以在电路的一端先接好一支表笔,另一支表笔在电路的另一端轻轻地碰一下,如果指针向右摆动,说明接线正确;如果指针向左摆动(低于零点),说明接线不正确,应把万用表的两支表笔位置调换。另外,在指针偏转角大于或等于最大刻度 30% 时,尽量选用大量程档。因为量程愈大,分流电阻愈小,电流表的等效内阻愈小,这时被测电路引入的误差也愈小。在测大电流(如 500 mA)时,千万不要在测

图 B-4 指针式万用表测量直流电流

量过程中拨动量程选择开关，以免产生电弧烧坏转换开关的触点。

二、数字式万用表原理与使用

数字式万用表是目前最常用的一种数字仪表。其主要特点是准确度高、分辨率强、测试功能完善、测量速度快、显示直观、过滤能力强、耗电少，便于携带。

数字式万用表测量电流的基本原理是利用欧姆定理，将万用表串接在被测电路中，选择相应的档位，流过的电流在取样电阻上会产生电压，将此电压值送入 A/D 模数转换芯片，由模拟量转换成数字量，再通过电子计数器计数，最后将数值显示在屏幕上。数字式万用表的外形如图 B-5 所示。

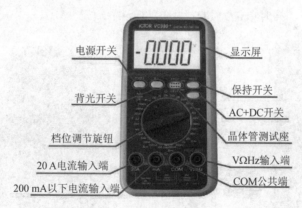

图 B-5 数字式万用表

1. 电流的测量

在测量电流时，若使用"mA"档进行测量，须把黑表笔插在"COM"孔上，红表笔插在"mA"孔上。若测量 20 A 左右的电流，则黑表笔不变，仍插在"COM"孔上，而把红表笔拔出插到"20 A"孔上。

数字式万用表电流档分为交流档与直流档,当测量电流时,必须将万用表旋钮打到相应的档位和量程上才能进行测量。如图 B-6 所示。

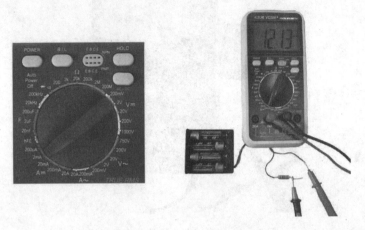

图 B-6　电流量程和档位选择

2. 电压的测量

在测量电压时,必须把黑表笔插在"COM"孔上,红表笔插在"VΩHz"孔上。若测直流电压,则将旋钮打到直流电压档位;若测交流电压,则将指针打到交流电压档位。如用数字式万用表测量一块电池的电压,如图 B-7 所示。

3. 电阻的测量

如图 B-8 所示,将表笔插进"COM"和"VΩHz"孔中,并把旋钮打到"Ω"档中所需的量程,用表笔接在电阻两端金属部位。测量中可以用手接触电阻,但不要把手同时接触电阻两端,这样会影响测量精确度。读数时,要保持表笔和电阻有良好的接触;同时注意:在"200"档时单位是 Ω;在"2 k"到"200 k"档时单位为 kΩ;"2 M"以上的单位为 MΩ。

图 B-7　数字式万用表测电池电压　　　　图 B-8　数字式万用表测电阻

4. 电容的测量

检测普通电容器通常可以使用数字式万用表粗略测量电容器的电容量,然后将实测结果与电容器的标称电容量相比较,即可判断待测电容器的性能状态,测量过程如图B-9所示。

在测量前将电容两端短接,对电容进行放电,以确保数字式万用表的安全。再将功能旋钮打至电容"F"档,并选择合适的量程,然后表笔接在电容两端,读出LED显示屏上数字,即为电容数值。

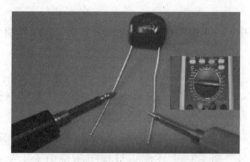 

注:选择合适的电容测试量程,将表笔接在待测电容器两端(测试电解电容时,红表笔接电容器的正极,黑表笔接电容器的负极),最后在屏幕上直接读出待测电容器的容量。

图B-9　数字式万用表检测电容器

5. 二极管的测量

普通二极管正向导通时有一定的导通压降,根据这一特点可以用数字式万用表测试二极管的正/负极性、材料及好坏。测试过程如图B-10所示。

注:数字式万用表红表笔接二极管的正极,黑表笔接负极。　　注:数字式万用表黑表笔接二极管的正极,红表笔接负极。
　　　　　　(a) 第1步　　　　　　　　　　　　　　　　　　　　(b) 第2步

图B-10　数字式万用表检测二极管

将数字式万用表的量程开关置于二极管档,红表笔固定连接某个引脚,用黑表笔接触另一个引脚,然后再交换表笔测试,两次的测试值一次小于1 V,而另一次则超量程,则说明二极管功能正常,且在测试值小于1 V时,红表笔所接引脚为二极管的正极,黑表笔接触的引脚为负极。

若测得二极管的正向导通压降在0.2~0.3 V范围,则该二极管为锗材料制作;如果电压在0.6~0.7 V范围,则该二极管为硅材料制作。

数字式万用表在测量发光二极管(长引脚为正极)时,首先要选择二极管档,若万用表有读数,则红表笔所接引脚为二极管的正极,同时发光二极管会发光;若没有读数,则将表笔反过来再测一次;如果两次测量都没有示数,表示此发光二极管已经损坏。如果用数字式万用表测稳压二极管,若有示数,则红表笔所接触引脚为正,黑表笔接触引脚为负;若没有,反过来再测一次;如果两次测量都没有示数,表示此稳压二极管已经损坏。如果用数字式万用表测整流二极管,若有示数,则红表笔所接触引脚为正,黑表笔接触引脚为负;若没有,反过来再测一次;如果两次测量都没有示数,表示此整流二极管已经损坏。

6. 三极管的测量

利用数字式万用表不仅能判定晶体三极管电极、测量管子的电流放大倍数,还可判断管子的材料。

(1) 判定基极 B、材料及类型

将数字式万用表的量程开关置于二极管档,红表笔固定连接某个引脚,用黑表笔依次接触另外两个引脚,如果两次显示均小于 1 V,则红表笔所接引脚为基极 B,该三极管为 NPN 型三极管;黑表笔固定连接某个引脚,用红表笔依次接触另外两个引脚,如果两次显示均小于 1 V,则黑表笔所接引脚为基极 B,该三极管为 PNP 型三极管。上述测试过程中测得小于 1 V 的电压如果在 0.2~0.3 V 范围,则该三极管为锗材料制作;如果电压在 0.6~0.7 V 范围,则该三极管为硅材料制作。

(2) 测量 hFE 值判定集电极 C 和发射极 E

在用数字式万用表二极管档测出三极管的基极 B 和类型之后,将量程开关置于 hFE 档,如果被测管是 NPN 型,则使用 NPN 插孔,把基极 B 插入 B 孔,剩下两个引脚分别插入 C、E 孔。若测出的 hFE 值为几十至几百,则说明管子属于正常接法,放大能力较强,此时 C 孔插的是集电极 C,E 孔插的是发射极极 E。若测出 hFE 值为几至十几,则表明被测管的集电极和发射极插反了。

数字式万用表检测三极管如图 B-11 所示。

使用数字式万用表应注意以下几点:

① 测量电流与电压不能旋错档位。如果误用电阻档或电流档去测量电压,则极易烧坏万用表。

② 在万用表不用时,最好将档位旋至交流电压最高档,避免因使用不当而损坏。

③ 如果无法预先估计被测电压或电流的大小,则应先拨至最高量程档测量一次,再视情况逐渐把量程减小到合适位置。

④ 满量程时,仪表仅在最高位显示数字"1",其他位均消失,这时应选择更高的量程。

⑤ 在测量电压时,应将万用表与被测电路并联。在测量电流时,应与被测电路串联。在测量交流量时不必考虑正、负极性。

⑥ 当误用交流电压档去测量直流电压,或者误用直流电压档去测量交流电时,显示屏将显示"000",或低位上的数字出现跳动。

⑦ 禁止在测量高电压(220 V 以上)或大电流(0.5 A 以上)时换量程,以防止产生电弧,烧毁开关触点。

(a) 判定基极B、材料及类型

(b) 测量hFE值判定集电极C和发射极E

图 B-11 数字式万用表检测三极管

附录 C 信号发生器的使用

信号发生器是一种能提供各种频率、波形和输出电平电信号的设备。在测量各种电设备的振幅特性、频率特性、传输特性及其他电参数,以及测量元器件的特性与参数时,用作测试的信号源或激励源,能够产生多种波形(如三角波、锯齿波、矩形波(含方波)、正弦波)的电路被称为函数信号发生器。

一、信号发生器的分类

信号发生器的应用广泛,种类繁多,分类方法也不同,主要有如下几种分类方法:

1. 按频段分类

超低频信号发生器:频率在 0.000 1～1 000 Hz 范围内。

低频信号发生器:频率在 1 Hz～20 kHz 或 1 MHz 范围内,用得最多的是音频范围 20 Hz～20 kHz。

视频信号发生器:频率在 20 Hz～10 MHz 范围内,大致相当于长、中、短波段的范围。

高频信号发生器:频率在 100 kHz～30 MHz,大致相当于中、短波段的范围。

甚高频信号发生器：频率在 30～300 MHz 范围内，相当于米波波段。

超高频信号发生器：一般频率在 300 MHz 以上，相当于分米波波段、厘米波波段。工作在厘米波波段或更短波长的信号发生器称为微波信号发生器。

应该指出，上述频段的划分并非十分严格，划分方法也不尽相同，同时，各生产厂家也并非完全按频段进行生产。了解频段划分的目的只是为了根据被测电路的要求正确选用合适频段的信号发生器。

2. 按调制类型分类

按调制类型可将信号发生器分为调幅信号发生器、调频信号发生器、调相信号发生器、脉冲调制信号发生器及组合调制信号发生器等。超低频和低频信号发生器一般是无调制的；高频信号发生器一般是调幅的；甚高频信号发生器应有调幅和调频；超高频信号发生器应有脉冲调制。

3. 按产生频率的方法分类

按产生频率的方法可分为谐振法和合成法。一般的正弦信号发生器采用谐振法，即用具有频率选择性的回路来产生正弦振荡。也可以通过频率的加、减、乘、除，从一个或几个基准频率得到一系列所需的频率，这种产生频率的方法称为合成法。如低频信号发生器采用 RC 选频电路，高频信号发生器采用 LC 选频电路等。函数信号发生器采用 DDS（直接数字信号合成）技术。

4. 按输出波形分类

按输出波形可将信号发生器分为正弦波信号发生器、脉冲信号发生器和函数信号发生器等。函数信号发生器可输出正弦波、矩形波、三角波、锯齿波、阶跃波、阶梯波等。

二、信号发生器的使用方法

信号发生器的型号很多，输出方式、功能各异，但使用方法大同小异。下面介绍一种泰克公司的 AFG1022 信号发生器的使用方法。

AFG1022 信号发生器的技术指标如表 C-1 所列，面板结构如图 C-1 所示。

表 C-1　AFG1022 信号发生器的技术指标

输出端口	输出频率	输出波形	$R_O(\Omega)$	最大输出
Out1	1 uHz～25 MHz	正弦	50	$20V_{PP}$
Out2	1 uHz～12.5 MHz	脉冲、任意波形		

> 功能键

【Ch1/2】：屏幕上通道切换按钮。

【Both】：屏幕上同时显示 2 通道参数。

【Mod】：运行模式按钮，默认为连续，有连续、调制、扫频、突发脉冲 4 种模式。在 AFG1022 信号发生器中，调制、扫频、突发模式只适用于通道 1。

【Inter Ch】：通道复制功能，将一个通道的参数复制到另一个通道。

【Utility】：辅助功能。

附录　常用电子测量仪器的使用

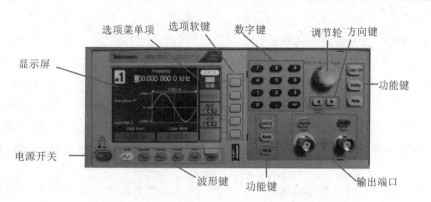

图 C-1　AFG1022 信号发生器的面板结构

【Help】：帮助功能。
➢ 方向键
箭头按钮允许在更改幅度、相位、频率或其他此类数值时，在显示屏上选择特定的数字。
➢ 选项菜单项
最顶上为功能菜单，显示当前信号类型或当前模式。主显示区部分显示活跃的参数。
信号发生器的使用方法如下：

1. 仪器启动

按下面板上的【电源开关】键，电源接通。通过【Utility】设置启动状态为关机前状态和默认状态。默认状态是通道 1 输出频率值为 1 kHz，幅度为 $1V_{pp}$ 的正弦波形信号。

2. 波形选择

有的信号发生器只能输出正弦波信号（如 XD1 型、XD2 型等），有的则除正弦波信号外，还能输出矩形波脉冲信号，还有的能输出调制信号。因此，在使用不同类型的信号发生器时，要注意输出信号类型选择开关的转换，否则会导致测试工作的失败。
AFG1022 信号发生器的波形设定：
(1) 通道选择
AFG1022 信号发生器有两个输出通道 Out1 和 Out2，根据表 C-1 所列技术指标选择需要波形的通道，按【Ch1/2】键切换通道。
(2) 波形选择
按波形键选择需要的波形。

3. 数据输入

在完成波形设定后，还需要对波形的参数进行设置，最重要的就是频率和幅度的设置，有两种方法：
(1) 数字键输入（数字键＋选项软键）
【0】、【1】、【2】、【3】、【4】、【5】、【6】、【7】、【8】、【9】为十个数字键，使用数字键只是把数字写入显示区，这时数据并没有生效，因此如果写入有错，可以按方向键中的退格键【◁】后重新写入，对仪器工作没有影响。等到确认输入数据完全正确之后，按选项软键中的单位键，这时数据开始生效，仪器将显示区数据根据功能选择送入相应的存储区和执行部分，使仪器按照新的参数

输出信号。

(2) 调节轮输入(方向键＋调节轮)

在实际应用中,有时需要对信号进行连续调整,这时可以使用调节旋钮输入方法。按方向键【＜】和【＞】可以使数据显示区中的某一位数字闪动,并可使闪动的数字位左移或右移,面板上的旋钮为数字调节旋钮,向右转动旋钮,可使闪动的数字位连续加一,并能向高位进位;向左转动旋钮,可使闪动的数字位连续减一,并能向高位借位。使用旋钮输入数据时,数字改变后即刻生效,不用再按单位键。闪动数字位向左移动,可以对数据进行粗调,向右移动则可以进行细调。

对于已知的数据,使用数字键输入最为方便,而且不管数据变化多大都能一次到位,没有中间过渡性数据产生,这在一些应用中是非常必要的。对于已经输入的数据进行局部修改,或者需要输入连续变化的数据进行搜索观测时,使用调节旋钮最为方便。对于一系列等间隔数据的输入则使用调节轮输入最为方便。操作者可以根据不同的应用要求灵活地选用最合适的输入方式。

三、信号发生器的选择原则

信号发生器的选择主要根据被测电路对信号的要求,按照信号发生器的工作特性和指标进行选择。其基本原则是:

① 频率范围:应宽于被测电路的通频带。

② 输出幅度调节范围:应宽于被测电路对输入信号电压幅值的要求。

③ 平衡、不平衡输出(或称为对称、不对称输出):根据被测电路对输入信号共地要求来选择。

④ 功率输出:在被测电路要求输入一定功率时,信号发生器应具有功率输出和使负载获得最大功率的匹配阻抗选择。

四、信号发生器使用注意事项

① 由于信号发生器的输出阻抗不为零(即不是恒压输出),当被测电路的阻抗发生变化时,信号发生器的输出幅值也将发生变化,而信号发生器本身的监测电压表是反映不出这个变化的。因此,要用外接的电子电压表监测信号发生器的输出,使之输出值恒定或达到要求。

② 信号源严禁输出端短路。

③ 输出线应尽量采用仪器配备的专用电缆,特别是在高频输出时,输出电缆特性阻抗的改变将对输出信号有较大的影响。

附录D　示波器的使用

示波器是以短暂扫迹的形式显示一个量瞬时值的仪器,是一种综合性的电信号测试仪器。它不仅可以用来观察电压、电流的波形,测定电压、电流、功率,而且还可以用来定量地测量信号的频率、幅度、相位、宽度、调制度,以及估测非线性失真等。在测试脉冲信号时,示波器占有不可替代的地位。不仅如此,通过变换器还可以将各种非电量,如温度、压力、应力、速度、振动、声、光、磁等变换为电压信号,通过示波器进行显示和测量。因此,示波器是一种用途极其广泛的电子测量仪器。

示波器的种类很多,功能也日益扩大,特别是微型计算机的应用给它带来了无限广阔的前景。我国目前生产的示波器大致可分为两大类,即通用示波器和专用示波器。晶体管特性图示仪和频率特性测试仪就属于专用示波器,而通用示波器中最为常用的是模拟示波器和数字存储示波器。下面介绍一种泰克公司生产的TDS1012数字存储示波器。

一、TDS1012数字存储示波器技术指标

1. 垂直系统指标

① 频带宽度:DC 耦合 0 Hz～100 MHz;AC 耦合 10 Hz～100 MHz。
② 垂直灵敏度(V/div):2 mV/div～5 V/div,直流增益误差为±3%。
③ 输入阻抗:电阻 1 MΩ,电容 2 pF。
④ 上升时间:小于 5.8 ns。

2. 水平系统指标

① 取样速率(次/秒,即 Sample/Second,S/s):50 S/s～1 GS/s。
② 记录长度:每个通道获取 2 500 个取样点。
③ 扫描时间:5 ns/div～5 s/div。

3. 标准信号输出指标

标准信号输出指标为 $f=1$ kHz,$V_{PP}=5$ V 方波。

二、面板介绍

1. 显示面板

TDS1012 数字存储示波器的面板如图 D-1 所示,显示面板如图 D-2 所示。

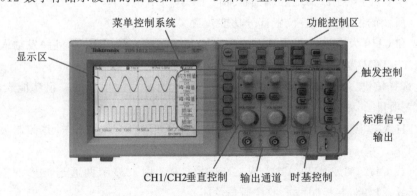

图 D-1　TDS1012 数字存储示波器的面板

图 D-2 所示的显示面板各位置部分含义如下:
a:"⊓"表示获取状态。
b:指针表示水平触发位置。

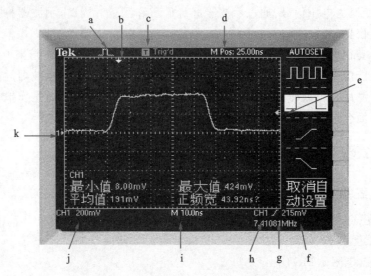

图 D-2 TDS1012 数字存储示波器的显示面板

c："T"表示是否具有触发信源或获取是否停止。

d："Pos"表示方格中心与触发位置之间的(时间)偏差。

e：指针表示触发电平。

f：读数表示触发电平的数值。

g：图标表示边沿触发斜率。

h：CH1 表示用来进行触发的信源。

i："M"读数表示主时基设定值。

j：读数表示各通道的垂直灵敏度"V/div"。

k：指针表示波形的接地基准点。

2．控制面板

TDS1012 数字存储示波器的控制面板如图 D-3 所示。

图 D-3 所示的控制面板各位置部分功能及含义如下：

A：CH1 和 CH2 为通道 1 和通道 2 的垂直输入端口，EXT TRIG 为外触发输入端口。

B：VOLTS/DIV 为垂直灵敏度调节旋钮。

C：功能选择按键，位于显示屏旁边的一排按键，它与屏幕内出现的一组功能表相对应，用来选择功能表项目。

D：MATH MENU 为数学值功能表。用来选择波形的数学值操作，并控制波形显示的通断。

E：CH1(或 CH2)MENU 为 CH1 或 CH2 功能表。用来显示两通道波形的输入耦合方式、带宽及衰减系数等，并控制波形的接通与关闭。

F：POSITION 为 CH1 或 CH2 通道的上下位移旋钮。

G：SEC/DIV 为时基调节旋钮

H：HORIZONTAL MENU 为水平功能表。用来改变时基和水平位置并在水平方向放大波形。视窗区域由两个光标确定，通过水平控制旋钮调节。视窗用来放大一段波形，但视窗时

附录　常用电子测量仪器的使用

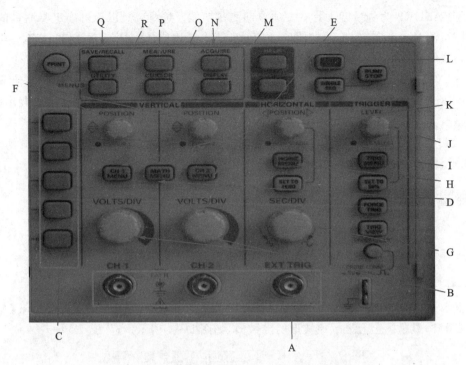

图 D-3　TDS1012 数字存储示波器的控制面板

基不能慢于主时基。当波形稳定后，可用"SEC/DIV"旋钮来扩展或压缩波形，以使波形显示清晰。

I：TRIGGER MENU 为触发功能表。

触发方式分边沿触发和视频触发两种。

触发状态分自动、正常、单次三种。当"SEC/DIV"置于"100 ms/div"或更慢，且触发方式为自动时，仪器进入扫描获取状态，这时波形自左向右显示最新平均值。在扫描状态下，没有波形水平位置和触发电平控制。

触发信号耦合方式分交流、直流、噪声抑制、高频抑制和低频抑制五种。高频抑制时衰减 80 kHz 以上的信号，低频抑制时阻档直流并衰减 30 kHz 以下的信号。

视频触发是在视频行或场同步脉冲的负沿触发，若出现正向脉冲，则选择反向奇偶位。

J：LEVEL 为电平调节旋钮。用来调节触发信号电平的大小。

K：POSITION 为水平方向的位移旋钮。

L：AUTO SET 为自动设定键。用于自动调节各种控制值，以显示可使用的输入信号。

M：DISPLAY 为显示键。用来选择波形的显示方式和改变显示屏的对比度。YT 格式显示垂直电压和时间的关系；XY 格式在水平轴上显示 CH1，在垂直轴上显示 CH2。

N：ACQUIRE 为获取方式键。分为取样、峰值检测、平均值检测三种。"取样"为预设状态，它提供最快获取。"峰值检测"能捕捉快速变化的毛刺信号，并将其显示在屏幕上。"平均值检测"用来减少显示信号中的杂音，提高测量分辨率和准确度。平均值的次数可根据需要在 4、16、64 和 128 间选择。

O：CURSOR 为光标键。用来显示光标和光标功能表，光标位置由垂直位移旋钮调节，增量为两光标间的距离。光标位置的电压以接地点为基准，时间以触发位置为基准。

·317·

P:MEASURE 为测量键。具有 5 项自动测量功能。选"信源"以后再确定要测量的通道,选"类型"可测量一个完整波形的周期均方根值、算术平均值、峰-峰值、周期和频率。但在 XY 状态或扫描状态时,不能进行自动测量。

Q:SAVE/RECALL 为储存/调出键。用来储存或调出仪器当前控制钮的设定值或波形,设置区有 1~5 个内存位置。储存的两个基准波形分别用 Ref A 和 Ref B 表示。调出的波形不能调整。

R:UTILITY 为功能键。用来显示辅助功能表。通过功能选择键可选择各系统所处的状态,如水平、波形、触发等状态。可进行自校正和选择操作语言。

三、测量方法

测量波形参数是在观察波形的基础上进行的。用示波器可以测量的参数很多,这里主要介绍电压、频率的测量,测量方法主要分为直接测量和光标测量。

1. 直接测量

调整水平功能键和垂直功能键将波形在屏幕上至少显示一个周期,然后按下【MEASURE】测量键,显示屏上会显示该波形的参数值,如图 D-4 所示。

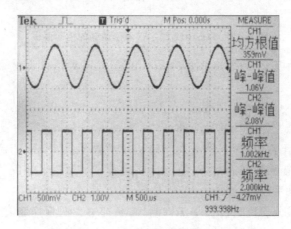

图 D-4 【MEASURE】测量显示

2. 光标测量

按下【CURSOR】光标测量键,显示屏上选择测量类型,测量类型有两种,即电压和时间。如果测电压的峰-峰值,测量类型就选择电压,这时会出现两条平行的虚线,如图 D-5(a)所示,调整光标旋钮将两条光标放到波形的最顶端和最底端,增量就是该波形电压的峰-峰值。如果测周期或频率,测量类型就选择时间,这时会出现两条垂直的虚线,如图 D-5(b)所示,调整光标旋钮将两条光标放到波形的一个周期,增量就是该波形周期,对应的频率值显示在周期值下面。在测量周期时,也可以将两条光标放到波形的 N 个周期,增量对应除以 N 就是一个周期值。

四、使用注意事项

① 在测量时要注意信源的选择要正确,否则测量将出现错误。

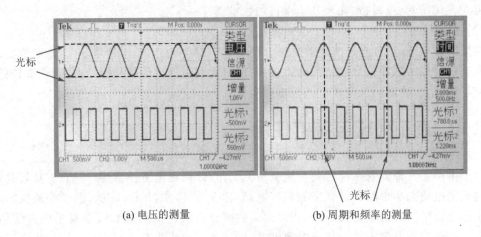

(a) 电压的测量　　　　　　　(b) 周期和频率的测量

图 D-5　【CURSOR】测量显示

② 有时为了精确测量经常使用探头。示波器的探头是对输入信号进行测量或分析时,避免示波器对输入信号的负载效应而设置的。使用探头可以使被测信号与示波器隔离。因为探头本身是一个高输入阻抗的部件,使用探头时要注意:

➢ 探头要专用,一般不要用其他线来代替。有些低频示波器的输入线可使用屏蔽电缆线,但当被测信号频率较高时(在 $f>50$ kHz 以上),示波器必须经过探头与被测系统连接,否则会导致被测信号高频失真。对脉冲信号进行观察和测量时,必须使用探头。

➢ 探头要进行校正。使用前将探头接至示波器校准信号的输出端,在屏幕上应显示标准的方波,且探头衰减倍数应符合要求。若方波波形不好,调节探头上的补偿电容,进行校正。

➢ 当探头使用于测量电压快速变化的波形时,其接地点应选择在被测点附近。

③ 示波器用于观察波形时,可以不进行 V/div、t/div、直流平衡校准。如果用于测量或分析波形,尤其是测量脉冲波形参数时,校准工作不可忽视。

④ 要善于使用灵敏度选择开关。要适时调节垂直灵敏度选择开关 V/div,使观测的信号波形高度适中,并通过位移旋钮使其位于屏幕中心区域便于进行观测,以减小测量误差。

五、示波器选择的原则

1. 根据被观测信号的特点来选择

要对被测信号的幅度或时间进行定量测量,且信号为脉冲波或频率较高的正弦波时,应选用宽频带示波器。

2. 按示波器性能、适用范围来选择

选择时应主要考虑 3 项指标:

(1) 频带宽度

它决定示波器可以观察周期性连续信号的最高频率或脉冲信号的最小宽度。示波器的频带宽度要等于被测信号中最高频率的 3 倍以上,才能使高频端的幅度基本上不衰减地显示。

(2) 垂直灵敏度

它反映在 Y 轴方向上对被测信号展开的能力。对于一般电子电路中信号的观测,其最高

灵敏度应在每厘米(或每格)几至几十毫伏的数量级。

(3) 扫描速度

它反映在 X 轴方向上对被测信号展开的能力。对一台示波器来说,扫描速度越高,能够展开高频信号或窄脉冲信号波形的能力越强;而对观测缓慢变化信号时,又要求它有较低的扫描速度。因此,示波器的扫描速度范围宽一些好。

附录 E　直流稳压电源的使用

电子电路通常都需要在稳定的直流电源下工作,以保证电路正常运行和具有良好的性能。干电池或蓄电池虽然也能提供稳定的直流电源,但又受成本、功率、体积、重量等条件的限制,且其电压也会随时间的增加而下降,所以大多数需要直流电的场合和设备都采用直流稳压电源供电。直流稳压电源就是由交流电网供电,经过整流和滤波后将交流电压变换为直流电压,且在电网电压波动和输出电流变化的情况下,仍能保持电源输出的直流电压不变的电子设备。

直流稳压电源的型号很多,但是使用方法都是相似的。下面介绍一种 SS2323 型直流稳压电源。

一、SS2323 直流稳压电源

1. 技术指标

① SS2323 有两路直流电源输出。当两路独立使用时,各路最大输出电压为 32 V,最大输出电流为 2 A。当两路串联使用时,最大输出电压为 64 V,最大输出电流为 3 A。当两路并联使用时,最大输出电压为 32 V,最大输出电流为 4 A。

② 电源电压:AC220V(1 V±10%)。

③ 频率:50Hz(1 Hz±5%)。

④ 环境温度:0～40 ℃。

⑤ 相对湿度:20%～90%RH(40 ℃时)。

⑥ 工作时间:连续工作。

2. 面板结构

SS2323 型直流稳压电源的面板结构如图 E-1 所示。

① 电源 POWER 开关:置 ON 电源接通可正常工作,置 OFF 电源关断。

② 输出启动 OUTPUT 开关:打开或关闭输出。

③ 状态灯 C.V./C.C.:当输出在稳压状态时,C.V.灯(绿灯)亮。在并联跟踪方式或输出在恒流状态时,C.C.灯(红灯)亮。

④ CH1/CH3 通道转换开关:用于选择 CH1 或 CH3 两路的输出电压和电流。

⑤ 模式设置:两个键可选择 INDEP(独立)、SERIES(串联)或 PARALLEL(并联)的跟踪模式。

⑥ 接地端子:大地和电源接地端子(绿色)。

3. 使用方法

直流稳压电源在使用时按极性正确接入,SS2323 型直流稳压电源有 3 种工作模式。

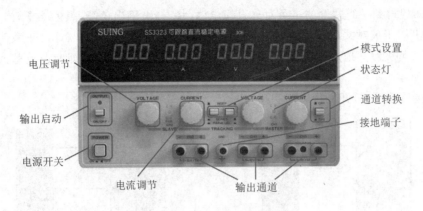

图 E-1 SS2323 型直流稳压电源

(1) 独立输出操作模式

CH1 和 CH2 电源供应器在额定电流时，分别可供给额定值的电压输出。当设定在独立模式时，CH1 和 CH2 为完全独立的两组电源，如图 E-2 所示。可单独或两组同时使用，其操作程序如下：

① 打开电源，确认 OUTPUT 开关置于关断状态。

② 两个模式设置选择按键都未按下时，电源工作在 INDEP（独立）模式。

③ 调整电压和电流旋钮至所需电压和电流值。

④ 将红色测试导线插入输出端的正极。

⑤ 将黑色测试导线插入输出端的负极。

图 E-2 独立输出模式

⑥ 连接负载后，打开 OUTPUT 开关。

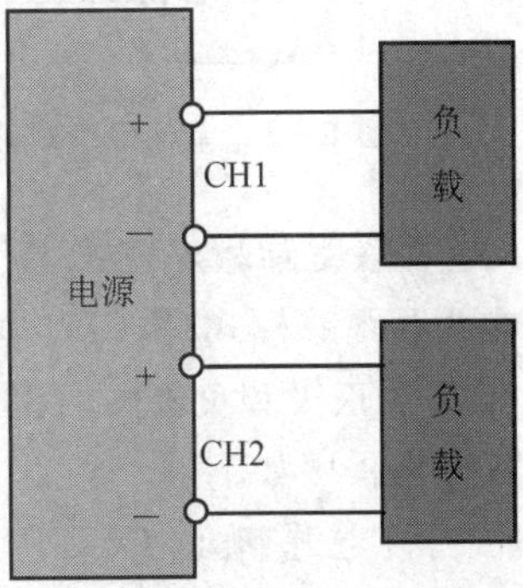

(2) 串联跟踪输出模式

在串联跟踪模式时，CH2 输出端正极将自动与 CH1 输出端子的负极相连接。最大输出电压（串联电压）即由两组（CH1 和 CH2）输出电压串联成一组连续可调的直流电压。调整 CH1 电压控制旋钮即可实现 CH2 输出电压与 CH1 输出电压同时变化。其操作程序如下：

① 打开电源，确认 OUTPUT 开关置于关断状态。

② 按下模式设置选择左边的选择按键，松开右边按键，电源工作在 SERIES（串联）跟踪模式。CH1 输出端子的负端与 CH2 的输出端子的正端自动连接，此时 CH1 和 CH2 的输出电压和输出电流完全由主路调节旋钮控制，电源输出电压为 CH1 和 CH2 两路输出电压之和。显示电压即为 CH1 和 CH2 两路的输出电压读数之和。

③ 将 CH2 电流控制旋钮顺时针旋转到最大，CH2 的最大电流输出随 CH1 电流设定值而改变。根据所需工作电流调整 CH1 调流旋钮，合理设定 CH1 的限流点（过载保护）。实际输出电流值则为 CH1 或 CH2 电流表头读数。

④ 使用 CH1 电压控制旋钮调整所需的输出电压。实际的输出电压值为 CH1 表头与 CH2 表头显示的电压之和。

⑤ 假如只需单电源供应，则将测试导线一条接到 CH2 的负端，另一条接 CH1 的正端，而此两端可提供 2 倍主控输出电压显示值，如图 E-3 所示。

⑥ 假如想得到一组共地的正负对称直流电源,将 CH2 输出负端(黑色端子)当作共地点,则 CH1 输出端正极对共地点可得到正电压(CH1 表头显示值)及正电流(CH1 表头显示值),而 CH2 输出负极对共地点可得到与 CH1 输出电压值相同的负电压,即所谓追踪式串联电压如图 E-4 所示。

⑦ 连接负载后,打开 OUTPUT 开关。

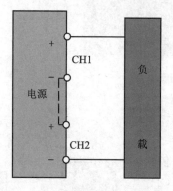 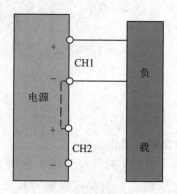

图 E-3　单电源串联输出操作图　　　　图 E-4　正/负对称电源操作图

(3) 并联跟踪输出模式

在并联跟踪模式时,CH1 输出端正极和负极会自动与 CH2 输出端正极和负极两两相互联接在一起,如图 E-5 所示。其操作程序如下:

① 打开电源,确认 OUTPUT 开关置于关断状态。

② 将模式设置选择的两个键同时按下,电源工作在 PARALLEL(并联)模式。CH1 输出端子与 CH2 输出端子自动并接,输出电压与输出电流完全由主路 CH1 控制,电源输出电流为 CH1 与 CH2 两路之和。显示电流即为 CH1 和 CH2 两路的输出电流读数之和。

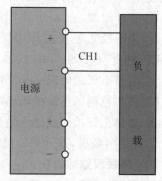

图 E-5　并联跟踪输出模式

③ 在并联模式时,CH2 的输出电压完全由 CH1 的电压和电流旋钮控制,并且跟踪于 CH1 输出电压,因此从 CH1 电压表或 CH2 电压表可读出输出电压值。

④ 因为在并联模式时,CH2 的输出电流完全由 CH1 的电流旋钮控制,并且跟踪于 CH1 输出电流。用 CH1 电流旋钮来设定并联输出的限流点(过载保护)。电源的实际输出电流为 CH1 和 CH2 两个电流表头指示值之和。

⑤ 使用 CH1 电压控制旋钮调整所需的输出电压。

⑥ 将装置的正极连接到电源的 CH1 输出端子的正极(红色端子)。

⑦ 将装置的负极连接到电源的 CH1 输出端子的负极(黑色端子)。

⑧ 连接负载后,打开 OUTPUT 开关。

二、直流稳压电源的注意事项

直流稳压电源使用不当会造成损坏,在使用时应注意:

① 直流稳压电源的输入电压一般为交流 220 V,使用时要注意供电电网的电压应符合

要求。

② 要严防输出端短路或过载而损坏稳压电源。

③ 直流稳压电源在预置状态时,OUTPUT 开关要置于关断状态。

④ 稳压输出状态必须有一定的电流输出。

⑤ 用电负载一般接在面板上的"＋""－"接线柱之间。如需公共接地点,可用接地簧片(或短路线)将稳压电源的机壳与"＋"或"－"端相短接。所接负载不应超过电源输出电流的额定值范围。

⑥ 直流稳压电源内通常都设有过载截流保护。当负载电流超过直流稳压电源输出电流的额定值,或者外电路有短路故障时,输出电压会迅速降低至接近 0 V,即直流稳压电源开始保护,这时应将负载断开。在去掉负载后,有的直流稳压电源即可恢复正常输出,有的则应按"启动"按钮,电源才有输出。应该注意,只有在排除了负载电路的过载故障后,才可将负载重新接上进行供电。

⑦ 将同型号的几台直流稳压电源串接使用,可以提高输出电压。但在串接时,每一台的输出电压最大值有一个限制,串接的台数也有规定,具体使用时要注意。此外,负载电流也不应超过额定输出电流值。在串接使用时,应注意电源的正负极性,且与负载共用一个接地点,这时每台单机不要单独使用接地簧片接地。

⑧ 将同型号的直流稳压电源并联相接,可以提高输出功率。此时,应使各台直流稳压电源的输出电压相等。具体做法是,先将一台调到所需的电压值,然后用另一个电源去平衡它(平衡时可用外接滑线电阻来调节)。

⑨ 不是所有的直流稳压电源都可以串、并联使用的,具体应用时应注意所用仪器的使用说明。

附录 F　电子电压表的使用

电子电压表也称为交流毫伏表,在交流信号的测量中,模拟式万用表的不足之处在于测量灵敏度低,只能测量零点几伏的交流电压;测量频带很窄,通常只能测量 1 kHz 以下的信号。此外,为了使表针偏转,还必须吸收被测电路的一部分能量。因此,它的输入阻抗也比较低。由于这些缺点的存在,限制了它在测量中的应用。

电子电压表克服了模拟万用表的缺点,具有如下特点：

① 输入阻抗高,输入电容小。

② 工作频带宽,被测电压的频率范围可从低频到超高频。

③ 灵敏度高,电压测量范围大,低至毫伏、微伏级,高至上千伏均可测量。

④ 刻度指示线性化。

以上特点是一般电工仪表远远达不到的。因此,电子电压表在现代电子测量中得到了广泛应用。

电子电压表主要分为模拟式电子电压表和数字式电子电压表两大类。模拟式电子电压表具有电路简单、成本低、测量和使用方便等特点。但测量精度较差、输入阻抗不高,尤其是测量高内阻源时精度明显下降。因此,它的应用和发展受到了一定的限制。数字式电子电压表具有很高的灵敏度和准确度,显示清晰直观、功能齐全、性能稳定、可靠性好、输入阻抗高、过载能力强、耗电少、小巧轻便等优点。

一、电子电压表的技术性能

电子电压表的技术性能是选择电压测量仪表的主要依据,主要包括:

1. 测量电压范围

选择电压测量仪表时,要看最低档级和最高档级是否满足要求。最低至最高的范围越宽,则测量范围越宽;各档级之间分档越细,相应的测量精度越高。如 DA16 晶体管毫伏表的测量电压范围为 0.1 mV～300 V,YB2174 超高频型毫伏表的测量电压范围为 1 mV～10 V,SM1030 数字交流毫伏表测量电压范围为 70 μV～300 V。

2. 被测电压的频率范围

被测电压的频率只有在该范围内,才能保证仪表的测量精度。如 DA16 晶体管毫伏表的频率范围为 20 Hz～1 MHz,YB2174 超高频型毫伏表的频率范围为 10 kHz～1 000 MHz,SM1030 数字交流毫伏表频率范围为 5 Hz～2 MHz。

3. 输入阻抗和输入电容

这两项性能主要反映对被测电路的并联效应和对高频信号的旁路作用。因此,在选择电压测量仪表时应选择输入阻抗尽可能大,而输入电容尽可能小的仪表。

输入阻抗与量程有关,使用说明书会给出不同量程时的阻抗,在使用时应予以注意。输入电容除与量程有关外,主要取决于仪表输入电路的电容和馈线的分布电容。因此,在测量时应使用仪表专配的测量电缆,才能满足仪表分布电容的指标。

4. 其他性能

其他性能如供电电源、连续工作时间、仪器的重量、尺寸等,选择时均应考虑。

二、SM1030 数字式交流毫伏表

1. 面板结构

SM1030 数字式交流毫伏表的面板结构如图 F-1 所示。

(1) 电源开关

开机时显示厂标和型号后,进入初始状态:输入 A,量程为 300 V,显示电压和 dBV 值。

(2) 测量方式选择

【手动键】无论当前状态如何,按下【手动键】都切换到手动选择量程,并恢复到初始状态。在手动位置,应根据"过压"和"欠压"指示灯的提示改变量程:过压灯亮,增大量程;欠压灯亮,减小量程。

【自动键】切换到自动选择量程。在自动位置,输入信号小于当前量程的 1/10,自动减小量程;输入信号大于当前量程的 4/3 倍,自动加大量程。

(3) 量程选择

【3 mv 键】～【300 V 键】量程切换键,用于手动选择量程。

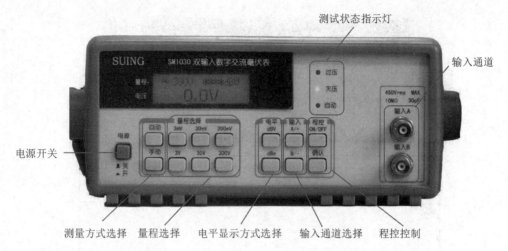

图 F-1　SM1030 数字式交流毫伏表面板结构

（4）电平显示方式选择

【dBV】切换到显示电压电平值。

【dBm】切换到显示功率电平值。

（5）程控控制

【ON/OFF】键进入程控/退出程控。

【确认】键确认地址。

（6）输入通道选择

【A/+】切换到输入 A，显示屏和指示灯都显示输入 A 的信息。量程选择键和电平选择键对输入 A 起作用。设定程控地址时，起地址加作用。

【B/-】切换到输入 B，显示屏和指示灯都显示输入 B 的信息。量程选择键和电平选择键对输入 B 起作用。设定程控地址时，起地址减作用。

（7）输入通道

【输入 A】A 输入端。

【输入 B】B 输入端。

（8）指示灯

【自动】指示灯：用【自动键】切换到自动选择量程时，该指示灯亮。

【过压】指示灯：输入电压超过当前量程的 4/3 倍，过压指示灯亮。

【欠压】指示灯：输入电压小于当前量程的 1/10，欠压指示灯亮。

2. 使用方法

按下面板上的【电源】键，电源接通，仪器进入初始状态。

（1）预　热

（2）接入输入信号

SM1030 有两个输入端，由输入端 A 或输入端 B 输入被测信号，也可由输入端 A 和输入端 B 同时输入两个被测信号，如图 F-2 所示。两输入端的量程选择方法、量程大小和电平单位，都可以分别设置，互不影响；但两输入端的工作状态和测量结果不能同时显示。可用输入选择键切换到需要设置和显示的输入端。

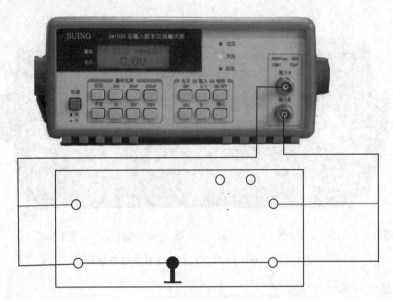

图 F-2 SM1030 数字式交流毫伏表接入信号

(3) 手动测量的使用

可从初始状态(手动,量程 300 V)输入被测信号,然后根据"过压"和"欠压"指示灯的提示手动改变量程。过压灯亮,说明信号电压太大,应加大量程;欠压指示灯亮,说明输入电压太小,应减小量程。

(4) 自动量程的使用

选择自动量程,在自动位置,仪器可根据信号的大小自动选择合适的量程。若过压指示灯亮,显示屏显示＊＊＊＊V,说明信号已到 400 V,超出了本仪器的测量范围。若欠压指示灯亮,显示屏显示 0 V,说明信号太小,也超出了本仪器的测量范围。

(5) 电平单位的选择

根据需要选择显示 dBV 或 dBm。dBV 与 dBm 不能同时显示。

三、使用注意事项

除了电子仪器使用注意事项外,电子电压表的使用还应注意以下几点:

1. 对于模拟电子电压表认真进行校准

① 调零校准:测试前先将测试输入端短路,调节"零位(或调零)"电位器,使指针归零。

② 满度校准:有满度校准要求的仪表,必须输入标准信号进行调整。超高频毫伏表通常都有满度校准,只要将检波探头插入插座,将"校准"开关接通,标准信号即与测量仪表接通,调整"满度"校准电位器,使指针指在满度值即可。

2. 超高频毫伏表注意远离磁器和存在强磁场的地方

超高频毫伏表对电磁场较为敏感,不可在具有强烈磁场作用的地方操作毫伏表,不可将磁性物体靠近毫伏表,应避免阳光或紫外线对仪器的直接照射。

3. 使用专用测试电缆

测试线应采用仪器所配专用电缆,特别是高频测量时,电缆的特性阻抗对测量准确度的影响很大,更应注意。

4. 交流毫伏表的选择

对交流毫伏表主要根据其技术性能进行选择,除前述灵敏度、频率范围、输入阻抗等以外,还应考虑:

① 波形:除一些特殊仪表外,电压测量仪表通常是测量正弦波有效值。如要测量其他的非正弦波形的幅度,还要进行复杂的换算,使用时应特别注意。

② 精度等级:选择测量仪表的精度等级是根据被测电路的精度要求进行的。工程测量中既要考虑到精度要求,又要照顾经济成本。仪表相差一个等级,其价格差别很大。因此,在达到精度要求的前提下,应尽量选择价格低廉的仪表,不应盲目选用高精度仪表。

附录 G 面包板的使用

面包板是专为电子电路的无焊接实验设计制造的。由于各种电子元器件可根据需要随意插入或拔出,免去了焊接,节省了电路的组装时间,而且元件可以重复使用,所以非常适合电子电路的组装、调试训练。

一、常用面包板的结构

SYB-130 型面包板如图 G-1 所示。插座板中央有一凹槽,凹槽两边各有 65 列小孔,每一列的五个小孔在电气上相互连通。集成电路的引脚就分别插在凹槽两边的小孔上。插座上、下各一排(即 X 排和 Y 排)在电气上是分段相连的 55 个小孔,分别作为电源与地线插孔用。对于 SYB-130 插座板,X 和 Y 排的 1~20 孔、21~35 孔、36~55 孔在电气上是连通的(其他型号的面包板使用时应参看使用说明或用万用表电阻档测试判别其连通情况)。

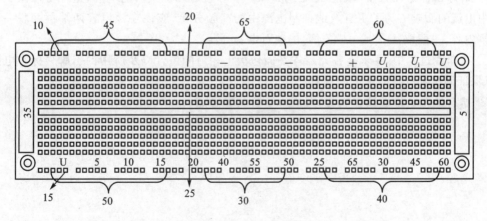

图 G-1 SYB-130 型面包板

二、布线用的工具

布线用的工具主要有剥线钳、斜口钳、扁嘴钳、镊子。斜口钳与扁嘴钳配合用来整形、剪断导线和元器件的多余引脚。钳子刃面要锋利,将钳口合上对着光检查时,应能良好咬合,不漏光。剥线钳用来剥离导线绝缘皮。扁嘴钳用来弯折和理直导线,钳口要略带弧形,以免在勾绕时划伤导线。镊子是用来夹住导线或元器件的引脚送入面包板指定位置的。

三、面包板的使用方法及注意事项

① 安装分立元件时,应便于看到其极性和标志,将元件引脚理直后,在需要的地方折弯。为了防止裸露的引线短路,必须使用带套管的导线,一般不剪断元件引脚,以利于重复使用。不要插入引脚直径大于 0.8 mm 的元器件,以免破坏插座内部接触片的弹性。

② 对多次使用过的集成电路的引脚,必须修理整齐,引脚不能弯曲,所有的引脚应稍向外偏,这样能使引脚与插孔良好接触。要根据电路图确定元器件在面包板上的排列方式,目的是走线方便。为了能够正确布线并便于查线,所有集成电路的插入方向要保持一致,不能为了临时走线方便或缩短导线长度而把集成电路倒插。

③ 根据信号流程的顺序,采用边安装边调试的方法。元器件安装以后,先连接电源线和地线。为了查线方便,连线尽量采用不同颜色。例如:正电源一般选用红色绝缘皮导线,负电源用蓝色,地线用黑色,信号线用黄色,也可根据条件选用其他颜色。

④ 面包板宜使用直径为 0.6 mm 左右的单股导线。根据连线的距离以及插入插孔的长度剪断导线,要求线头剪成 45°斜口,线头剥离长度约 6 mm,要求全部插入底板以保证接触良好。裸线不宜露在外面,防止与其他导线短路。

⑤ 连线要求紧贴在面包板上,避免在搭接电路时线与线互相牵引,造成接触不良。连线必须整齐地分布在集成电路周围,不允许跨接在集成电路上,也不要把导线互相重叠在一起,尽量做到横平竖直,这样有利于查线、更换元器件及连线。

⑥ 最好在各电源的输入端和地之间并联一个容量为几十微法的电容,这样可以减少瞬变过程中电流的影响。为了更有效地抑制电源中的高频分量,应该在该电容两端再并联一个高频去耦电容,一般取 0.01~0.047 μF 的独石电容。

⑦ 在布线过程中,要求把各元器件在面包板上相应的位置以及所用的引脚号标在电路图上,以保证调试和查找故障的顺利进行。

⑧ 所有地线必须连接在一起,形成一个公共参考点。

参考文献

[1] 秦曾煌.电工学:电工技术.上册[M].7版.北京:高等教育出版社,2016.
[2] 清华大学电子学教研组.模拟电子技术基础[M].5版.高等教育出版社,2015.
[3] 刘春艳.电子技术基础[M].北京:国防工业出版社,2016.
[4] 肖志红.电工电子技术.下册[M].北京:机械工业出版社,2016.
[5] 高安芹.电子技术基础[M].北京:中国电力出版社,2016.
[6] 孙津平.电子技术及其应用[M].北京:北京理工大学出版社,2016.
[7] 江晓安,付少锋.模拟电子技术[M].西安:西安电子科技大学出版社,2016.
[8] 熊才高,郭松梅.数字电子技术[M].武汉:华中科技大学出版社,2016.
[9] 阎石.数字电子技术基础[M].北京:高等教育出版社,2016.

参考文献